U0171602

普通高等教育工程训练系列教材

工 程 训 练

主　编：刘江臣　　王洪博

副主编：李家鹏　　陈宗民　　于文强　　刘明哲

参　编：李文森　　付莉华　　许　诚　　陈　晔

　　　　田　晨　　张文兴　　解传亮

机械工业出版社

本书根据教育部颁布的《普通高等学校机械制造实习课程教学基本要求（机械类专业适用）》和《普通高等学校工程训练中心建设教学基本要求》，结合工程实践教学改革的成果，并借鉴兄弟院校的教学实践经验编写而成。

全书分为5篇，共16章。第1篇主要介绍课程概述；机械工程材料及热处理。第2篇主要介绍材料成形常见方法，包括铸造成形、锻压成形、焊接成形和陶艺。第3篇主要介绍常规切削加工方法，包括车削加工、铣削加工、磨削加工和钳工。第4篇主要介绍现代制造技术，包括数控加工（数控车削、数控铣削）、特种加工（电火花成形、电火花线切割、激光加工、增材制造）和智能制造等。第5篇主要介绍综合训练与创新，包括机械加工质量与检测、机械装配与拆卸、典型零件加工工艺等。

本书可作为普通高等学校工程训练、金工实习或机械制造实习用书，也可供高职、高专、成人高校相关专业的师生和工程技术人员参考。

图书在版编目（CIP）数据

工程训练 / 刘江臣，王洪博主编 . — 北京：机械工业出版社，2023.2（2024.1 重印）

普通高等教育工程训练系列教材

ISBN 978-7-111-72343-1

Ⅰ.①工⋯　Ⅱ.①刘⋯　②王⋯　Ⅲ.①机械制造工艺 – 高等学校 – 教材　Ⅳ.① TH16

中国国家版本馆 CIP 数据核字（2023）第 021804 号

机械工业出版社（北京市百万庄大街 22 号　邮政编码 100037）

策划编辑：丁昕祯　　　　　　　责任编辑：丁昕祯
责任校对：陈　越　李　杉　　　封面设计：张　静
责任印制：任维东

唐山楠萍印务有限公司印刷

2024 年 1 月第 1 版第 2 次印刷

184mm×260mm · 22.5 印张 · 560 千字

标准书号：ISBN 978-7-111-72343-1

定价：68.00 元（含报告手册）

电话服务　　　　　　　　　　　网络服务

客服电话：010-88361066　　　　机 工 官 网：www.cmpbook.com
　　　　　010-88379833　　　　机 工 官 博：weibo.com/cmp1952
　　　　　010-68326294　　　　金 书 网：www.golden-book.com
封底无防伪标均为盗版　　　机工教育服务网：www.cmpedu.com

前　言

党的二十大对我国教育今后一个时期的发展进行了新的战略谋划和部署，强调"全面提高人才自主培养质量""加强教材建设和管理""推进教育数字化"。我们应加快教材的推陈出新与高质量建设。

目前，国内高校的工程实践教学日益受到重视和关注，人、财、物持续投入，条件不断改善，教学理念、模式、内容、方法手段不断更新，教学改革不断取得新成效。满足学生不受时空限制的自主、泛在学习需求的教材新形态不断涌现。

本书符合教育部高等学校机械基础课程教学指导分委员会新修订的《普通高等学校机械制造实习课程教学基本要求（机械类专业适用）》和《普通高等学校工程训练中心建设教学基本要求》的精神。本书内容包括铸造、锻压、焊接、车削、铣削、磨削、钳工等传统制造工艺项目，数控加工（数控车削和数控铣削）、特种加工和智能制造等先进制造工艺项目，陶艺非金属材料成型与加工工艺项目以及机械加工质量与检测、机械装配与拆卸和典型零件加工工艺等综合训练与创新项目。

为便于教学和学生自学，大部分章节前有简明的教学基本要求，部分对应章节内容附有二维码，可扫码观看相应的数字资源，方便随时随地学习；所有章节叙述力求深入浅出、通俗易懂、图文并茂、直观形象；最终达成"学习工艺知识，增强工程实践能力，提高包括工程素质在内的综合素质，培养创新精神和创新能力"的教学目标。

本书由山东理工大学工程实训中心、机械工程学院金工教研室组织编写，全书共16章。编写人员有刘江臣（第1、5、12、15、16章）、王洪博（第7、8章）、李家鹏（第9、11、13、14章）、陈宗民（第2、3、4章）、于文强（第10章）、刘明哲（第6章）。由刘江臣、王洪博任主编；李家鹏、陈宗民、于文强、刘明哲任副主编；李文森、付莉华、许诚、陈晔、田晨、张文兴、解传亮等中心指导教师提供了大量图片、资料和意见建议，参与了课件制作与视频录制工作；山东省高校工程训练/金工教学研究会给予了大力帮助和支持，在此一并致谢。

由于编者水平有限，书中错误和不妥之处在所难免，恳请读者批评指正。

编　者

目　录

第3篇 常规切削加工

第4篇　现代制造技术

第 5 篇　综合训练与创新

第1篇

概　　论

第1章 课程概述

1.1 课程性质、目的与教学内容

1.1.1 课程性质、目的

1. 课程性质

"工程训练"（课程名称有的沿用"金工实习"，也有的用"机械制造实习"和"工程实训"。）是一门实践性的技术基础课。它从金工实习发展而来，最初为"金属工艺学"这门课程的配套，现已发展成为工程学科的知识传授、技能培训、工程实践能力和创新能力的培养服务，乃至于为文理科学生服务的综合课程。

一般来说，工程有两层含义，一是指人们为了达到某种目的，在一个较长的时间周期内，综合应用科学理论和技术手段进行实践活动的过程，后来逐渐发展成为一门门独立的学科，如机械工程、冶金工程、土木工程等；二是指具体的建设项目，如三峡工程、南水北调工程、载人航天工程等。"工程训练"中的"工程"，两层含义兼而有之，但更偏重于第一层含义。

制造，是指采用一定的手段和方法，将人力、物料、能量、信息和资金等资源转化为具有更高应用价值的物质产品（如手机、汽车等）或非物质产品（如软件、服务等），以满足社会和市场需求的过程。

机械制造，是指从事各种动力机械、起重运输机械、化工机械、纺织机械以及机床、工具、仪器仪表等的生产活动。机械制造业为整个国民经济提供技术装备。

2. 课程目的

课程目的包括以下几个方面：①学习机械制造的基本工艺知识，建立机械制造生产过程的概念；②获得一定的操作技能进而增强工程实践能力；③提高综合素质；④培养创新意识和创新能力。

对于大多数学生，工程训练是第一次接触各种制造设备，第一次动手制造产品（作品），第一次通过实践来检验自身理论学习的效果，亲身感受劳动的艰辛、劳动成果的来之不易。工程训练对提高学生的综合素质将起到重要的作用。这里所说的综合素质包括严谨求实的科学作风、团结协作的工作态度、良好的心理素质、较高的工程素养以及艰苦奋斗的创业精神等。而工程素养又包括质量、安全、管理、环境、市场、经济和法律等意识。

与理论课程不同，工程训练是通过亲身实践来获取机械制造的工艺知识，这些具体而实用的知识对于学生学习后续课程、毕业设计乃至今后的工作都是必要的基础。学生亲自动手操作各种设备，"真刀真枪"地使用各种工具、夹具、量具和刀具，工程实践能力会在潜移默化中慢慢增强。训练过程中接触的各种机械、电气和电子设备都是前人的创造发明，蕴含着创造者的巧妙构思与智慧，摩挲和使用前人的发明成果，有利于学生创新意识和创新能力的培养。

值得注意的是，我国在引进外资，向跨国公司学习技术、管理和营销策略的同时，跨国公司也成为我国国企和民营企业最强大的竞争对手。一份题为《加强支柱产业自主创新，防范经济殖民化》（2006年）的报告指出：我国三大支柱产业主权的80%已为外方所控制或主导。2005年我国信息产业（制造业）总产值的77%、增加值的79%为外方（三资企业）所主导。汽车工业（轿车工业）90%的产品为外方所主导，85%的芯片和精密制造设备、70%的数控与机械制造设备、80%的石油化工生产制造设备为外方所占领，光电子装备几乎100%依赖进口。这对我国的经济、政治、科技、国防等国家安全构成严重威胁。

不难设想，如果缺乏自主创新能力或创新能力受外部条件所制约，要想从制造大国发展成为制造强国是很困难的。

令人欣慰的是，国家正加大投入并做好战略布局，制定国家中长期科学和技术发展规划，有针对性地设立国家重大科技专项，迎头赶上。"上九天揽月，下五洋捉鳖"的神话正一步一步地变为现实。"嫦娥五号"奔月携月壤顺利返回，"奋斗者"号全海深载人潜水器成功坐底万米马里亚纳海沟，这标志着我国的制造业已经发展到一个崭新的阶段（见图1-1）。

a)"天问一号"探火　　b)"嫦娥五号"奔月　　c)"奋斗者"号入海　　d)中国空间站

图1-1　我国制造业标志性成果

1.1.2　课程教学内容

1. 机械制造过程

工程训练涉及机械制造的全过程。机械制造本身是一个复杂的系统工程，它涉及材料、设计、制造、管理和市场等方面，同时又与电子、信息和网络技术紧密联系，彼此促进。

机械制造的宏观过程，首先是进行市场调研，根据市场需求设计图样，再根据图样制定工艺文件，进行工艺准备，再进行零件加工和产品装配调试，最后是市场营销和服务。

机械制造的具体过程是将原材料通过铸造、锻造、冲压、焊接等方法制成零件毛坯（或半成品、成品），然后切削加工、特种加工制成零件，在毛坯制备和切削加工过程中有时需进行热处理及表面处理，最后将零部件和电子元器件组装成机电产品等（图1-2）。

习惯上把铸造、锻造、冲压、焊接和热处理称为热加工，把切削加工和装配称为冷加工。

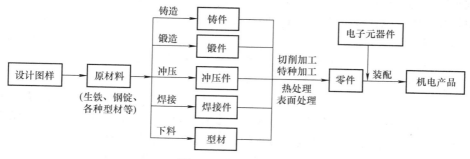

图1-2　机械制造过程

2. 教学内容

课程教学内容包括热处理、铸造、锻造、冲压、焊接、车工、铣工、磨工和钳工等常规制造技术的实践教学，以及数控加工、特种加工和智能制造等先进制造技术的实践教学。具体教学内容如下：

1）常用工程材料及热处理的基本知识。

2）冷热加工的主要方法及简单的制造工艺。

3）冷热加工所用设备、附件及其工具、夹具、量具和刀具的大致结构、工作原理和使用方法。

4）先进制造方法的原理、工艺过程和应用。

5）综合训练与创新的基本知识。

此外，还需了解制造业的过去、现在和未来。

作为人类物质文明四大支柱（材料、能源、信息和制造）之一的制造业已伴随人类走过二三百万年的历史。恩格斯说过，直立与劳动创造了人，劳动是从制作工具开始的。

回顾历史，石器时代的石刀、石斧和简单的木质工具是机械最原始的形态；我国境内出土的越王勾践剑、后母戊鼎和土耳其境内出土的铜柄铁刃匕首，表明在几千年前，青铜器和铁器的冶炼和铸锻技术已经达到了很高的水平；18 世纪 70 年代，英国人詹姆斯·瓦特制造出了世界上第一台有实用价值的蒸汽机，第一次工业革命从英国率先发起，人类社会进入机器时代；19 世纪 80 年代，内燃机问世，因其热效率高、体积小、质量轻、起动快等特点而逐渐取代蒸汽机作为原动机，促进了汽车业和造船业的发展；19 世纪末 20 世纪初，以电灯、发电机和电动机的发明为标志，人类社会进入电气时代，引发了第二次工业革命；20 世纪 40 年代开始，以电子计算机、原子能和空间技术的发明和发展为标志，人类社会进入信息时代，第三次工业革命开始；进入 21 世纪，以人工智能、5G 通信技术、量子信息技术、生物科技和绿色科技等为代表的新一轮技术革命（称为第四次工业革命，也称为绿色工业革命）从初现端倪到今天如火如荼地迅猛向前发展。

反观现实，有人说制造业是"夕阳产业"，其实不然，制造业是"永远不落的太阳"，小到一针一线，大到航空母舰，都离不开制造，制造是一切的源头，世界不可能没有制造。据统计，制造业占整个工业生产的 4/5，直接创造国民生产总值的 1/3，对出口总额的贡献率为 90%，整个社会 50% 的就业由制造业提供，工业就业人数中 90% 属于制造业，工业税收的 80% 由制造业提供。制造业是第一位的支柱产业，是国家高新技术产业的基础和载体，是国家安全的重要保障。装备制造业是国民经济发展的基础，担负着为国民经济各行业提供装备的重要任务。

需要认识到，我国的制造业目前存在着一些短板和弱项，具体表现在：

1）产品水平相对较低，达到世界先进水平的产品占比不高，且质量不稳定。

2）生产集中度相对较低，分散和重复比较严重。

3）科技基础比较薄弱，工艺相对落后，自主研发能力不足。

4）管理比较薄弱，现代管理理念和经验相对缺乏。

放眼世界，以美国、日本、德国为代表的工业发达国家的成功经验和做法值得我们借鉴。

麻省理工学院（MIT）于 1952 年成功研制出世界上第一台数控机床，具有里程碑的意义。美国的机械制造业自此采取分步走的策略，20 世纪五六十年代，走数控和计算机群控的策略；20 世纪 70 年代末，美国国会通过议案，拨款发展柔性化制造系统；20 世纪 80 年代末，美国通用汽车公司与理海大学（Lehigh University）共同提出新的制造企业战略（也称21世纪制造企业战略）——敏捷制造，并成立了国家制造科学中心（NCMS，National Center for Manufacturing Science）和制造信息资源中心（MIRC，Manufacturing Information Resource Center），由政府提供支持，企业与大学共同参与研究、开发和应用。

日本自20世纪80年代以来一直保持世界头号机床生产大国的地位，在国际上占有重要地位，其高度重视数控机床和数控技术的推广，数控机床占机床总产量的70%以上。

德国制造业的特点是创新与高质量、高价格，通过技术领先而不是降低成本来实现产品竞争，技术优势加上企业良好的组织结构有助于实现高利润。

在科学技术日新月异的今天，制造业的发展趋势大致可以分为如下几个方面：

（1）精密化　产品、零件的设计精度和加工精度要求越来越高。例如，20世纪初，超精密加工的误差要求是 $\pm 10\mu m$，如今则要求达到 $\pm 0.001\mu m$。战场上武器的命中率越来越高，根本上是武器越来越"精"。人造卫星上的仪表轴承，其精度要求极高，圆度、圆柱度等形状误差以及表面粗糙度要求达到纳米级。再如微电子芯片的制造有"三超"要求：一是超净，加工车间尘埃颗粒直径要求小于 $1\mu m$，颗粒数少于每立方英尺 0.1 个；二是超纯，芯片材料有害杂质含量小于 1ppb（$1ppb=10^{-3}cm^3/m^3$）；三是超精，加工精度达到纳米级。至于精密加工技术所能达到的精度，离子束加工可达纳米级，而借助于扫描隧道显微镜（STM，Scanning Tunneling Microscope）与原子力显微镜加工，则可达 0.1nm。

（2）极端化　极端化是指在极端条件下工作或有极端要求的产品，产品的制造技术有"极"的要求。几何形体上，极大、极小、极厚、极薄、极柔、极刚，奇形怪状；物理性能上，极硬、有塑性、极大弹性、脆性、极强磁性、辐射性、耐蚀性，奇性怪能；还有高温、高压、高湿的极端工作条件和加工条件。作为科技前沿产品的微机电系统（MEMS，Micro-electro mechanical System）就是"极端化"的典型例子。还有在航空航天领域中，"纳米"卫星质量不到 0.1kg，可以想象，其构成组件的尺寸是极小的，制造难度也是极高的。美国加利福尼亚大学伯克利分校制造出了配以微米级探针的微米级显微镜，可深入植物细胞内部观察。美国康奈尔大学在世界上首次研制出纳米"晶体管"，由单个原子输送电流，基本达到了物理极限。

（3）绿色化　自然创造了人类，人与人类社会是自然界的一部分，部分不能脱离整体，更不能对抗和破坏整体。人类社会的发展必然走向与自然界的和谐一致，否则，发展就不可持续。制造产品从构思开始，设计、制造、销售、使用与维修，直到回收、再制造，所有阶段都必须充分虑环境保护——保护自然环境、社会环境、生产和使用环境以及生产者和使用者的身心健康。"绿色"制造还有另一层含义，就是产品要"物美"，要有一定的人文文化含量，同生产、工作、生活环境相协调，经得起"看"，经得起"想"，赏心悦目，在一定程度上是艺术品。总之，绿色化要体现物质文明、精神文明与环境文明的高度交融。

（4）数字化　数字化有三大优点：精确、容量大和安全。数字化是信息化发展的核心。数字制造、数字工厂、数字城市、数字地球等数字化的趋势不可阻挡。数字制造是制造技术与信息技术（包含传感技术、计算机技术、网络技术）等交叉、融合、发展与应用的结果。数字化技术必将带来制造技术乃至整个生产、生活、思维、管理方式的重大发展与变革。

（5）集成化　技术和管理的集成，本质上是知识的集成。先进制造技术是制造技术、信息技术、管理科学以及有关科学技术的集成。现代技术集成的另一个典型例子是机电一体化技术，其中包括传感检测技术、自动控制技术、伺服传动技术、信息处理技术、信息系统总体技术等，而这些技术又同许多学科相关联。还有一个值得注意的"集"是由生物技术与制造技术集成的"生物制造"，即生物是由内部生长而成为"器件"，而不是同一般制造那样由外加作用以增减材料而成为"器件"，这是一个崭新而充满活力的领域。用精密的3D打印机来打印活组织和器官以替换病人体内受伤或患病的组织和器官，以解决移植手术中捐献组织短缺的问题，这方面成功的案例屡见报道。图1-3所示为3D打印的组织和器官，图1-3a和图1-3b是为一名耳朵先天严重畸形的患者手术移植而打印的一只耳朵，术后软骨组织成功再生并自然愈合，同另一只耳朵就像"双胞胎"一样。

a) 3D打印的人耳　　　　b) 3D生物打印耳植入物　　　　c) 3D打印的心脏

图1-3　3D打印的组织和器官

（6）网络化　网络是现代新型制造模式实施的基础设施，是现代制造企业生产活动必不可少的运行环境。网络化既是制造企业信息化、集成化的基础，又是企业信息化、集成化进一步发展的方向。制造企业面对全球制造所带来的冲击，必须在生产组织上进行深刻变革。地理上异地分布、组织上平等独立的多个企业，在协商的基础上建立密切的合作关系，形成动态的"企业联盟"或动态的"虚拟制造组织"，各企业致力于自己的核心业务，实现优势互补，资源优化动态组合与共享，不失为机械制造业发展的重要战略与方向。

（7）智能化　智能化是各行各业发展的趋向。智能化制造的基础是智能制造系统，智能制造系统具有超柔性与自组织、自重构能力，自诊断与自修复能力，学习能力与自我维护能力，乃至更高级的类人思维能力。智能制造作为一种模式，是集自动化、集成化和智能化于一身，并不断向纵深发展的高技术含量的先进制造系统，也是一种由智能机器和人类专家共同组成的人机一体化系统。在制造诸环节中，借助计算机模拟人类专家的智能活动，可以进行分析、判断、推理和决策，取代或延伸制造环境中人的部分脑力劳动。同时，还可以收集、存储、处理、继承和发展人类专家的制造智能。智能化制造将成为未来制造业的主要生产模式之一。

3. 教学环节

在实践教学基地工程训练按工种（或模块）进行，教学环节有示范讲解、实际操作、专题讲课、综合练习和教学实验等。

（1）示范讲解　示范讲解是指指导人员示范和讲解设备、工具正确的操作和使用方法，以及安全注意事项等。

（2）实际操作　实际操作是实践学习的主要环节，学生通过实际操作初步学会使用有关的设备和工具，获得各种加工方法的感性认识和一定的动手能力。

（3）专题讲课　专题讲课是就某些工艺问题而安排的专题讲解。

（4）综合练习　综合练习可使学生运用所学知识和技能，独立分析和解决某个具体的工艺问题，并亲自付诸实践的一种综合性训练。

（5）教学实验　教学实验以介绍新技术、新材料、新工艺为主，扩大学生的知识面，开阔学生的眼界。

1.2　课程学习方法及安全要求

1. 学习方法

工程训练课程不同于一般的理论课程，不是学习系统的理论知识、定理和公式，而是通过"看得见、摸得着"的设备和工具学习一些具体的产品制造过程和工艺知识；学习的课堂主要不是在教室，而是在车间现场，设备旁边。因此，学习方法也应进行相应的改变和调整，要善于向实践学习，在实践中学习基本技能、工艺知识和创新方法，按时完成作品制作和训练报告。

2. 安全要求

牢牢树立安全第一的思想。安全生产对国家、集体和个人都是非常重要的。它既是完成工程训练学习任务的基本保证，也是合格的工程技术人才所应具备的一项基本的工程素养。如不能保障人身和设备的安全，工程实践教学就无法进行。因此，学生自始至终要保持警醒，不得有麻痹大意和侥幸的心理。

保障训练安全，需要重点注意以下几点：

1）要高度重视安全教育，熟悉冷、热加工和电气安全知识。冷加工的特点是使用装夹工具，工件与刀具之间有相对运动，运动部件速度较快，如果设备防护不好，操作者没有严格按照安全操作规程操作，容易造成机器运动部位对人体及衣物的缠绞、卷入和磕碰之类的机械伤害。

热加工的特点是生产过程中伴随着高温、弧光、粉尘、噪声和有害气体等，容易发生烫伤、灼伤（对眼睛和皮肤的伤害）、喷溅和砸破、碰伤等事故。

电在教学现场可以说无处不在，冷加工机床运动、热加工材料加热、特种加工等都以电能作为能源，因此，必须严格遵守电气安全规则，避免触电事故发生。

2）因为训练的工种（模块）比较多，各个工种（模块）有各自的安全注意事项，但有一条是共同的，就是在操作设备（仪器）时必须严格遵守该设备（仪器）的安全操作规程。

3）最后，要注意以下几个细节：

① 工作服一定要扎好袖口和领口，束好下摆，长发者将长发纳入工作帽内，操作机械设备时穿戴必要的防护用品，但不得戴手套。

② "先学停车再开车"，动手操作前先了解设备的结构与使用方法，进行安全检查，查看电气参数指示是否在允许范围内，润滑和运转情况，操作按钮和手柄位置是否正确等。

③ 不擅自动用非自用的机床、设备、工具和量具。

④ 操作完毕，查看是否有安全隐患，将设备复位至初始状态，保养设备。

⑤ 发现异常情况或发生安全事故后，要采取科学的处置方法冷静处理，保护现场、及时上报。

【思考与练习】

1-1　工程训练课程性质和目的各是什么?

1-2　简述机械制造的宏观过程和具体过程。

1-3　工程训练教学内容包括哪些?

1-4　我国制造业当前存在哪些问题?

1-5　简述制造业未来的发展趋势。

1-6　冷、热加工和用电中容易发生的安全事故分别是什么?

第2章 机械工程材料及热处理

理论讲解

【教学基本要求】

1）了解常用工程材料的分类和应用。

2）了解生产中常用钢铁材料的现场鉴别方法。

3）了解金属材料常用的力学性能指标。

4）了解金属材料热处理、表面热处理和表面改性的目的。

5）掌握热处理的退火、正火、淬火和回火的工艺原理，能根据实际需要合理选用。

6）了解金相分析的基本原理，能够制作金相试样并能识别普通钢铁材料的金相组织。

7）了解热处理的安全技术。

【本章内容提要】

本章介绍了材料的力学性能及其对材料使用过程的影响，简要介绍了常用机械工程材料的基本知识，包括常用钢铁材料、非铁金属和非金属材料、复合材料的特性和应用，以及生产中钢铁材料的鉴别方法。重点介绍退火、正火、淬火和回火的工艺原理和应用，简要介绍了表面淬火和化学热处理的工艺方法和应用、表面改性技术的基本知识，介绍了金相基本知识和应用。

2.1 机械工程材料的分类及应用

2.1.1 机械工程材料的分类

常用机械工程材料可以分为以下类型：

1）金属材料，包括钢铁材料（如钢、铸铁）及非铁金属（如铜、铝等）。

2）非金属材料，包括高分子材料（如塑料、合成纤维、合成橡胶）和陶瓷材料（如硅酸盐材料、工程陶瓷）。

3）复合材料，包括纤维增强复合材料、粒子增强复合材料和层叠复合材料。

2.1.2 机械工程材料的应用

金属材料来源丰富，并且有优良的使用性能和加工性能，是机械工程中应用最普遍的材料，常用于制造机械设备、工具、模具，并广泛应用于工程结构，如船舶、桥梁、锅炉等。

非金属材料具有耐蚀性、绝缘性、绝热性和优异的成形能力，并且质轻价廉，因而发展迅速。例如，工程塑料在全世界的年产量持续增长，已广泛应用于轻工产品、机械制造产品、现代工程机械，如家用电器外壳、齿轮、轴承阀门、叶片、汽车零件等。作为结构材料，陶瓷材料具有强度高、耐热性好的特点，广泛应用于发动机、燃气轮机；作为耐磨损材料，则可用作新型的刀具材料，能极大地延长刀具寿命。

复合材料则是由两种或两种以上成分、性能不同的材料经人工合成获得的。它既保留了各组成材料的优点，又具有优于原材料的特性。其中，碳纤维增强树脂复合材料由于具有较高的比强度、比模量，因此可应用于航天工业中，如火箭喷嘴、密封垫圈等。

2.2　常用钢铁材料简介

2.2.1　钢

工业上将碳的质量分数为 0.02%~2.11% 的铁碳合金称为钢。钢具有良好的使用性能和工艺性能，因此获得了广泛的应用。

1. 钢的分类

钢的分类方法很多，常用的分类方法有以下几种。

（1）按化学成分分类

1）碳素钢，包括低碳钢 [w(C)<0.25%]、中碳钢 [w(C)=0.25%~0.60%]、高碳钢 [w(C) > 0.60%]。

2）合金钢，包括低合金钢 [w(Me)<5%]、中合金钢 [w(Me)=5%~10%]、高合金钢 [w(Me) > 10%]。

（2）按用途分类

1）结构钢，可分为工程结构钢和机器零件用钢。

2）工具钢，用于制作各类工具，包括刀具钢、量具钢、模具钢。

3）特殊性能钢，可分为不锈钢、耐热钢、耐磨钢等。

（3）按质量分类　可分为普通钢 [w(S/P) ≤ 0.05%]、优质钢 [w(S/P) ≤ 0.04%]、高级优质钢 [w(S/P) ≤ 0.03%]。

2. 钢的牌号、性能及用途

（1）碳素钢

1）碳素结构钢。碳素结构钢的牌号由屈服强度"屈"字汉语拼音第一个字母（Q）、屈服强度数值、质量等级符号（A、B、C、D）及脱氧方法符号（F、Z、TZ）等四部分组成，如235AF。碳素结构钢一般以热轧空冷状态供应，主要用于制造各种型钢、薄板、冲压件或焊接结构件及一些力学性能要求不高的机器零件。

2）优质碳素结构钢。优质碳素结构钢的牌号用两位数字表示。两位数字表示钢中碳的平均质量分数的万倍，如 45 钢表示平均 w(C)=0.45% 的优质碳素结构钢。常用的优质碳素结构钢有：15 钢、20 钢，其强度、硬度较低，塑性好，常用作冲压件或形状简单、受力较小的渗碳件；40 钢、45 钢经适当的热处理（如调质）后，具有较好的力学性能，主要用于制造机床中形状简单、要求中等强度、有韧性的零件，如轴、齿轮、曲轴、螺栓、螺母；60 钢、65 钢淬火加中温回火后，具有较高的弹性极限和屈强比（屈服强度与抗拉强度的比值），常用于制造直径小于 120mm 的小型机械弹簧。

3）碳素工具钢。碳素工具钢可分为优质碳素工具钢和高级优质碳素工具钢两类。它的牌号用"T"表示，后面的数字表示碳平均质量分数的千分数。若为高级优质钢，则需在数字后加"A"，如 T10A 钢表示 w(C) = 1.0% 的高级优质碳素工具钢。常用碳素工具钢为 T7、T8、…、T13，各牌号的钢淬火后硬度相近，但随碳质量分数的增加，钢的耐磨性增加，韧性降低。因此，T7、T8 适用于制作承受一定冲击的工具，如钳工錾子等；T9、T10、T11 适于制作冲击较小而硬度、耐磨性要求较高的小丝锥、钻头等；T12、T13 则适于制作耐磨但不受冲击的锉刀、刮刀等。

（2）合金钢　为了提高钢的力学性能、工艺性能或某些特殊性能，在冶炼中有目的地加入一些合金元素而形成的钢，这种钢称为合金钢。生产中常用的合金元素有锰、硅、铬、镍、钼、钨、钒、钛等。通过合金化，材料性能大大提高，因此，在制造机器零件、工具、模具及特殊性能工件方面，合金钢得到了广泛的应用。常用合金钢的名称、牌号、用途见表2-1。

表2-1　常用合金钢的名称、牌号、用途

名称	常用牌号	用途
低合金高强度结构钢	Q355	船舶、桥梁、车辆、大型钢结构、起重机械
合金结构钢	20CrMnTi	汽车、拖拉机的齿轮、凸轮
	40Cr	齿轮轴、连杆螺栓、曲轴
弹簧钢	60Si2Mn	汽车、拖拉机的25~30mm减振板簧、螺旋板簧
高碳铬轴承钢	GCr15	中、小型轴承内外套圈及滚动体
量具刃具钢	9SiCr	丝锥、板牙、冷冲模、铰刀
高速工具钢	W18Cr4V	齿轮铣刀和插齿刀等
冷作模具钢	Cr12	冷作模及冲头、拉丝模、压印模、搓丝板
热作模具钢	5CrMnMo	中小型热锻模

2.2.2　铸铁

普通铸铁中碳的质量分数大于2.11%，主要组成元素是铁、碳、硅，并含有较多的硫、磷、锰等杂质元素。生产中常用碳的质量分数通常为2.5%~4.0%的铸铁。与钢相比，铸铁组织中含有高碳相，如渗碳体或石墨，这对铸铁的性能具有重要的影响。铸铁中的高碳相，由于成分和凝固时冷却条件的不同，可以呈化合状态（Fe_3C）或游离状态（石墨），这就使铸铁的内部组织、性能、用途存在较大的差异。

由于灰铸铁具有良好的铸造性能、切削加工性、减振性、低的缺口敏感性，且成本较低，因此在机械工业中得到了广泛的应用。

1. 铸铁的分类

根据铸铁断口特征的不同，铸铁常分为灰铸铁、白口铸铁、麻口铸铁。根据铸铁中石墨形态的不同，铸铁常分为灰铸铁（片状石墨）、球墨铸铁（球状石墨）、蠕墨铸铁（蠕虫状石墨）、可锻铸铁（团絮状石墨）。常用铸铁的显微组织如图2-1所示。

2. 铸铁的牌号、性能及用途

（1）灰铸铁　灰铸铁的牌号表示方法为"HT+3位数字"，其中"HT"是"灰铁"两字汉语拼音的首字母，其后3位数字表示用ϕ30单铸试棒测定的最低抗拉强度（MPa）。灰铸铁的抗拉强度、塑性、韧性较低，但抗压强度、硬度、耐磨性较好，并具有其他良好的使用性能。因此，灰铸铁广泛应用于机床床身、手轮、箱体、底座等。

（2）球墨铸铁　球墨铸铁牌号的表示方法为"QT + 数字 − 数字"，其中"QT"是"球铁"两字汉语拼音的首字母，两组数字分别表示最小抗拉强度（MPa）和最小断后伸长率（%），如QT600-3。通过热处理强化后球墨铸铁的力学性能有较大提高，应用范围较广，可代替中碳钢制造汽车、拖拉机中的曲轴、连杆、齿轮等。

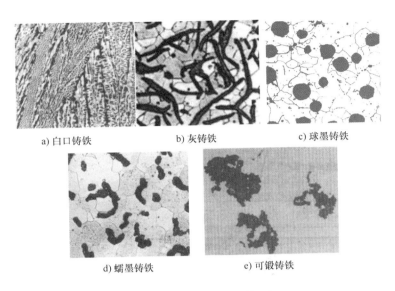

a) 白口铸铁　　　　　　　b) 灰铸铁　　　　　　　c) 球墨铸铁

d) 蠕墨铸铁　　　　　　e) 可锻铸铁

图 2-1　常用铸铁的显微组织

（3）蠕墨铸铁　蠕墨铸铁牌号的表示方法为"RuT + 3 位数字"，其中 3 位数字表示最小抗拉强度（MPa）。蠕墨铸铁的强度、韧性、疲劳强度等均比灰铸铁高，但比球墨铸铁低，主要用于制造柴油机气缸套、气缸盖、阀体等。

（4）可锻铸铁　可锻铸铁牌号表示方法为"KT+H（或 B 或 Z）+ 数字 - 数字"，其中"KT"是"可铁"两字汉语拼音的首字母，后面的"H"表示黑心可锻铸铁，"B"表示白心可锻铸铁，"Z"表示珠光体可锻铸铁，其后两组数字分别表示最小抗拉强度（MPa）和最小断后伸长率（%），如 KTH 300-06 等。可锻铸铁的力学性能优于灰铸铁，因此，常用于制造管接头、农具及连杆类零件等。

2.3　钢铁材料现场鉴别方法

2.3.1　火花鉴别

火花鉴别是指将钢铁材料轻轻压在旋转的砂轮上打磨，观察迸射出的火花形状和颜色，以判断钢铁成分的方法。

1. 火花组成

（1）火花束　火花束是指被测材料在砂轮上磨削时产生的全部火花，常由根部、中部、尾部三部分组成，如图 2-2 所示。

（2）流线　线条状火花称为流线，每条流线都由节点、爆花和尾花组成，如图 2-3 所示。

1）节点就是流线上火花爆裂的原点，呈明亮点，如图 2-3 所示。

2）爆花就是节点处爆裂的火花，由许多小流线（芒线）及点状火花（花粉，俗称火星）组成。通常，爆花可分为一次花、二次花、三次花等，如图 2-4 所示。

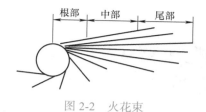

图 2-2　火花束

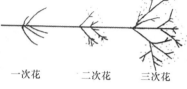

图 2-3　流线组成

1—节点　2—爆花　3—尾花

3）尾花就是流线尾部的火花。钢的化学成分不同，尾花的形状也不同。通常，尾花可分为狐尾花和枪尖尾花等，常见于合金钢。

2. 常用钢铁材料的火花特征

（1）碳素钢　碳素钢中碳的质量分数越高，则流线越多，火花束越短，爆花越多，花粉也越多，火花亮度越强，硬度越高。

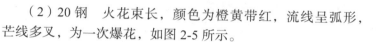

一次花　　二次花　　三次花

图 2-4　爆花的形式

（2）20 钢　火花束长，颜色为橙黄带红，流线呈弧形，芒线多叉，为一次爆花，如图 2-5 所示。

（3）45 钢　火花束稍短，颜色为橙黄，流线较细、长而多，芒线多叉，花粉较多，为二次爆花，如图 2-6 所示。

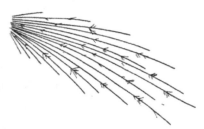

图 2-5　20 钢的火花特征

图 2-6　45 钢的火花特征

（4）T12 钢　火花束短粗，颜色暗红，流线细密，碎花，花粉多，为多次爆花，如图 2-7 所示。

（5）铸铁　铸铁的火花束较粗，颜色多为橙红带橘红，流线较多，尾部较粗，下垂呈弧形，一般为二次爆花，花粉较多，火花试验时手感较软。图 2-8 所示为 HT200 的火花特征。

图 2-7　T12 钢的火花特征

图 2-8　HT200 的火花特征

2.3.2　色标鉴别

生产中为了表明金属材料的牌号、规格等，在材料上需做一定的标记，常用的标记方法有涂色、打印、挂牌等。金属材料的涂色是指将表示钢种、钢号颜色的颜料，涂在材料一端的端面或端部，成捆交货的钢应涂在同一端的端面，盘条则涂在卷的外侧。具体的涂色方法在有关标准中做了详细的规定，生产中可以根据材料的色标对钢铁材料进行鉴别。

2.3.3　断口鉴别

材料或零部件因受某些物理、化学或机械因素的影响而导致断裂所形成的自然表面称为断口。生产现场常根据断口的自然形态来判断材料的韧脆性，也可据此判定相同热处理状态的材料碳含量高低。若断口呈纤维状，无金属光泽，颜色发暗，无结晶颗粒，且断口边缘有明显的塑性变形特征，则表明钢材具有良好的塑性和韧性，碳含量较低；若材料断口齐平，呈银灰色，具有明显的金属光泽和结晶颗粒，则表明材料为金属脆性断裂；而过共析钢或合金钢经淬火及低温回火后，断口常呈亮灰色，具有绸缎光泽，类似于细瓷器断口特征。

2.3.4　音响鉴别

生产现场有时也采用敲击辨声来区分材料。例如，当原材料钢中混入铸铁材料时，由于铸铁的减振性较好，敲击时声音较低沉，而钢材敲击时则发出较清脆的声音，可根据钢铁敲击时声音的不同，对其进行初步鉴别，但有时准确度不高。而当钢铁之间发生混淆时，因其声音比较接近，常采用其他鉴别方法进行判别。

若要准确地鉴别材料，在以上几种生产现场鉴别的基础上，一般还可采用化学分析、金相检验、硬度试验等实验室分析手段对材料做进一步的鉴别。

2.4　非铁金属简介

除钢铁材料（黑色金属）以外的其他金属与合金，统称为非铁金属（有色金属）。

非铁金属具有许多与钢铁材料不同的特性。例如，非铁金属有高的导电性和导热性（银、铜、铝等），优异的化学稳定性，高的导磁性（铁镍合金等），高的比强度（铝合金、钛合金等），很高的熔点（钨、铌、钽、锆等）。所以，在现代工业中，除大量使用钢铁材料外，还广泛使用非铁金属。

工程中最常用的非铁金属主要有铝及铝合金、铜及铜合金两类。

2.4.1　铝及铝合金

1. 工业纯铝

工业纯铝分未压力加工产品（重熔用铝锭）和压力加工产品（变形铝）两种。重熔用铝锭的牌号有 Al99.90、Al99.85、Al99.70、Al99.60、Al99.50、Al99.00、Al99.7E、Al99.6E。铝的质量分数不低于 99.0% 的变形铝为纯铝，变形铝的牌号有 1070A、1060、1050A、1035、1200 等。

工业纯铝的强度低，抗拉强度（R_m）为 80~100MPa，冷变形后可提高至 150~250MPa，故工业纯铝难以满足结构零件的性能要求，主要用作配制铝合金及代替铜制作导线、电器和散热器等。

2. 铝合金

用于铸造生产的铝合金称为铸造铝合金，它不仅具有较好的铸造性能和耐蚀性，而且还能用变质处理的方法使强度进一步提高，应用较为广泛，如用于内燃机活塞、气缸头、气缸散热套等。

这类铝合金的代号由铸铝两字的汉语拼音首字母"ZL"和 3 位数字组成。其中第一位数字为主加元素的代号（1 表示 Al-Si 系合金；2 表示 Al-Cu 系合金；3 表示 Al-Mg 系合金；4 表示 Al-Zn 系合金），后两位数字表示顺序号，如 ZL102 表示铸造铝硅合金材料。

除铸造铝合金外，还有一类铝合金叫作变形铝合金，主要有防锈铝、锻造铝、硬铝和超硬铝 4 种。它们大多通过塑性变形轧制成板、带、棒、线材等半成品。其中硬铝是一种应用较多的由铝 – 铜 – 镁等元素组成的铝合金材料。除了具有良好的抗冲击性、焊接性和切削加工性外，热处理强化（淬火加时效）后，强度和硬度能进一步提高，可以用于飞机结构的支架、翼肋、螺旋桨、铆钉等零件。

2.4.2 铜及铜合金

铜及铜合金的种类很多，一般分为纯铜、黄铜、青铜和白铜等。

1. 纯铜

纯铜因其表面呈紫红色，故也称紫铜。它具有极好的导电和导热性能，大多用于电器元件或用作冷凝器、散热器和热交换器等的零件。纯铜还具有良好的塑性，通过冷、热态塑性变形可制成板材、带材和线材等半成品。此外，纯铜在大气中还具有较好的耐蚀性。

我国工业纯铜的牌号是用符号"T"（铜字汉语拼音首字母）和顺字数字组成，如 T1、T2、T3，其中顺序数字越大，纯度越低。

2. 黄铜

铜和锌所组成的合金称为黄铜。当黄铜中锌的质量分数小于 39% 时，锌能全部溶解在铜内。这类黄铜具有良好的塑性，可在冷态或热态下压力加工（轧、锻、冲、拉、挤）成形。按其加工方式不同，可将黄铜分为压力加工黄铜和铸造黄铜两种。

压力加工黄铜的牌号由符号"H"（黄字汉语拼音首字母）和数字组成，如 H68 黄铜。

铸造黄铜其牌号由 ZCu + 主加元素符号 + 主加元素平均质量分数 + 辅加元素符号 + 辅加元素平均质量分数组成。（牌号中质量分数为实际的百倍）例如，ZCuZn38 表示锌的平均质量分数为 38% 的铸造黄铜，ZCuZn40Pb2 表示锌的平均质量分数为 40%，铅的平均质量分数为 2% 的铸造铅黄铜。

3. 青铜

由于主加元素不同，青铜分为锡青铜、铬青铜、锰青铜、铝青铜、硅青铜、铅青铜等。除锡青铜外，其余均为无锡青铜。

青铜的牌号是用符号"Q"（青字汉语拼音首字母）和数字组成。例如 QSn4-3，表示锡的平均质量分数为 4%，锌的平均质量分数为 3% 的锡青铜；QAl7，表示铝的平均质量分数为 7% 的铝青铜。

此外，铸造青铜牌号表示法与铸造黄铜类似。例如，ZCuSn5Pb5Zn5 表示锡的平均质量分数为 5%，铅的平均质量分数为 5%，锌的平均质量分数为 5% 的铸造锡青铜。

2.5 金属材料的力学性能

金属材料抵抗外加载荷引起的变形和断裂的能力称为金属材料的力学性能。材料的力学性能是设计零件及选择材料的重要依据。常用的力学性能指标有强度、塑性、硬度、冲击韧度、疲劳强度等。

试样力学
性能测试

2.5.1　强度

强度是指金属材料在静载荷的作用下抵抗塑性变形和断裂的能力。强度指标一般用单位面积所承受的载荷（应力）表示，单位为 MPa。工程中常用的强度指标有屈服强度和抗拉强度。屈服强度是指材料呈屈服现象时，产生塑性变形而力不增加时的应力，分为上屈服强度 R_{eH} 和下屈服强度 R_{eL}；抗拉强度是指材料在拉断前所能承受的最大应力值，用 R_m 表示。它们是零件设计的主要依据，也是评定金属材料强度的重要指标。

2.5.2　塑性

塑性是指金属材料在静载荷的作用下产生塑性变形而不被破坏的能力。工程中常用的塑性指标有断后伸长率 A 和断面收缩率 Z。断后伸长率和断面收缩率越大，材料的塑性越好。良好的塑性是材料成形加工的必要条件，也是保证零件工作安全、不发生突然脆断的必要条件。

强度和塑性可以按国家标准通过拉伸试验测定，图 2-9 所示为拉伸试样及拉伸曲线。

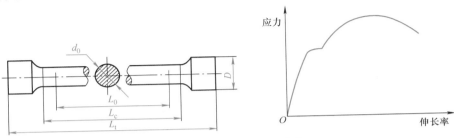

图 2-9　拉伸试样及拉伸曲线

2.5.3　硬度

硬度是指金属材料表面抵抗更硬物体压入的能力。硬度的测试方法很多，生产中常用的有布氏硬度试验法和洛氏硬度试验法两种。

1. 布氏硬度

布氏硬度测定原理是用一定大小的载荷将一定直径 D 的碳化物合金球压入被测金属表面，保持一定时间后卸载，根据载荷 F 和压痕的直径 d 求出布氏硬度值，如图 2-10 所示。布氏硬度试验法用于测定硬度不高的金属材料，如铸铁、非铁金属，以及经退火、正火后的钢材等。布氏硬度试验法压痕较大，但数值比较稳定。

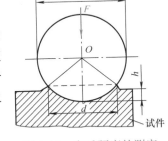

图 2-10　布氏硬度的测定

2. 洛氏硬度

洛氏硬度试验法是用一锥角为 120° 的金刚石圆锥体或直径为 1.5875mm（或 3.175mm）的球形压头，在规定载荷作用下压入被测试金属表面，根据压痕的深度计算出硬度值。常用的洛氏硬度指标有 HRA、HRBW、HRC 标尺，见表 2-2。

表 2-2　洛氏硬度试验规范

符号	压头	载荷 /N	测量范围	应用范围
HRA	金刚石圆锥体	588.4	20~95HRA	硬质合金、表面硬化钢、淬火工具钢
HRBW	直径 1.5875mm 球	980.7	10~100HRBW	非铁金属、可锻铸铁、退火或正火钢
HRC	金刚石圆锥体	1471	20~70HRC	淬火钢、调制钢

洛氏硬度试验法操作方便，压痕小，可直接在工件或工具上测试而不破坏工件，特别适用于较薄件和成品硬度值的测定，并可根据测得的硬度值估算出近似的强度值，从而了解材料的力学性能及工艺性能。因此，洛氏硬度试验法在生产中得到了广泛的应用。但因压痕较小，准确度较差，故需在工件的不同部位测量数点取其平均值。

2.5.4 冲击韧度

材料在冲击载荷的作用下抵抗断裂破坏的能力称为冲击韧度。通常采用夏比冲击试验来测定材料在冲击断裂中吸收的能量 K，再根据相同试验条件下 K 的大小来评定材料冲击韧度的好坏。一般将 K 值低的材料称为脆性材料，K 值高的材料称为韧性材料。

2.5.5 疲劳强度

很多机械零件，如各种轴、齿轮、连杆、弹簧等，是在交变载荷的作用下工作的。在这种重复交变载荷的作用下，金属材料会在远低于该材料的抗拉强度，甚至小于屈服强度的应力下失效（出现裂纹或完全断裂），这种现象称为金属的疲劳。

金属在"无数次"（对钢铁来说为 $10^6 \sim 10^7$ 次）重复交变载荷作用下而不致引起断裂时的最大应力，称为疲劳强度，用以衡量金属抵抗疲劳破坏的能力。疲劳强度用符号 S 表示。

常用力学性能指标及其含义见表2-3。

表 2-3 常用力学性能指标及其含义

力学性能	性能指标			说明
	名称	符号	单位	
强度	抗拉强度	R_m	MPa	金属拉断前最大载荷所对应的应力，代表金属抵抗最大均匀塑性变形或断裂的能力
	屈服强度	R_{eH}、R_{eL}	MPa	金属屈服时对应的应力，是对微量塑性变形的抵抗能力
塑性	断后伸长率	A	%	试样拉断后标距长度的增量与原标距长度的百分比，A 越大，材料塑性越好
	断面收缩率	Z	%	试样拉断处横断面积减小量与原横断面积的百分比，Z 越大，材料的塑性越好
硬度	布氏硬度	HBW		用载荷除以压痕球形面积所得的商作为硬度值，一般用于硬度不高的材料
	洛氏硬度	HR		根据压痕深度来衡量硬度，HRC 应用最广，一般经过淬火的钢件（20~67 HRC）都用此洛氏硬度
	维氏硬度	HV		用载荷除以压痕表面积乘以常数 0.102 所得的值作为硬度值，一般用于表面薄层硬化钢化或薄的金属件的硬度
韧性	冲击韧度	a_K	J/cm^2	a_K 越大，材料的韧性越好
抗疲劳性	疲劳强度	S	MPa	金属材料经受多次（一般为 10^7 周次）对称循环交变应力的作用而不产生疲劳破坏的最大应力

2.6 金属材料热处理

热处理是在固态下将金属材料通过加热、保温和不同的冷却方式，改变其内部组织，从而获得所需性能的一种工艺方法。

机械制造中，热处理起着十分重要的作用，是零件制造工艺中一道重要的工序，如在汽车、拖拉机制造中有 70%~80% 的零件需进行热处理。运用热处理工艺可进一步提高金属材料的性能，保证产品的质量，延长产品的使用寿命，充分挖掘钢材的潜力。

热处理实践

钢的热处理工艺包括退火、正火、淬火、回火和表面热处理等。虽然热处理方法较多，但其过程都是由加热、保温和冷却3个阶段组成的，都可以通过热处理工艺规范曲线表示，如图2-11所示。

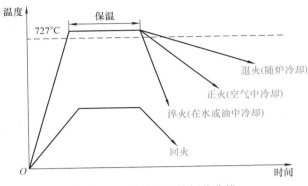

图 2-11　热处理工艺规范曲线

2.6.1　退火与正火

1. 退火

退火是将工件加热到一定温度，保持一定时间，然后随炉缓慢冷却的热处理工艺。退火的目的是：降低硬度，改善切削加工性能；细化晶粒、改善组织，提高力学性能；消除内应力，并为后续热处理做好组织准备。生产中，根据退火目的的不同，常将退火工艺方法分为完全退火、球化退火、等温退火和去应力退火等。

退火最常用的是电阻炉，有箱式电阻炉和井式电阻炉，如图2-12和图2-13所示。实际操作时必须注意以下几点：

1）退火时加热温度要准确。因为温度过高会造成过热、过烧、氧化、脱碳等缺陷；温度过低，达不到退火的目的。

2）工件装炉时要注意工件的放置方法。如对于细长工件的稳定尺寸退火，一定要在井式炉中垂直吊置，以防工件由于自身重量而引起变形。

3）装炉和出炉时注意不要触碰电阻丝，以免短路。

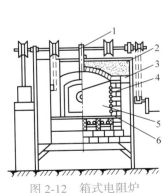

图 2-12　箱式电阻炉

1—热电偶　2—炉壳　3—炉门
4—电热元件　5—炉膛　6—耐火砖

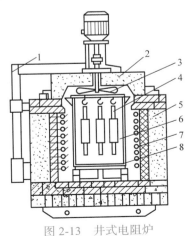

图 2-13　井式电阻炉

1—升降机构　2—炉盖　3—风扇　4—工件
5—炉体　6—炉膛　7—电热元件　8—装料筐

2. 正火

正火是将工件加热到一定温度进行奥氏体化后在空气或其他介质中冷却获得以珠光体为主的组织的热处理工艺。正火的冷却速度要比退火快，所获得的组织比退火更细，因此工件强度和硬度有所提高。对于低碳钢工件，正火可以提高硬度，使其具有良好的切削加工性能；而对于中碳钢和高碳钢，正火后硬度偏高，切削加工性能变差，故宜采用退火工艺，但对于中碳钢小型工件用正火代替退火可以节能；对于比较重要的零件，正火可作为淬火前的预备热处理；对于性能要求不高的碳钢工件，正火也可作为最终热处理。

2.6.2 淬火与回火

1. 淬火

（1）淬火工艺　淬火是将工件加热到某一温度，保温一定时间，然后在水或油中快速冷却，以获得马氏体组织的热处理工艺。淬火的主要目的是提高钢的强度和硬度，增加耐磨性，并在回火后获得高硬度与一定韧性相结合的性能。淬火的冷却速度主要取决于淬火冷却介质，常用的淬火冷却介质有水、油、盐浴等。淬火后，一般要回火后才能使用。

（2）淬火操作

1）热处理操作前，有些工件需进行正确捆扎，错误的捆扎会使加热后的工件因自重将孔拉长变形，如图 2-14 所示。

2）加热时温度必须选择恰当，依据不同的工件材料而定。

3）根据工件技术要求，选择合适的加热设备。常用的加热设备有电阻炉、盐浴炉等。

4）根据工件几何形状和尺寸大小、装炉方式、加热设备，选择适当的加热保温时间。

5）选择适当的淬火冷却介质，如水适用于一般碳钢的淬火，向水中加入少量盐，可进一步提高其冷却能力；油适用于合金钢淬火或双液淬火。

6）要注意工件浸入淬火冷却介质的方式，若浸入方式不正确，可能会造成极大的内应力，甚至使工件发生变形和开裂，或产生局部淬不硬等缺陷。例如，厚薄不均的工件，厚的部分应先浸入淬火冷却介质中，细长的工件应垂直地浸入淬火冷却介质中，薄而平的工件必须立着放入淬火冷却介质中，薄壁环状工件浸入淬火冷却介质时，它的轴线必须垂直于液面，截面不均的工件应斜着放入，使工件各部分的冷却速度趋于一致等。各种不同形状的工件在淬火时浸入的方式如图 2-15 所示。

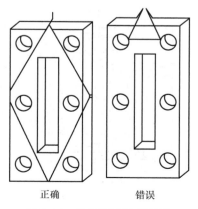

图 2-14　热处理工件捆扎法

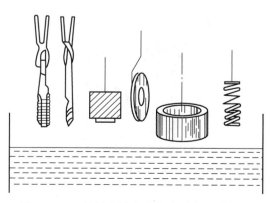

图 2-15　工件浸入淬火冷却介质的正确方法

2. 回火

（1）回火工艺　将淬火后的工件重新加热到某一温度，保温后在油中或空气中冷却的操作称为回火。回火的目的是减少或消除工件在淬火时所形成的内应力，降低淬火钢的脆性，调整工件的力学性能，稳定工件尺寸。回火主要是控制回火温度，回火温度越高，工件的韧性越好，内应力越小，但硬度和强度下降得越多。根据回火时加热温度不同，可分为以下 3 种：

1）低温回火。回火温度为 150~250℃，其主要目的是减少工件淬火后的内应力和脆性，保持钢在淬火后得到的高硬度和高耐磨性。低温回火适用于刀具、量具、冷冲模具和滚动轴承等。

2）中温回火。回火温度为 350~500℃，其主要目的是提高钢的弹性屈服极限，大大减少工件的内应力，同时又具有一定的韧性和硬度。它一般适用于热锻模、弹簧等的热处理。

3）高温回火。回火温度为 500~650℃，习惯上把淬火加高温回火称为调质，其主要目的是获得既有一定的强度和硬度，又有良好的塑性和韧性相配合的综合力学性能。它广泛用于中碳钢、合金钢制造的重要结构零件（如轴、齿轮、连杆等）的热处理。

（2）回火操作

1）回火时加热温度要适当，保温时间也应合理，其基本原则是保证热透并且组织充分转变，不得少于 0.5h。

2）回火后冷却一般对性能影响不大，大多采用空冷，但重要的工件，为了防止产生应力可缓冷，特别是某些含有硅、锰、铬等元素的合金钢，为了避免回火脆性，往往要求快冷（水冷或油冷），为消除内应力再补充低温回火工艺。

2.6.3　表面热处理

某些零件的使用要求是表面应具有高硬度、高强度、高耐磨性和抗疲劳性能，而心部在保持一定强度、硬度的条件下应具有足够的塑性和韧性，这就需要采用表面热处理的方法。表面热处理在生产实践中应用较广泛的是表面淬火和化学热处理。

1. 表面淬火

钢的表面淬火是通过快速加热，将钢件表面层迅速加热到淬火温度，然后快速冷却的热处理工艺。表面淬火不改变零件表面的化学成分，主要适用于中碳钢和中碳低合金钢，如 45、40Cr 等。通常，工件在表面淬火前均须进行正火或调质处理。这样，不仅可以保证其表面的高硬度和高耐磨性，而且可以保证心部的强度和韧性。

表面淬火通常采用电感应加热和火焰加热两种方式，实际生产中最常用的是电感应加热。感应淬火如图 2-16 所示。

表面淬火必须注意以下几点：

1）淬火前须进行调质处理。

2）根据工件的形状和大小选择一个合适的感应圈。

3）淬火后工件要及时回火。

2. 化学热处理

化学热处理是将工件置于某种化学活性介质中加热、保温，使一种或几种元素渗入工件表

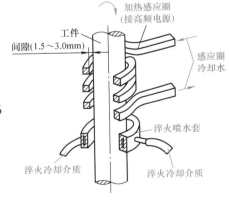

图 2-16　感应淬火

面，改变其化学成分，达到改变表面组织和性能的热处理工艺。根据渗入元素的不同，可知化学热处理的种类有渗碳、渗氮、碳氮共渗、渗硼、渗金属等。目前，工业生产中最常用的是渗碳、渗氮和碳氮共渗这 3 种。

渗碳是将低碳钢工件放入高碳介质中加热、保温，以获得高碳表层的化学热处理工艺。钢件渗碳后，还需进行淬火和低温回火，使表面具有高硬度、高耐磨性，而心部却保持良好的塑性和韧性。渗碳适用于高速齿轮、凸轮等。常用的渗碳材料有 15、20、20Cr、20CrMnTi 等。气体渗碳炉如图 2-17 所示。

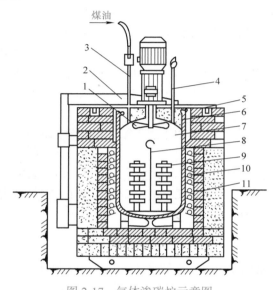

图 2-17　气体渗碳炉示意图

1—风扇　2—炉盖升降机构　3—滴量器　4—废气引出管　5—炉盖
6—炉罐　7—炉腔　8—工件挂具　9—工件　10—电热元件　11—炉体

渗氮是将工件放入高氮介质中加热、保温以获得高氮表层的化学热处理工艺。渗氮后，工件表面形成一层氮化物，无需淬火便具有高的硬度、耐磨性、疲劳强度和一定的耐蚀性，而且变形很小。渗氮广泛用于精密量具、高精度镗床主轴等。最常用的渗氮钢是 38CrMoAl。

碳氮共渗是使工件表面同时渗入碳和氮的化学热处理工艺。目前应用较多的是气体碳氮共渗，它包括高温碳氮共渗和低温氮碳共渗。高温碳氮共渗以渗碳为主，处理后再进行淬火和低温回火；低温氮碳共渗以渗氮为主。碳氮共渗用的主要产品是渗碳钢，如 20CrMnTi 等。

化学热处理必须注意以下几点：

1）装炉前工件表面上的油污、污物、氧化皮、锈斑等有害物质要清理干净。

2）装炉时，工件之间的距离要适当，以保证气体流通和温度均匀。

3）严格按照工艺要求控制温度、时间、渗剂流量。

4）及时检查试样处理情况。

5）一炉工件处理完毕要抽查工件的硬度、金相组织和渗层深度。

2.6.4　金属表面改性

表面改性是利用各种物理、化学或机械的方法，使金属获得特殊的成分、组织结构和性能的表面，以延长金属使用寿命的技术。

1. 零件的发蓝或发黑处理

零件的发蓝处理是指钢铁在含有氧化剂的溶液中进行处理，使其表面生成一层均匀的蓝色或黑色膜层的过程。

发黑是采用含有亚硝酸钠的浓碱性处理液，在 140℃ 左右的温度下处理 15~90min，高温化学氧化得到的是以磁性氧化铁（Fe_3O_4）为主的氧化膜，膜厚一般只有 0.5~1.5μm，最厚可达 2.5μm。氧化膜具有较好的吸附性，将氧化膜浸油或做其他处理，其耐蚀性可大大提高。由于氧化膜很薄，对零件尺寸和精度几乎没有影响，因此在精密仪器、光学仪器、武器及机械制造中得到广泛应用。

钢铁零件的发蓝处理或发黑工艺见表 2-4。

表 2-4　钢铁零件发蓝处理或发黑工艺

项目		单槽法		双槽法			
		配方 1	配方 2	配方 3		配方 4	
				第一槽	第二槽	第一槽	第二槽
氧化液组成的质量浓度 /（g/L）	氢氧化钠		600~700			550~650	700~800
	亚硝酸钠	550~650		500~600	700~800		
	重铬酸钾	150~200	200~250	100~150	150~200		
	硝酸钠		25~32			100~150	150~200
工艺规范							
温度 /℃		135~145	130~135	135~140	145~152	130~135	140~150
时间 /min		15~60	15	10~20	45~60	15~20	30~60

2. 零件表面的镀镍处理

用还原剂将镀液中的镍离子还原为金属镍并沉积到钢铁工件上的方法称为镀镍。

以次磷酸盐为还原剂的表面镀镍溶液有两种类型，即酸性镀液和碱性镀液。酸性镀液的特点是溶液比较稳定、易于控制、沉积速度较快，镀层中磷的质量分数较高（2%~11%）。碱性镀液中 pH 值范围比较宽，镀层中磷的质量分数较低（3%~7%），但镀液对杂质比较敏感，稳定性较差，难以维护，所以这类镀液不常用。表 2-5 列出了这两种镀液的典型工艺规范。

表 2-5　次磷酸钠镀镍工艺规范

镀液组成的质量浓度 /（g/L）	酸性镀液			碱性镀液	
	配方 1	配方 2	配方 3	配方 4	配方 5
氯化镍					
硫酸镍	21		28		
次磷酸钠		30	24	20	
苹果酸	24	26			
柠檬酸钠		30		20	25
琥珀酸					25
氟化钠	7			10	
乳酸	5	18	27		
丙酸			2.5		

3. 零件表面的磷化处理

把金属放入含有锰、铁、锌的磷酸盐溶液中进行化学处理，使金属表面生成一层难溶于水的磷酸盐保护层，称为金属的磷酸盐处理，简称磷化。磷化膜层为微孔结构，与基体结合牢固，具有良好的吸附性、润滑性、耐蚀性、不黏附熔融金属（Sn、Al、Zn）性及较高的电绝缘性等。磷化膜主要用在涂料的底层、金属加工的润滑层、金属表面保护层以及用作电动机硅钢片的绝缘处理、压铸模具的防黏处理等。磷化膜厚度一般为 5~20μm。磷化处理所需设备简单，操作方便，成本低，生产率高，广泛应用于汽车、船舶、航空航天、机械制造及家电等工业生产中。

钢铁零件磷化处理的配方及工艺规范见表 2-6。

表 2-6 钢铁零件磷化处理的配方及工艺规范

项目		高温		中温		常温	
		1	2	3	4	5	6
溶液组成的质量浓度 /（g/L）	磷酸二氢锰铁盐	30~40		40		40~65	
	磷酸二氢锌		30~40		30~40		50~70
	硝酸锌		55~65	120	80~100	50~100	80~100
	硝酸锰	15~25		50			
	亚硝酸钠						0.2~1
	氧化钠					4~8	
	氟化钠					3~4.5	
	乙二胺四乙酸			1~2			
游离酸度 / 点[①]		3.5~5	6~9	3~7	5~7.5	3~4	4~6
总酸度 / 点[①]		36~50	40~58	90~120	60~80	50~90	75~95
工艺规范							
温度 /℃		94~98	88~95	55~65	60~70	20~30	15~35
时间 /min		15~20	8~15	20	10~15	30~45	20~40

① 点数相当于滴定 10mL 磷化液，使指示剂在 pH=3.8（对游离酸度）和 pH=8.2（对总酸度）变色时所消耗浓度为 0.1mol/L 氢氧化钠溶液的毫升数。

由表 2-6 可知，磷化工艺主要有高温、中温和常温磷化。根据对钢铁零件表面磷化膜的不同要求，选用不同的磷化工艺。高温磷化的优点是膜层较厚，膜层的耐蚀性、耐热性、结合性和硬度都比较好，磷化速度快；缺点是溶液的工作温度高，能耗大，溶液蒸发量大，成分变化快，常需调整，且结晶晶粒粗细不均匀。中温磷化的优点是膜层的耐蚀性接近高温磷化膜，溶液稳定，磷化速度快，生产率高；缺点是溶液较复杂，调整较麻烦。常温磷化的优点是节约能源，成本低，溶液稳定；缺点是耐蚀性较差，结合力欠佳，处理时间较长，效率低。

2.7 金相基础

金相检验是研究金属及合金内部组织的重要方法之一，为了在金相显微镜下正确、有效地观察到材料的内部显微组织，就需要制备能用于微观检验的样品——金相试样，也可称为磨片。金相试样制备的主要程序为：取样→嵌样（对于小样品）→磨光→抛光→浸蚀等。

金相试样制作

2.7.1　金相取样的原则

手工用金相显微镜是对金属的一小部分进行金相研究，其成功与否取决于所取试样有无代表性。一般情况下，研究金属及合金显微组织的金相试样应从材料或零件使用时最重要的部位截取，或者从偏析、夹杂等缺陷最严重的部位截取。分析失效原因时，应在失效的地方与完整的部位分别截取试样，以探究其失效的原因。对于有较长裂纹的部件，则应在裂纹发源处、扩展处、裂纹尾部分别取样，以分析裂纹产生的原因。研究热处理后的零件时，因组织较均匀，可任选一断面试样。若研究氧化、脱碳、表面处理（如渗碳），则应在横断面上进行观察。有些零部件"重要部位"的选择要对零部件具体工作条件的分析才能确定。

2.7.2　金相试样的制备

1. 金相试样的截取

显微试样的选取应根据研究、检测目的，取其最具有代表性的部位。此外，还应考虑被测材料或零件的特点、工艺过程及热处理过程。例如，对于铸件，由于存在偏析，应从表面层到中心等典型区域分别取样，以便分析缺陷及非金属夹杂物由表及里的分布情况；对于轧制和锻造材料，应同时截取横向及纵向检验面，以便分析材料在沿加工方向和垂直加工方向截面上显微组织的差别；而对热处理后的显微组织，一般采用横向截面。

对于不同性质的材料，试样截取的方法各有所异但应遵循一个共同的原则，即应保证被观察的截面不产生组织变化，金相试样的截取方法如图 2-18 所示。对软材料，可以用锯、车、刨等方法；对硬而脆的材料，可用锤击的方法；对极硬的材料，可用砂轮切片机或电火花机和线切割机；在大工件上取样，可用氧气切割等。

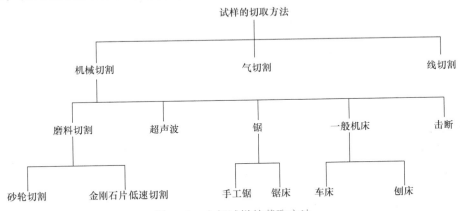

图 2-18　金相试样的截取方法

试样尺寸以便于握持、易于磨制为准，一般为直径（$\phi12 \sim \phi15$）mm×15mm 的圆柱体，或为 15mm×15mm×15mm 的正方体，如图 2-19 所示。对于形状特殊或尺寸细小的试样，应进行镶嵌或机械夹持。

2. 金相试样的镶嵌

当手工试样尺寸过小、形状特殊（如金属碎片、丝材、薄片、细管、钢皮等）不易握持，或要保护试样边缘时（如表面处理的检验、表面缺陷的检验等），则要

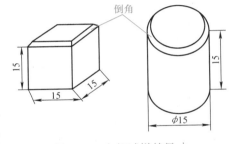

图 2-19　金相试样的尺寸

对试样进行夹持或镶嵌。镶嵌可分为冷镶嵌和热镶嵌。冷镶嵌指在室温下使镶嵌料固化，一般适用于不宜受压的软材料及组织结构对温度变化敏感或熔点较低的材料。热镶法是把试样和镶嵌料一起放入钢模内加热、加压，冷却后脱模。热镶法的使用较为广泛。

嵌料常用的有酚 - 甲醛树脂、酚 - 糠醛树脂、聚氯乙烯、聚苯乙烯。前两种主要是热凝性材料，后两种为热塑性材料，并呈透明和半透明性。在酚 - 甲醛树脂内加入木粉，即所谓的"电木粉"，它可以染成不同颜色。

采用塑料做镶嵌材料时，一般在金相试样镶嵌机上进行镶样。金相试样镶嵌机主要包括加压设备、加热设备及压模三部分（见图 2-20）。使用时将试样放在下模上，选择较平整的一面向下，在套筒空隙间加入塑料，然后将上模放入压模（套模），通电加热至额定温度后再加压，待数分钟后除去压力，冷却后取出试样。

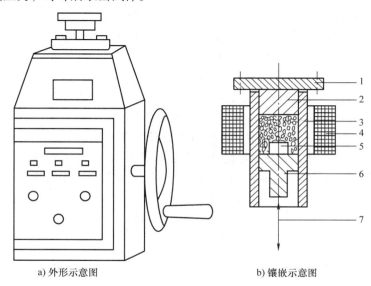

a) 外形示意图   b) 镶嵌示意图

图 2-20　XQ2 型镶样机

1—旋钮　2—上模　3—套模　4—加热器　5—试样　6—下模　7—加压机构

3. 金相试样的磨制

手工磨光是为了得到一个平整的磨面，这种磨面上还留有极细的磨痕，这将在以后的抛光过程中消除。磨光工序又可分为粗磨和细磨两步。

（1）粗磨　手工粗磨时，对于软材料可用锉刀锉平，一般材料都用砂轮机磨平。操作时应利用砂轮侧面，以保证试样磨平。要注意接触压力不宜过大，同时要不断用水冷却，防止温度升高使内部组织发生变化，最后倒角以防止细磨时划破砂纸。但对需要观察脱碳、渗碳等表面层情况的试样不能倒角，有时还要采用电镀敷盖来防止这些试样边缘倒角。粗磨完成后，凡不进行表面层金相检验的棱边都应倒成小圆弧，以免在以后的工序过程中会将砂纸或抛光物拉裂，甚至还可能会被抛光物钩住而被抛出，造成事故。

（2）细磨　手工细磨的方法有手工磨光和机械磨光。

细磨的目的是消除粗磨时留下的较深磨痕，为下一道工序 —— 抛光做准备。常规的细磨有手工磨光和机械磨光两种方法。手工磨光是用手握持试样，在金相砂纸上单方向推移磨制，拉回时提起试样，使之脱离砂纸。细磨时可以用水作为润滑剂。我国金相砂纸按粗细分为 01 号、

02 号、03 号、04 号、05 号等几种，金相砂纸的规格见表 2-7。细磨时，依次从粗到细研磨，即从 01 号磨至 05 号。每次换下一道砂纸之前，必须先用水洗去样品和手上的砂粒，以免把粗砂粒带到下一级的细砂纸上。同时将试样的磨制方向掉转 90°，即本道磨制方向与上一道磨痕方向垂直，以便观察上一道磨痕是否全部消除。

为加快磨制速度，减轻劳动强度，可在转盘上贴有水砂纸的预磨机上进行机械磨光。水砂纸按粗细有 200 号、300 号、400~900 号等。磨制时由 200 号开始，逐次磨到 900 号砂纸，磨制时要不断加水冷却。每换一道砂纸，必须用水将试样冲洗干净，并将磨制方向调换 90°。

表 2-7　金相砂纸的规格

磨料微粉粒度号	砂纸代号	尺寸范围 /μm	磨料微粉粒度号	砂纸代号	尺寸范围 /μm
280	1	>40	1400（M3.5 或 W3.5）	07	3.5~3.0
320（M40 或 W40）	0	40~28	1600（M3 或 W3）	08	3.0~2.5
400（M28 或 W28）	01	28~20	1800（M2.5 或 W2.5）	09	2.5~2.0
500（M20 或 W20）	02	20~14	2000（M2 或 W2）	010	2.0~1.5
600（M14 或 W14）	03	14~10	2500（M1.5 或 W1.5）	—	1.5~1.0
800（M10 或 W10）	04	10~7	3000（M1 或 W1）	—	1.0~0.5
1000（M7 或 W7）	05	7~5	3500（M0.5 或 W0.5）	—	0.5 至更细
1200（M5 或 W5）	06	5~3.5			

4. 金相试样的抛光

手工抛光是为了除去金相试样磨面上细磨时留下的磨痕，成为平整无疵的镜面。尽管抛光是金相试样制备中的最后一道工序并由此而得到光滑的镜面，但金相工作者的经验是：在金相试样磨光过程中要多下功夫，因为抛光仅能去除表层很薄一层金属，所以抛光结果在很大程度上取决于前几道工序的质量。有时抛光之前磨面上留有少量几条较深的磨痕，即使增加抛光时间也难以除去，一般必须重新磨光。故抛光之前应仔细检查磨面是否留有单一方向均匀的细磨痕，否则应重新磨光，浪费时间。这是提高金相试样制备效率的重要环节。

抛光后的表面在放大 200 倍的显微镜下观察应基本上无磨痕和磨坑，抛光方法有机械抛光、电解抛光及化学抛光等。本书只介绍机械抛光，这种方法使用最为广泛。机械抛光的原理是利用抛光微粉的磨削、滚压作用，把金相试样表面抛成光滑的磨面。机械抛光在抛光机上进行。常用的抛光机上装有一个或多个电动盘（直径为 200~250mm），盘上铺以抛光布，由电动机带动的水平抛光盘的转速一般为 300~500r/min。目前，国产金相抛光机有单盘 P-1 型、双盘 P-2 型两种，均由电动机（0.18kW）带动抛光盘旋转，转速为 350r/min。抛光盘用铜或铝制成，直径为 200~250mm。

机械抛光可分为粗抛与精抛两个步骤。粗抛的目的是尽快除去磨光时的变形层。常用的磨料为 10~20μm 的 Al_2O_3、Cr_2O_3 或 Fe_2O_3 微粉，加水配成悬浮液后使用。而精抛的目的是除去粗抛产生的变形层。常用抛光微粉的种类、性能及用途见表 2-8。

表2-8 常用抛光微粉的种类、性能及用途

材料	莫氏硬度（HM）	特点	适用范围
氧化铝 Al$_2$O$_3$（刚玉包括人造刚玉）	9	白色透明，外形呈多角形	通用于粗抛、精抛
氧化镁 MgO	5.5~6	白色，颗粒细而均匀，外形尖锐	铝镁及其合金，非金属夹杂物等精抛光
氧化铬 Cr$_2$O$_3$	9	绿色，硬度较高	淬火后的合金钢、高速工具钢及钛合金等
氧化铁 Fe$_2$O$_3$	6	红色，硬度稍低	较软金属、光学零件
碳化硅 SiC（金刚砂）	9.5	绿色，颗粒较粗	粗抛光
金刚石粉（膏）	10	颗粒尖锐、锋利	各种材料的粗、精抛光

抛光时应将试样磨面均匀、平正地压在旋转的抛光盘上，并将试样从中心至边缘往返移动。压力不宜过大，抛光时间也不宜过长，一般情况下抛光3~5min即可。抛光时需向抛光盘上不断滴注抛光液，以产生磨削和润滑作用。当磨痕全部消除而呈现镜面时，停止抛光。用净水把试样冲洗干净，再用软布或棉花拭干，或用风筒吹干再浸蚀。

5. 试样显示

手工抛光好的试样，若直接放在显微镜下观察，只能看到一片亮光，仅能观察某些非金属夹杂物、灰铸铁中的石墨、粉末冶金制品中的孔隙等，无法辨别出各种组成物及其形态特征。为了把磨面的变形层除去，同时还要把各个不同的组成相显著地区分开，得到有关显微组织的信息，就要进行显微组织的显示工作。按金相组织显示方法的本质可以分为化学方法、物理方法两类。化学方法主要是浸蚀，包括化学浸蚀、电化学浸蚀及氧化法，是利用化学试剂的溶液借化学或电化学作用显示金属的组织。

最常用的浸蚀方法是化学浸蚀法，单相和双相组织显示原理示意图如图2-21所示。纯金属或单相金属的浸蚀是一个化学溶解过程。晶界处由于原子排列混乱、能量较高，所以易受浸蚀而呈现凹沟。各个晶粒由于原子排列位向不同，受浸蚀程度也不同，因此，在垂直光线照射下，各部位反射进入物镜的光线不同，从而显示出晶界及明暗不同的晶粒。两相或两相以上合金的浸蚀则是一个电化学腐蚀过程。由于各相的组织成分不同，其电极电位也不同，当表面覆盖一层具有电解质作用的浸蚀剂时，两相之间就形成许多"微电池"。具有负电位的阳极相被迅速溶解而凹下；具有正电位的阴极相则保持原来的光滑平面。试样表面的这种微观凹凸不平对光线的反射程度不同，显微镜下就能观察到各种不同的组织及组成相。

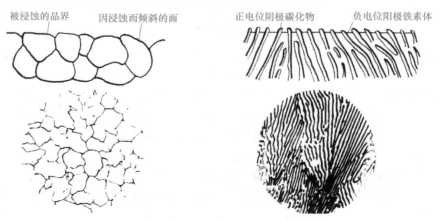

图2-21 单相和双相组织显示原理示意图

浸蚀时可将试样磨面浸入浸蚀剂中，也可用棉花蘸取浸蚀剂擦拭试样表面。根据组织特点和观察时的放大倍数，确定浸蚀的深浅，一般浸蚀到试样磨面稍发暗即可。浸蚀后立即用清水冲洗，必要时再用酒精清洗。最后用吸水纸吸干或用吹风机吹干。

2.7.3　铁碳合金平衡组织的金相观察

铁碳合金的显微组织是研究钢铁材料的基础。铁碳合金平衡组织是指在极为缓慢的冷却条件下，如退火状态所得到的组织，其相变过程按 Fe-Fe$_3$C 相图进行，此相图是研究组织，制定热加工工艺的重要依据。其室温平衡组织均由铁素体 F 和渗碳体 Fe$_3$C 两个相按不同数量、大小、形态和分布所组成。高温下还有奥氏体 A、固溶体相 δ。用金相显微镜分析铁碳合金组织时，需了解相图中各个相的本质及形成过程，明确图中各线的意义、3 条水平线上的反应产物的本质及形态，并能绘出不同合金的冷却曲线，从而得知其凝固过程中组织的变化及最后的室温组织。

根据 Fe-Fe$_3$C 相图中碳含量的不同，铁碳合金的室温显微组织可分为工业纯铁、钢和白口铸铁三类。图 2-22 所示为在显微镜下观察的一些典型的铁碳合金平衡组织。

 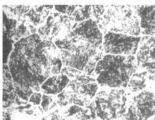 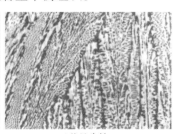

a) 亚共析钢　　　　　　　　b) 过共析钢　　　　　　　　c) 共晶生铁

图 2-22　典型的铁碳合金平衡组织

2.8　热处理安全操作规程

1）操作前，首先要熟悉热处理工艺规程和所使用的设备。

2）操作时一定要穿戴好防护用品，如工作服、手套、防护眼镜等。参观学习者严禁乱动，必须离工作点 1.5m。

3）注意，将工件放入盐浴炉时，必须先烘烤消除水分。

4）设备危险区如电炉的电源导线、配电屏、调整仪表等不得随便触动，以免事故发生。

5）热处理的工件，不能用手去摸，以免工件未冷而造成灼伤。

【思考与练习】

2-1　常用的力学性能指标有哪些？它们分别用什么符号表示？如何测定？

2-2　45 钢、20 钢、HT200 各属于什么材料？组织特点是什么？各有什么用途？

2-3　说出 20 钢、45 钢、T12 钢的碳的质量分数并比较它们的性能。

2-4　钢的火花由哪几部分组成？20 钢、T12 钢的火花有什么不同？

2-5　什么情况下可用正火代替退火？

2-6　淬火后为什么要回火？以下工件应采用何种回火方法？

①錾子；②齿轮轴；③冷冲模；④弹簧。

2-7 在下列条件下工作的齿轮，应选用何种材料及热处理工艺？

①轻载、无冲击的低速齿轮；②要求心部韧性好，齿形表面耐磨的齿轮。

2-8 选择一种在实习中常见的机器或部件（如车床），分析其中的轴、齿轮、箱体等零件所用材料及热处理方法。

2-9 零件发黑的前处理如何进行？

2-10 硫酸镍电镀液在 pH 值较低（pH<2）时对零件镀镍有何影响？

2-11 铜质组件焊锡后的表面如何镀镍？

2-12 零件表面磷化处理后，还需要什么样的后处理工作？

2-13 金相检验的目的是什么？

2-14 金相检验有哪些步骤？

第2篇

材料成形

第 3 章　铸造成形

理论讲解

【教学基本要求】

1）熟悉铸造生产的工艺过程和特点。

2）掌握造型材料的基本组成，能够初步调配手工造型用黏土湿型砂。

3）理解零件、模样、铸型和铸件之间的关系。

4）掌握砂型铸造中两箱造型（整模、分模、挖砂、活块）的基本造型方法，能进行手工造型的基本操作。

5）了解三箱造型、刮板造型工艺，了解机器造型工艺。

6）了解冲天炉和电炉熔炼的基本原理。

7）理解常用的特种铸造的方法和特点。

8）了解常见铸造缺陷。

9）了解铸造生产的安全技术。

【本章内容提要】

本章重点介绍了砂型铸造的基本工艺过程，包括型砂的基本知识、不同造型方法的原理和特点、开设浇注系统的基本方法、熔炼设备和基本原理，同时简要介绍了常用特种铸造的基本工艺原理和应用以及常见铸造缺陷。

3.1　概述

铸造是熔炼金属、制造铸型，并将熔融金属浇入铸型，凝固后获得一定形状与性能铸件的成形方法。用于铸造的金属有铸铁、铸钢和铸造非铁金属及合金。采用铸造方法获得的金属制品称为铸件。按生产方法的不同，铸造可分为砂型铸造和特种铸造。砂型铸造在生产中应用最为广泛。图 3-1 所示为套筒的砂型铸造工艺流程。

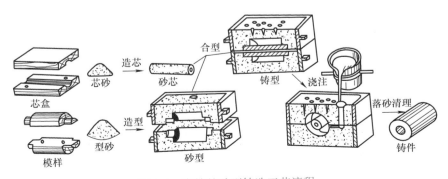

图 3-1　套筒的砂型铸造工艺流程

与其他工艺相比，铸造工艺适用范围广，铸件几乎不受大小、厚薄和复杂程度的限制。由于铸件尺寸与零件尺寸接近，可节约大量金属材料和机械加工工时，并可利用废旧金属料，故铸件生产成本较低。另外，铸造工艺既适用于单件小批量生产，也容易实现机械化大量生产。但是，铸造生产也有工序多，劳动强度大，铸件晶粒较粗大，容易产生气孔、缩孔和裂纹等缺陷。

3.2 砂型铸造

铸造成形

3.2.1 造型材料性能及组成

1. 对造型材料性能的要求

制造砂型与砂芯的材料称为造型材料。用于制造铸型的型（芯）砂是由原砂、黏结剂及其他附加物配制而成的。为保证铸件质量，型（芯）砂应具有以下基本性能：

1）强度。型（芯）砂抵抗外力破坏的能力称为强度。足够的强度才能保证操作过程中铸型的完整性，并能在浇注中承受金属液的冲刷和压力。但型（芯）砂强度过高，会使透气性、退让性和落砂性变差。

2）透气性。型（芯）砂空隙透过气体的能力称为透气性。透气性不足易造成铸件气孔等缺陷。

3）退让性。型（芯）砂能被压缩而不被破坏的能力称为退让性。良好的退让性可以防止铸件在凝固、冷却、收缩过程中产生裂纹。

4）耐火度。型（芯）砂经受高温热作用的能力称为耐火度。耐火度不够则会导致铸件产生粘砂。

5）可塑性。起模和修型时，常在分型面上沿模样周围刷水，这是为了增加局部砂型的含水量以提高其可塑性，使操作时铸型不被破坏。

2. 型（芯）砂的组成

造型用砂称为型砂，制芯用砂称为芯砂。一般来说，砂芯的工作条件比砂型恶劣，所以，芯砂的要求比型砂要高。型（芯）砂的主要组成如下：

1）原砂。常用铸造用硅砂，也用其他颗粒耐火材料，如锆砂、刚玉砂等。

2）黏结剂。在砂型中用黏结剂把砂粒黏结在一起。黏土是最常用的黏结剂，此外生产上也采用水玻璃、水泥等无机物及植物油、淀粉、合成树脂等有机物作为黏结剂。

3）附加物。为满足某些性能要求，型（芯）砂中常加入其他附加物，如黏土砂中为改善铸件表面质量而添加煤粉、为改善透气性加入锯末等。

工程中，一般按型（芯）砂所使用的黏结剂分类，如黏土砂、树脂砂等。

3. 型（芯）砂的混制

在混砂机中将原砂、黏结剂和附加物混制成型（芯）砂，这个过程同新砂、旧砂、黏结剂、附加物等原材料的处理统称为砂处理。

黏土型砂的混制过程是：将各种造型材料严格按比例配料，加料顺序为原砂→黏土→附加物→水。为使型砂中各种组分能均匀地混合，应将干料先加入混砂机中进行约2min干混，干料混匀后再加入水继续混碾，湿混时间一般为5~8min，然后将混好的型砂堆放2~4h，使砂体水分分布均匀。图3-2所示为黏土砂常用的碾轮式混砂机。

3.2.2 常用造型方法

利用模样和砂箱等工艺装备将型砂制成铸型的方法统称为造型。按造型的方法不同可分为手工造型和机器造型。手工造型装备简单，但对工人技术水平要求高。机器造型生产率高，质量较好。

1. 手工造型方法

手工造型常用工具及用具如图 3-3 所示。单件小批量生产时，模样、砂箱等用具常用木材制作；而大批量生产时则常用铸铁、钢或铝合金等金属材料制作。

（1）手工造型基本过程

1）造下型。安放下砂箱于模底板上，将模样大端朝下置于砂箱内的合适位置，分批加砂舂实。第一次加砂时要轻轻放入，用于将模样周围的型砂塞紧，以免舂砂时使模样移位。舂砂时箱壁附近的紧实度应大些，以免塌型。模样附近的紧实度以能承受金属液的冲刷力为宜，过紧则不利于排气。图 3-4 所示为舂砂示意图。

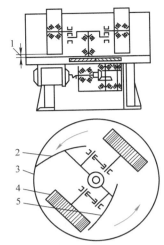

图 3-2 碾轮式混砂机

1—碾轮底盘间隙 2—内刮板
3—机体 4—碾轮 5—外刮板

2）造上型。将造好的下型翻转 180° 并在其上安放好上砂箱后，便可撒分型砂。分型砂的作用是防止上下型粘在一起而无法取出模样。然后，将直浇道模样安放到适当位置再填砂紧实；刮平上砂箱后，拔除直浇道模样并用浇口杯压模将浇口压实；最后在模样上方砂型处用通气针扎出通气眼，如图 3-5 所示。

3）起模。打开铸型，将起模针插入模样重心部位，并用木棒在 4 个方向轻击起模针下部使模样松动，又称为靠模，如图 3-6 所示。

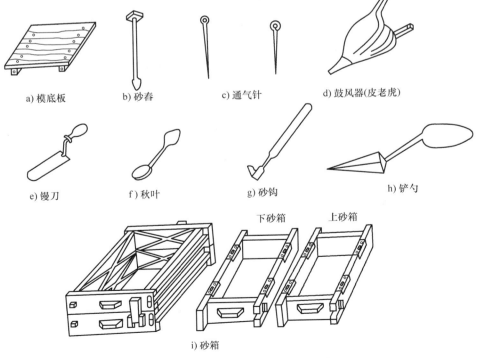

a) 模底板　　b) 砂舂　　c) 通气针　　d) 鼓风器（皮老虎）

e) 镘刀　　f) 秋叶　　g) 砂钩　　h) 铲勺

下砂箱　　　上砂箱

i) 砂箱

图 3-3 手工造型常用工具及用具

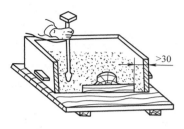

图 3-4 舂砂示意图

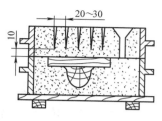

图 3-5 上型通气眼

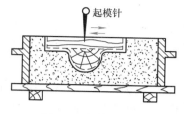

图 3-6 起模示意图

取模时应保持水平提升模样，以免碰坏型腔。若模样形状复杂不易取出，可在靠模前用水笔蘸少许水均匀涂刷于模样四周砂型上，以增加其强度和黏结力。

4）修型。起模后型腔若有损坏，则应进行修补。修型前应先用水笔在被修处刷少许水，修型用的型砂湿度应比造型用砂大些。

5）下芯。下芯前应仔细检查砂芯尺寸，砂芯排气道是否合乎要求。下芯时先找正位置再缓缓放入，并检查是否偏芯和有无散砂落入型腔内。用泥条填塞芯头与芯座的间隙，以防浇注时金属液从其间流出或堵塞砂型的排气道。

6）合型。合型前将型腔和浇注系统内的散砂吹净，合型时上型保持水平，对正定位线（或定位销）缓缓落下，然后用箱卡（或压铁）将上下箱卡（压）紧防止浇注时跑火，最后用盖板盖住浇道防止砂粒落入型腔。

（2）手工造型常用方法

1）整模造型。用整体模样造型的方法称为整模造型。其特点是模样的最大截面为模样的一个端面，型腔在同一个半砂箱内。整模造型操作简便，型腔形状易于保证，适于制造外形简单、最大截面位于一端的铸件，如齿轮坯、轴承座等。图 3-7 所示为整模造型过程。

2）分模造型。将模样在某一方向沿最大截面分开，并在上下砂箱造出型腔的造型方法称为分模造型。分模造型的分模面通常与分型面重合，两半模样靠销钉定位，造型操作较为简单。图 3-8 所示为分模造型过程。

3）挖砂造型。当模样的最大截面不在端面而又不便将其分开时（如分模后的模样过薄或分模面是较复杂的曲面等），可将整体模样置于一个砂箱内（常为下砂箱）造型。选择另一箱之前，应将妨碍起模的型砂挖掉，使模样的最大截面位于分型面上，此工艺称为挖砂造型。图 3-9 所示为挖砂造型过程。挖砂造型操作麻烦，要求技术水平高，生产率较低，故只用于单件生产。

4）成形底板和假箱造型。对挖砂造型，当生产的铸件批量较大时，可采用成形底板代替平面模底板造型以省去挖砂工序。成形底板可根据铸件批量大小分别用金属和木材制作，如图 3-10a 所示。若铸件数量较少，也可用含黏土较多的型砂舂成高紧实度的砂质成形底板。即先舂一个砂型，用挖砂工艺修出分型面，该砂箱称为假箱，如图 3-10b 所示。将模样置于假箱上造型的方法称为假箱造型。

5）活块造型。将模样上妨碍起模的凸台做成可与主体脱开的活块的造型方法称为活块造型。活块通常用燕尾或销子等形式与模样主体连接。起模时先取出模样主体，再将活块取出。图 3-11 所示为活块造型过程。活块造型操作费时，铸件尺寸精度不易保证，故只适于单件或小批量生产。

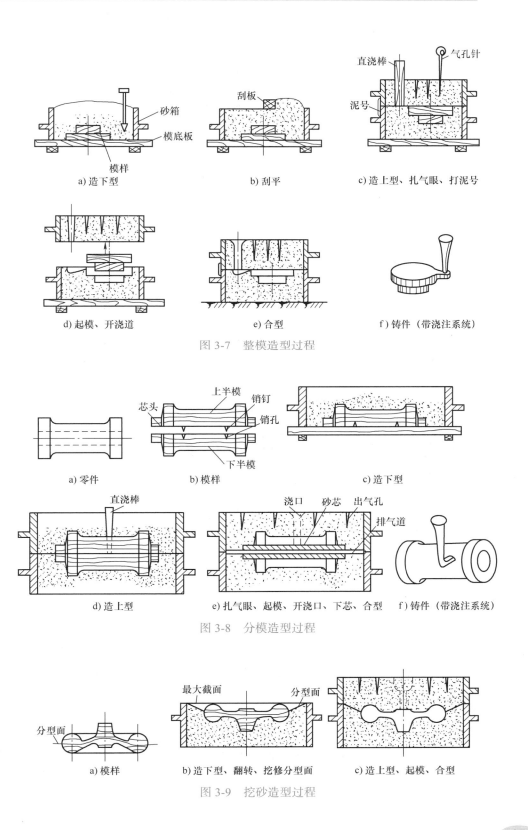

图 3-7　整模造型过程

图 3-8　分模造型过程

图 3-9　挖砂造型过程

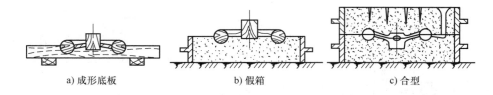

a) 成形底板　　　　b) 假箱　　　　c) 合型

图 3-10　成形底板和假箱造型

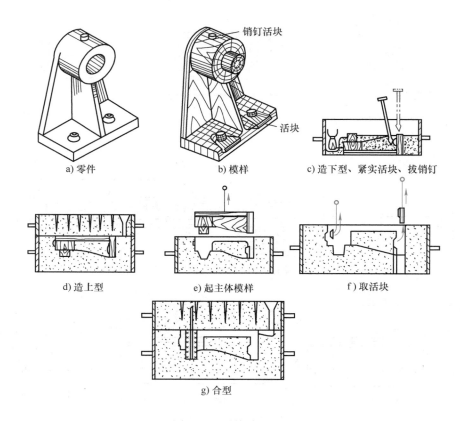

图 3-11　活块造型过程

6）刮板造型。当单件或小批量生产回转体或等截面的铸件时，为节省模样费用，可用与铸件截面相适应的木板（称为刮板）刮出所需的铸型型腔，刮板造型过程如图 3-12 所示。对于回转体零件，刮板需绕轴转动，转轴的下支点由埋在砂中的木桩固定，上支点常由马架来固定，如图 3-12 所示。刮板造型生产率低，对工人技术水平要求高。

7）三箱造型。对中间截面小而两端截面大的铸件，采用三箱造型方能取出模样。三箱造型有两个分型面，故增加了错型的可能性，而且中箱必须与模样等高才便于造型，因而仅适于小批量生产，如图 3-13 所示。

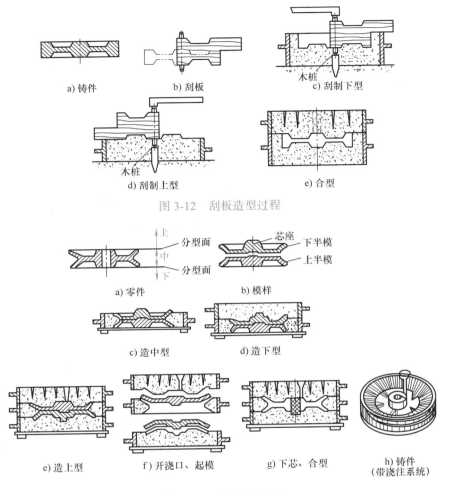

a) 铸件　　　b) 刮板　　　c) 刮制下型

d) 刮制上型

e) 合型

图 3-12　刮板造型过程

a) 零件　　　b) 模样

c) 造中型　　　d) 造下型

e) 造上型　　　f) 开浇口、起模　　　g) 下芯、合型　　　h) 铸件（带浇注系统）

图 3-13　三箱造型过程

2. 机器造型方法

随着现代化大生产的发展，机器造型已代替了大部分手工造型。机器造型的优点是生产率高，质量易保证，工人劳动强度低，对工人手工操作技术要求不高。其缺点是设备投资大、工艺装备较严格，并只适于两箱造型。按型砂紧实方式不同，可分为震压造型、微震压造型、高压造型、射压造型和抛砂造型等造型方法。图 3-14 所示为震压造型过程，主要包括：

1）填砂。砂箱放在模板上，打开定量砂斗门，型砂从上方填入砂箱内。

2）震击。压缩空气经进气口 1 进入震击活塞底部，顶起震击活塞等并将进气路关闭。活塞在压缩空气的推力下上升，当活塞底部升至排气口以上时压缩空气被排出。震击活塞等自由下落与压实活塞顶面进行一次撞击。此时进气路开通，上述过程再次重复型砂逐渐紧实。

3）压实。压缩空气由进气口 2 通入压实气缸底部，顶起压实活塞、震击活塞和砂箱等使砂型受到压板的压实再排气，压实气缸等下降。

4）起模。压缩空气推动液压油进入起模液压缸内，4 根起模顶杆同步上升顶起砂型，同时振动器振动，模样脱出。

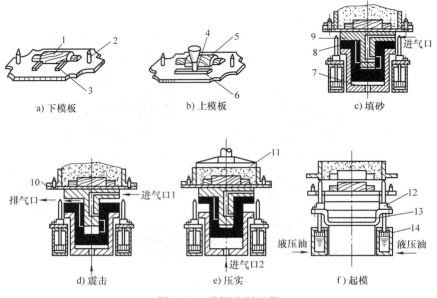

图 3-14　震压造型过程

1—下模样　2—定位销　3—内浇道　4—直浇道　5—上模样　6—横浇道　7—压实气缸
8—压实活塞　9—震击活塞　10—模板　11—压板　12—起模顶杆　13—同步连杆　14—起模液压缸

3.2.3　浇注系统及其设置

1. 浇注系统的作用

引导金属液流入铸型型腔的通道称为浇注系统。浇注系统对铸件的质量影响较大，如果安置不当，可能产生浇不足、气孔、夹渣、砂眼、缩孔和裂纹等铸造缺陷。合理的浇注系统应具有以下作用：

1）调节金属液流速与流量，使其平稳流入以免冲坏铸型。

2）起挡渣作用，防止铸件产生夹渣、砂眼等缺陷。

3）利于型腔内的气体排出，防止铸件产生气孔等缺陷。

4）调节铸件的凝固顺序，防止铸件产生缩孔等缺陷。

2. 浇注系统的组成

如图 3-15 所示，浇注系统包括外浇口、直浇道、横浇道、内浇道和冒口等。

1）外浇口。其作用是容纳浇入的金属液并缓解液态金属对砂型的冲击，小型铸件通常为漏斗状（称为浇口杯），较大型铸件为盆状（称为浇口盆）。

2）直浇道。它是连接外浇口与横浇道的垂直通道，改变直浇道的高度可以改变金属液的流动速度，从而改善液态金属的充型能力。直浇道下面带有圆形的窝座，称为浇口窝，用于减缓金属液的冲击力，使其平稳进入横浇道。

3）横浇道。这是将直浇道的金属液引入内浇道的水平通道，一般开在砂型的分型面上。其主要作用是分配金属液进入内浇道并起挡渣作用。

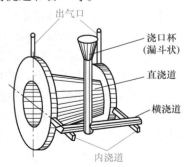

图 3-15　铸件的浇注系统

4）内浇道。直接与型腔相连，其主要作用是分配金属液流入型腔的位置，控制流速和方向，调节铸件各部分的冷却速度。内浇道一般在下型分型面上开设，并注意使金属液切向流入为宜，不要正对型腔或砂芯，以免将其冲坏。

5）冒口。浇入铸型的金属液在冷凝过程中要产生体积收缩，在其最后凝固的部位会形成缩孔。冒口是浇注系统中储存金属液的"水库"，它能根据需要补充型腔中金属液的收缩，消除铸件上可能出现的缩孔，使其缩孔转移到冒口上。冒口应设在铸件壁厚处、最高处或最后凝固的部位。有些冒口还有集渣和排气作用。

3.2.4　型芯的结构及制作

1. 型芯的结构

型芯是砂型的一部分，其作用是形成铸件的内腔，有时也可用型芯形成铸件外形上妨碍起模的凸出部分或凹槽等。常用型芯如图 3-16 所示。

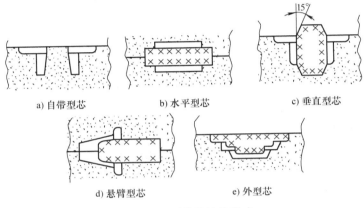

a) 自带型芯　　　b) 水平型芯　　　c) 垂直型芯

d) 悬臂型芯　　　e) 外型芯

图 3-16　型芯的结构形式

1）自带型芯，以型砂制成的砂垛代替型芯。

2）水平型芯，型芯在砂型中水平放置。

3）垂直型芯，型芯在砂型中垂直放置。

4）悬臂型芯，型芯在砂型中悬吊放置。

5）外型芯，当铸件中有阻碍起模的凸出位置时，有方便起模的作用。

2. 手工造芯常用方法

根据型砂的结构形式，常用造芯方法有以下两种：

1）整体式芯盒造芯。如图 3-17 所示，造芯时将芯砂填入芯盒紧实后刮平，然后将型芯倒出即可。该方法操作方便，适于制作形状简单的小型芯。

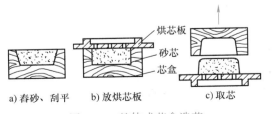

烘芯板
砂芯
芯盒

a) 春砂、刮平　　b) 放烘芯板　　c) 取芯

图 3-17　整体式芯盒造芯

2）可拆式芯盒造芯。如图 3-18 所示，紧实砂芯后，将芯盒拆开方可取出砂芯。该造芯方法适于中大型复杂砂芯。

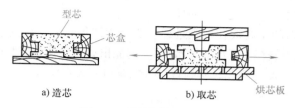

图 3-18　可拆式芯盒造芯

3.2.5　砂型制作案例

1. 两箱整模造型操作

如图 3-19 所示，端轴架零件的截面由底部起逐渐递减，符合两箱整模造型要求，故采用两箱整模造型方法。具体步骤如下：

1）造型准备。主要是清理工作场地，备好型砂、模样、砂型及其他工具。

2）安放造型平板、模样及砂箱。

3）填砂和紧实。在已安放好的模样表面撒一层面砂，在面砂上掺加一层背砂，然后填砂紧实。

4）修整和翻型。刮去砂型上多余的背砂后，用通气针扎出分布均匀、深度适当的出气孔，将已选好的下砂箱翻转 180°。

5）修整分型面。用镘刀将分型面模样周围的砂型表面压光修平，撒上分型砂，再用皮老虎吹去落在模样上的分型砂。

6）放置上砂箱、浇冒口模样并填砂紧实。

7）修整上砂型面、开箱、修整分型面。

8）起模。

9）修整。

10）合型。

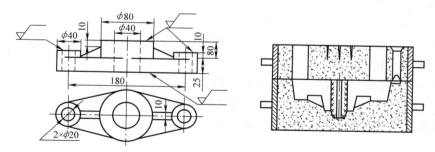

图 3-19　端轴架零件图及砂型装配图

2. 两箱分模造型操作

图 3-20a 所示的弯管铸件应采用两箱分模造型。为避免模样分开后各部位错位，在模样的分模面上有圆销或方榫等定位装置，分型面也需要有定位装置，以防止合型时上、下砂型错位，使铸件产生错箱等缺陷。

分模造型的基本过程与整模造型相同，分模造型操作过程如图 3-20 所示，具体过程如下：

1）安放造型平台、模样及砂型。把分开的下半模样（带有销孔的一半）安放在造型平板上，放置吃砂量足够的砂箱，进行填砂和紧实，如图 3-20b 所示。

2）修整。用刮板刮平下砂型底面，并用通气针扎出适当深度和数量的通气孔。

3）翻转。翻转下砂型，修整好分型面，撒上分型砂，吹去撒落在下半模表面上的分型砂。特别注意，不要将分型砂撒入模样的定位销孔中，必要时可用小纸团将销孔堵上。

4）放置上砂型、浇注系统模样并填砂紧实。根据销孔的位置安放上半模样，配放好上砂箱，将横浇道和直浇道模样安放在适当位置，填砂紧实后刮平上平面，扎出通气孔，做好合型标志。

5）起模、修型。拔去直浇道模样，抬起上砂箱并翻转 180° 平放在垫板或松软平整的砂地上，分别取出上模样、横浇道模样和下模样，开挖内浇道和修整型腔表面。

6）合型。安放型芯，将上砂型按合型标志合到下砂型上。

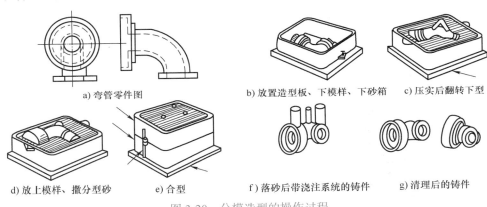

a) 弯管零件图　　　　b) 放置造型板、下模样、下砂箱　　c) 压实后翻转下型

d) 放上模样、撒分型砂　　e) 合型　　　f) 落砂后带浇注系统的铸件　　g) 清理后的铸件

图 3-20　分模造型的操作过程

3. 挖砂造型操作

挖砂造型除了在制造下砂型时多一个挖砂操作工序，使上砂型分型面多出吊砂部分外，其他与分模造型基本相同。其操作过程如图 3-21 所示。

挖砂造型时应注意以下几个问题：

1）挖砂时，所挖出的分型面的投影一定是最大的投影面；否则不能起模。

2）分型面应修整光滑、平整，挖砂部位的坡度应适当。

3）由于分型面是一个曲面，在上砂型形成吊砂，所以在开型和合型时应特别仔细，避免损坏型腔。

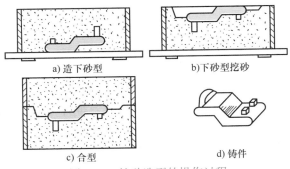

a) 造下砂型　　　　b)下砂型挖砂

c) 合型　　　　d) 铸件

图 3-21　挖砂造型的操作过程

通过课堂讲解和现场示范后进行整模、分模和挖砂造型实践，其中以整模和分模造型为主，反复练习。工程训练中心若有假箱模板，也可进行假箱造型实践。

3.3　铸造合金的熔炼及浇注工艺

3.3.1　铸铁的熔炼

熔炼是铸铁生产的重要环节，必须满足以下要求：

1）铁液温度足够高（>1380℃）。

2）铁液的化学成分稳定且合乎要求。

3）高的熔化率，低的能耗。

铸铁熔炼设备有冲天炉、感应炉等。我国目前还有部分企业以冲天炉熔炼铸铁。冲天炉分为热风冲天炉和冷风冲天炉。热风冲天炉熔炼的铁液温度较高，能耗较低，但其造价比冷风冲天炉高，使用寿命也不及冷风冲天炉长。图3-22所示为冷风冲天炉结构及炉气与温度关系示意图。

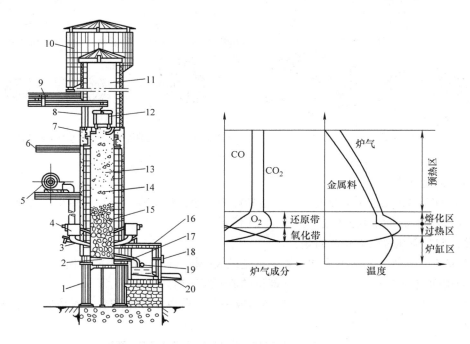

图 3-22　冷风冲天炉结构及炉气与温度的关系

1—炉腿　2—炉底　3—风口　4—风带　5—鼓风机　6—加料台　7—铁砖
8—加料口　9—加料机　10—火花捕捉器　11—烟囱　12—加料桶　13—层焦
14—金属料　15—底焦　16—前炉　17—过桥　18—窥视孔　19—出渣口　20—出铁口

1. 冲天炉的构造

1）烟囱。从加料口下沿到炉顶为烟囱。烟囱顶部常带有火花罩，烟囱的作用是增大炉内的抽风能力，并把烟气和火花引出车间。

2）炉身。从第一排风口至加料口下沿称为炉身，炉身的高度也称为有效高度。炉身的上部为预热区，其作用是使下移的炉料逐渐预热到熔化温度。炉身的下部是熔化区和过热区。在过热区的炉壁四周配有 2~3 排风口（每排 5~6 个）。风口与外面的风带相通，风机排出的高压风沿风管进入风带后经风口吹入炉膛，使焦炭燃烧。下落到熔化区的金属料在该区被熔化，而铁液在流经过热区时被加热到所需温度。

3）炉缸。从炉底至第一排风口为炉缸，熔化的铁液被过热区过热后经炉缸流入前炉。炉缸由过桥与前炉连接。

4）前炉。其作用是储存铁液并使其成分、温度均匀化，以备浇注使用。

2. 炉料

炉料是熔炼铸铁所用原材料的总称。其分类如下。

（1）金属料

1）新生铁，也叫生铁锭，高炉冶炼的铸造用生铁。

2）回炉料，主要是浇冒口、废铸件等。

3）废钢，各种废钢件、下脚料等，用于降低铁液的碳含量等，提高铸件力学性能。

4）铁合金，主要是硅铁、锰铁、铬铁和稀土合金等，用于调整化学成分或制取不同类型的铸铁。

（2）燃料

1）焦炭，熔化炉料的能源，要求碳含量高，挥发物、灰分和硫等要少。

2）木柴，用于引燃焦炭。

（3）熔剂

1）石灰石，主要用于降低炉渣的熔点，稀释炉渣，使其易于排出炉料。

2）萤石，与石灰石的作用大致相同，其稀释作用较强，但其熔化后会放出有毒气体，故应少用。

3. 冲天炉的基本操作工艺

（1）修炉与烘炉　每天开炉前必须修复上次开炉损坏的炉身及前炉内壁。先清除炉壁上的残渣，用黏土浆涂刷待修复的地方，然后用耐火材料（前炉的内层应用焦炭末做保温材料）敷于待修复的炉壁，后烘干。

（2）加底焦　燃旺炉缸内的木柴后，加入首批焦炭，这批焦炭称为底焦。从第一排风口中心线到底焦顶面高度称为底焦高度。它是关系冲天炉能否正常熔炼的重要参数之一，应严格控制。根据冲天炉的熔化率不同，底焦高度也随之变化。

（3）加料　加足底焦后，则按一定顺序（熔剂→金属料→焦炭）分批加入炉料。其加入量的比例（质量比）约为：熔剂：金属料：焦炭 = 3:（80~100）:10。

（4）鼓风熔化　待炉料预热后，便可关闭风口外部的观察孔，开始鼓风熔化。鼓风 6~10min 后若能从观察孔中看到有铁滴下落，则可以认为底焦加入量合适、炉况运行正常。

（5）出渣出铁　当前炉储存的铁液面到出渣口时，液面的熔渣便由出渣口排出。排出熔渣后，应打开出铁口出铁。铁液的出炉温度一般应在 1380~1420℃（第一次出铁的温度偏下限）内。

（6）停风打炉　估算炉内的金属料熔化后够用时即停止加料。当未浇注的铸型剩余不多时便可停风。等前炉的铁液和熔渣排完后应立即打开炉底门，使剩余的焦炭和炉料落下并用水熄灭。

4. 浇注

将金属液注入铸型的过程即为浇注。浇注是铸造生产中的重要工序，若操作不当会造成铁豆、冷隔、气孔、缩孔、夹渣和浇不足等缺陷。

（1）准备工作

1）根据待浇铸件的大小准备好端包、抬包等各类浇包并烘干预热，以免铁液飞溅和急剧降温。

2）去掉盖在铸型浇道上的护盖并清除周围的散砂，以免落入型腔中。

3）应明确待浇铸件的大小、形状和浇注系统类型等，以便正确控制金属液的流量并保证在整个浇注过程中不断流。

4）浇注场地应畅通。如果地面潮湿积水，应用干砂覆盖，以免金属液飞溅伤人。

（2）浇注方法

1）在出铁包中的铁液表面撒上草灰用以保温和聚渣。

2）浇注时应用挡渣钩在浇包口挡渣。用燃烧的木棍在砂型四周将铸型内逸出的气体引燃，以防窝气。

3）控制浇注温度和浇注速度。对形状复杂的薄壁件浇注温度宜高些；反之，则应低些。浇注速度要适宜，应做到浇注开始时液流细且平稳，以免金属液洒落在浇口外伤人或将散砂冲入型腔内。浇注中期要快，以利于充型；浇注后期应慢，以减少金属液的抬箱力；浇注过程中铁液不能断流，以免冷隔产生。

3.3.2 铸钢的熔炼

1. 感应电炉炼钢的特点

感应电炉炼钢是利用交流电感应的作用，使坩埚内的金属炉料（及钢液）本身发出热量，以进行熔炼的一种炼钢方法。感应电炉炼钢有以下特点：

1）加热速度快，炉子热效率较高。

2）氧化烧损轻，吸收气体较少。

3）由于炉渣温度低，炉渣化学性能不活泼，不能充分发挥出控制炼钢过程（如脱磷、脱硫、脱氧等）的作用。

2. 感应电炉的结构

无芯感应电炉主要由两部分构成，即电器部分和炉体部分，如图3-23所示。

3. 感应电炉炼钢工艺

依照坩埚材料的性质，感应电炉有两种类型，即酸性感应电炉和碱性感应电炉。酸性感应电炉的坩埚用酸性耐火材料石英砂筑成，炼钢过程中造酸性渣，不能脱磷和脱硫。碱性感应电炉的坩埚用碱性耐火材料筑成，炼钢过程中造碱性渣，能够脱磷和脱硫。

感应电炉炼钢有两种冶炼方法，即氧化法和不氧化法。一般常用酸性感应电炉不氧化法。这种方法比较简单，基本上是炉料的重熔，冶炼过程主要包括打结（或修补）、装料、熔化、脱氧和出钢。

酸性感应电炉不氧化法适于冶炼碳钢和除高锰成分的钢种以外的各种合金钢。碱性感应电炉的炼钢工艺与酸性感应电炉有许多相似之处。其主要区别在于炉渣的性质不同，也有氧化法和不氧化法两种工艺。

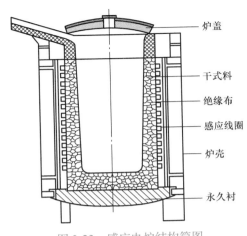

图 3-23 感应电炉结构简图

3.3.3 非铁金属的熔炼

1. 非铁金属熔炼的基本要求

非铁金属熔炼过程中元素容易氧化、合金容易吸气。为获得烧损小、含气量低、夹杂物少和化学成分均匀的优质合金液，对非铁金属熔炼炉的要求如下：

1）利于金属炉料快速熔化升温，缩短熔炼时间，减少元素烧损和吸气。

2）能耗低、热效率高和坩埚炉衬寿命长。

3）操作简单，炉温便于调整和控制，工作环境好。

2. 熔炼炉的种类和选用

非铁合金熔炼炉可分为燃料炉和电炉两大类。燃料炉常用的有焦炭炉和燃油炉。燃油炉又有坩埚炉和反射炉。电炉分为电阻熔化炉、感应熔化炉和电弧炉。感应熔化炉又分为有芯和无芯，按频率又分为工频和中频。电弧炉可分为自耗炉和非自耗炉。

3. 坩埚电阻炉

坩埚电阻炉是利用电流通过电加热元件发热辐射坩埚传导给金属使其熔化升温。常用的电加热元件是镍铬合金或铁铝合金，主要用于低熔点的非铁金属或合金的熔炼，如铝、锌、镁、锡和巴氏合金等。

1）坩埚电阻炉的结构与特点。坩埚电阻炉主要由电炉本体、控制柜（包括控温仪表）和坩埚组成。其结构形式分为固定式和倾斜式两种。坩埚电阻炉用的坩埚多采用耐热铸铁，提高使用寿命。与感应电炉相比，其结构紧凑，电气配套设备简单、价廉。与火焰坩埚炉相比，其温度易控制，元素烧损少，合金液吸气少，工作环境好，因此广泛用于铝、锌、镁、巴氏合金熔炼炉，特别是适于用作铝、锌合金压铸和铝合金低压铸造的保温炉。这种炉的最大缺点是熔炼时间长，耗电量大，生产效率低。从发展趋势来看，较大熔化量的铝合金熔炼将被中频感应炉和火焰反射炉代替。

2）坩埚电阻炉的选用。有系列产品，一般无须自行设计制作，根据需要选购即可。

3.3.4 铝合金熔炼案例

采用坩埚电阻炉熔化铝液，铝液温度控制在 750℃以下，熔化过程的铝液吸气较少。若采用燃气连续熔化炉熔化铝液，铝液温度容易超750℃，熔化过程中铝液吸气倾向较大。本书以坩埚炉熔炼为例。

1. 熔炼工具的选择及准备

熔炼工具的准备对铝液熔炼质量影响较大，坩埚采用石墨及碳化硅材质，使用前需预热烘干；如果采用金属材质坩埚，最好选用不锈钢材质；若选用铸铁材质坩埚，以球墨铸铁为好。常用的浇包、浇勺等多采用不锈钢制作。

上述工具使用前均需涂刷涂料，涂刷涂料前要对坩埚及工具进行喷砂处理，去除表面的铁锈及污物，然后预热到120~180℃，逐层喷涂。浇包、浇勺的涂料厚度以0.3~0.8mm为宜，坩埚涂料可稍厚些。涂料最好选用专用的金属型非水基涂料，也可自行配制，涂料基本配方见表3-1（质量分数）。使用前涂料需预热到50~90℃。

表3-1 涂料基本配方

成分	氧化锌或铝矾土	水玻璃	表面活性剂	水
配比	占水量的10%~20%	占水量的8%~15%	占水量的1%	100%

2. 炉料的存放与处理

熔炼所使用的炉料需存放在干燥、不易混淆和不易污染的地方，铝锭按炉号分批次摆放，中间合金及其他炉料应分隔摆放，相应的炉料成分附化验单，由库房转交技术部或档案室备案。

炉料在使用前需进行相应处理，表面有污物的要去除，加入熔化炉之前，要对炉料进行烘干处理（大于100℃、超过2h）。

对于所使用的盐类变质剂和除气剂，塑料密封包装在使用前不允许打开，在潮湿季节，使用前最好进行烘干处理。

3. 铝合金的配制和熔炼工艺

（1）配料 配料包括确定、计算成分，炉料的计算是决定产品质量和成本的主要环节。配料的首要任务是根据熔炼合金的化学成分、加工和使用性能确定其计算成分；其次是根据原材料情况及化学成分，合理选择配料比；最后根据铸锭规格尺寸和熔炉容量，按照一定程序正确计算每炉的全部料量。

（2）熔炼工艺 将铝锭（或回炉料）在坩埚内熔化（坩埚容量的1/3），熔化温度小于730℃，然后将规定重量的硅（块度适宜）加入已熔化的铝合金液中，加完以后，用铝锭将硅块压入铝合金液内部，不允许硅块裸露在空气中，加热熔化，待全部熔化后，搅拌均匀，将温度调整到680~700℃，用钟罩将镁压入铝合金液中，移动钟罩，待镁全部熔化后，将钟罩从铝合金液中提出。铝钛硼丝在精炼前加入。

（3）精炼处理 铸造铝合金精炼的目的是去除铝合金中的气体、非金属夹杂物和其他有害元素。

（4）盐类除气 盐类除气采用钟罩压入式，钟罩大小根据精炼剂使用量确定，钟罩上的出气孔以$\phi3$~$\phi5$mm为宜。处理温度为710~750℃，精炼剂分两次加入较为合理。操作时，钟罩一般要求压入坩埚底部，并在熔池内缓慢移动（不要刮碰坩埚底部和坩埚壁），直至反应完成。熔炉上排风罩直径不小于坩埚直径。

（5）变质处理 铸造铝硅合金变质的目的是细化合金组织，改变共晶硅形态，提高铸件的力学性能。工程中常用的是钠盐变质，其工艺过程为：预热变质剂，在735~750℃时均匀撒在铝合金液表面，使之产生分散的橘黄色火苗，时间为 3~8min。也可采用氩气旋转喷吹精炼，建议二者复合使用。钠盐加入量为 1.5%~2.5%（质量分数）。

4. 浇注工艺

（1）浇注时的注意事项

1）浇注为高温操作，必须注意安全，穿着规定的工作服和工作鞋。

2）浇注前必须注意清理浇注时的行走路线，预防意外跌撞。

3）必须烘干烘透浇包，检查合型是否紧固。

4）浇包中金属液不能盛装太满，吊包液面应低于包口 100mm 左右，抬包和端包液面应低于包口 60mm 左右。

（2）操作

1）若使用金属型，铸型合严后，应尽快浇注，避免降温。

2）浇包自坩埚中舀取金属液时，先用包底拨开液面上的氧化皮或熔剂层，缓慢地用包口舀取合金液。浇包接近金属型浇口时，应用热铁片或干木块将包嘴处的氧化皮或渣拨开，让干净的金属液进入浇口杯。

3）浇注温度的高低，要根据具体情况来决定，总的原则是在保证铸件成形的前提下，浇注温度越低越好。

4）浇注时，开始瞬间应略慢，防止金属液溢出浇口杯和严重冲击型腔，紧接着应加快浇注速度，使浇口杯充满，平稳而不中断液流。

5）浇注快慢还须视不同金属型而变化，操作者应积累经验，以便做到不冷隔、排气顺畅及不冲坏型芯。

6）浇包中的合金液应正好为铸件所需用量，如有剩余，应浇入锭模中，禁止将剩余金属液返回坩埚中。

7）浇注完毕，根据不同铸件即时开模，做到不因开模过早而损坏铸件，也不因过迟而产生脱模困难。

8）取出铸件后，观察铸件是否合格，若有缺陷，应采取措施解决，直至合格。浇注操作实践可分组进行，有条件时可浇注灰铸铁，一般可浇注铝合金。浇注时必须注意安全。

3.4　特种铸造方法及应用

随着科技水平的提高，对铸件质量、劳动生产率、劳动条件和生产成本有了进一步的要求，因而铸造方法有了长足的发展。特种铸造是指有别于砂型铸造方法的其他铸造工艺。目前特种铸造方法已发展到几十种，常用的有熔模铸造、金属型铸造、离心铸造、压力铸造、低压铸造、实型铸造、陶瓷型铸造、磁型铸造、石墨型铸造、差压铸造、连续铸造和挤压铸造等。

特种铸造一般都能提高铸件的尺寸精度和表面质量，或提高铸件的物理及力学性能；此外，大多能提高金属的利用率（工艺出品率），减少原砂消耗量；有些方法适宜于高熔点、低流动性、易氧化合金铸件的铸造；有的可明显改善劳动条件，并便于实现机械化和自动化生产。

3.4.1　熔模铸造

熔模铸造是用易熔材料（蜡或塑料等）制成精确的可熔性模样，并涂以若干层耐火材料，经干燥、硬化成整体型壳，在型壳中浇注铸件，熔模铸造工艺过程如图 3-24 所示。熔模铸造铸件尺寸精度高，表面粗糙度值低，适用于各种铸造合金、生产批量，是少无切削加工的重要方法之一。但其缺点和不足是生产工序繁多，生产周期长，铸件不能太大。

熔模铸造特别适于难加工金属材料、形状零件，如铸造工具、涡轮叶片。

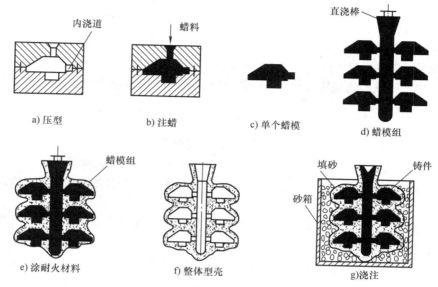

图 3-24　熔模铸造工艺过程

3.4.2　金属型铸造

用铸铁、碳钢或低合金钢等金属材料制成铸型，铸型可反复使用，如图 3-25 所示。金属型铸造所得铸件组织致密，力学性能好，精度和表面质量好，液态金属耗量少，劳动条件好，适用于大批量生产非铁合金铸件，如铝合金活塞、气缸体、液压泵壳体、铜合金轴瓦轴套等。

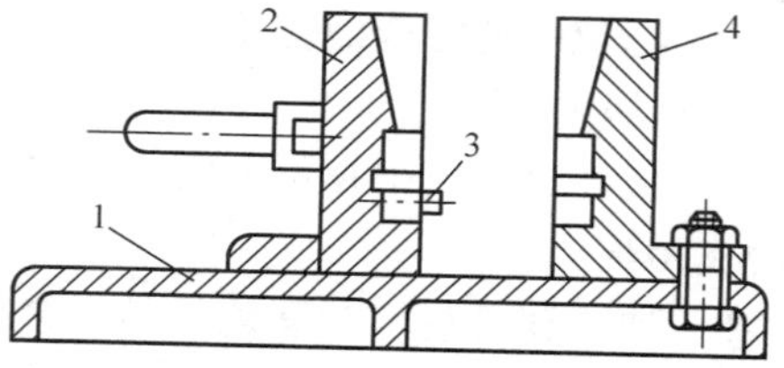

图 3-25　垂直分型式金属型

1—底座　2—活动半型　3—定位销　4—固定半型

3.4.3　离心铸造

离心铸造是将金属液浇入旋转的铸型中，使其在离心力的作用下成形并凝固的铸造方法，如图 3-26 所示。离心铸造铸件致密，无缩孔、缩松、气孔、夹渣等缺陷，力学性能好；铸造中空铸件时可不用型芯和浇注系统，简化了生产过程，节约了金属。该方法适宜于浇注流动性较差的合金、薄壁铸件和双金属铸件；主要用于管类、套类及某些盘类铸件。

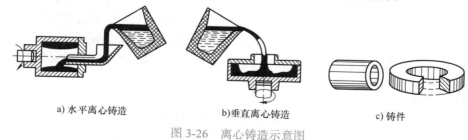

a) 水平离心铸造　　　　b) 垂直离心铸造　　　　c) 铸件

图 3-26　离心铸造示意图

3.4.4 压力铸造

在高压的作用下，以很快的速度把液态或半液态金属压入金属铸型，并在压力下充型和结晶的方法叫作压力铸造，如图 3-27 所示。其基本特点是高压高速。压铸件有较高的尺寸精度和表面质量，强度和硬度也较高，尺寸稳定性好，生产率高，适用于大量生产非铁合金的小型、薄壁、复杂铸件。铸件产量在 3000 件以上时可考虑压力铸造。目前，压力铸造已广泛用于生产汽车、仪表、航空、电器及日用品铸件。

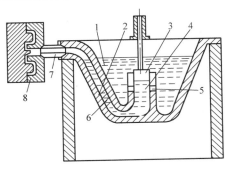

图 3-27 压力铸造过程示意图

1—液态金属 2—坩埚 3—压射冲头 4—压室 5—进口 6—通道 7—喷嘴 8—压铸型

3.4.5 低压铸造

低压铸造是介于一般重力铸造和压力铸造之间的一种铸造方法，如图 3-28 所示。浇注时压力和速度可人为控制，故可适用于各种不同的铸型；充型压力和时间易于控制，所以充型平稳；铸件在压力下结晶，自上而下顺序凝固，所以铸件致密，金属利用率高，铸件合格率高。

低压铸造主要用于要求致密性较好的非铁合金铸件，如汽油机缸体、气缸盖、叶片等。

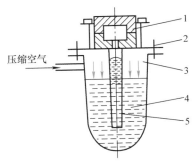

压缩空气

图 3-28 低压铸造示意图

1—铸型 2—密封盖 3—坩埚 4—金属液 5—升液管

3.4.6 实型铸造

实型铸造又称汽化模铸造，采用聚苯乙烯泡沫塑料汽化、燃烧而消失，金属液取代了原来泡沫塑料模所占的空间位置，冷却凝固后可获得所需的铸件，如图 3-29 所示。实型铸造增大了铸件设计的自由度，简化了铸造生产工序，缩短了生产周期，提高了劳动生产率，主要用于形状结构复杂、难以起模或活块和外型芯较多的铸件。

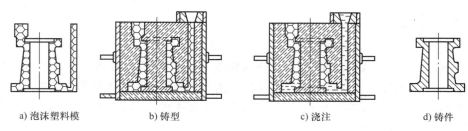

| a) 泡沫塑料模 | b) 铸型 | c) 浇注 | d) 铸件 |

图 3-29   实型铸造示意图

3.5   铸造缺陷及其分析

　　铸造生产是一项较为复杂的工艺过程，影响铸件质量的因素很多，往往由于原材料质量不合格、工艺方案不合理、生产操作不当、工厂管理不完善等原因，容易产生各种各样的铸造缺陷。表 3-2 所示为铸造车间常见铸件缺陷，充分反映了产生铸造缺陷原因的复杂性。铸造生产中，往往由于同一原因或工序而产生不同的缺陷，如造型工序可能产生 18 种之多的缺陷。同样的缺陷又往往会由多种原因（或工序）造成，最多的可达 7~8 种之多。工程实训中，适当了解铸造缺陷产生的原因、哪些工序易产生何种铸造缺陷，对后续课程的学习有一定的帮助。

表 3-2   常见铸件缺陷的特征和产生原因

类别	缺陷名称和特征	主要原因分析
孔洞	**气孔**　铸件内部出现的空洞，常为梨形、圆形，孔的内壁较光滑	1）砂型紧实度过高 2）型砂太湿，起模、修型时刷水过多 3）砂芯未烘干或通气道堵塞 4）浇注系统不正确，气体排不出去
	缩孔　铸件厚壁处出现的形状极不规则的孔洞，孔的内壁粗糙 **缩松**　铸件截面上细小而分散的缩孔	1）浇注系统或冒口设置不正确，无法补缩或补缩不足 2）浇注温度过高，金属液收缩过大无法补缩 3）铸件壁厚不均匀无法补缩 4）与金属液化学成分有关，铸件中合金元素多时易出现缩松
	砂眼　铸件内部或表面带有砂粒的孔洞	1）型砂强度不够或局部没舂实，掉砂 2）型腔、浇口内散砂未吹净 3）合箱时砂型局部挤坏，掉砂 4）浇注系统不合理，冲坏砂型（芯）
	渣气孔　铸件浇注时的上表面充满熔渣的孔洞，常与气孔并存，大小不一，成群集结	1）浇注温度太低，熔渣不易上浮 2）浇注时没挡住熔渣 3）浇注系统不正确，挡渣作用差
表面缺陷	**机械粘砂**　铸件表面黏附着一层砂粒和金属的机械混合物，使表面粗糙	1）砂型舂得太松，型腔表面不致密 2）浇注温度过高，金属液渗透力大 3）砂粒过粗，砂粒间空隙过大

（续）

类别	缺陷名称和特征	主要原因分析
表面缺陷	**夹砂**　铸件表面产生的疤状金属凸起物，表面粗糙，边缘锐利，在金属片和铸件之间夹有一层型砂 金属片状物	1）型砂热强度较低，型腔表层受热膨胀后易鼓起或开裂 2）型砂局部紧实度过大，水分过多，水分烘干后易脱皮 3）内浇道过于集中，使局部砂型烘烤得厉害 4）浇注温度过高，浇注速度过慢
裂纹	**热裂**　铸件开裂，裂纹断面严重氧化，呈暗蓝色，外形曲折而不规则 **冷裂**　裂纹断面不氧化并发亮，有时轻微氧化，并呈连续直线状 裂纹	1）砂（芯）型退让性差，阻碍铸件收缩而引起过大的应力 2）浇注系统开设不当，阻碍铸件收缩 3）铸件设计不合理，薄厚差别大

3.6　铸造安全操作规程

1）造型操作前要注意工作场所砂箱、工具等的安放位置，砂箱叠高低于 1.2m。

2）砂春应横放于地上，春砂时不得将手放于边上，以免碰伤。

3）禁止用嘴吹分型砂，使用鼓风器（皮老虎）时，要选择无人的方向吹，以免将砂尘吹入旁人眼睛，更不得用吹风器开玩笑。

4）起模针及气孔针应放于工具箱内，在造型场地内走动时，注意砂型或热铸件。

5）熔化和浇注时，要按规定穿戴好防护用具。

6）观看熔炉及熔化过程时，应站在一定安全距离外，避免金属液飞溅而烫伤。

7）浇注前浇包要烘干，扒渣棒一定要预热，金属液面上只能覆盖干的稻草灰，不得用其他易燃物。

8）浇注金属液时，抬包要稳，严禁和他人谈话或并排行走，以免发生危险。

9）浇注速度要适当，浇注时人不能站在金属液正面，并严禁在冒口顶部观察金属液。

10）已浇注砂型，未经许可不得触动，以免损坏铸件。清理时对已清理的铸件要注意其温度，以防烫伤。

【思考与练习】

3-1　为什么铸造在生产中应用广泛？

3-2　型砂主要由哪几个部分组成？

3-3　型砂透气性不好可能产生什么铸造缺陷？

3-4　黏土砂手工造型起模时为什么常在模样四周刷水？

3-5 砂芯的作用是什么？芯头有哪些功用？

3-6 冲天炉应如何进行操作？为保证熔炼正常进行，应注意哪些方面？

3-7 浇注系统由哪几个部分组成？各部分的作用是什么？

3-8 挖砂造型时对修分型面有何要求？

3-9 刮板造型与实体模样造型相比有何优、缺点？

3-10 非铁金属熔炼有哪些要求？简述铝合金的熔炼工艺。

第4章 锻压成形

理论讲解

【教学基本要求】

1）了解压力加工的分类及锻造和板料冲压的基本概念。

2）理解碳钢的加热和冷却过程。

3）掌握自由锻、模锻、胎模锻的工艺原理，会使用设备和工装模具，进行简单件的加工。

4）掌握板料冲压的工艺原理、设备和工装模具的使用方法。

5）了解先进压力加工设备和方法。

6）了解锻压生产安全技术。

【本章内容提要】

本章介绍了压力加工的基本方法，重点讨论了自由锻、模锻、胎模锻、板料冲压的工艺原理和应用，并简要介绍了先进压力加工方法。

4.1 概述

4.1.1 常用压力加工方法

用指定的设备和工具对金属材料施加外力使其产生塑性变形，从而生产型材、毛坯或零件的加工方法，总称为金属压力加工。**锻造和板料冲压（简称锻压）**是其中的两类加工方式。金属压力加工的分类见表4-1。

表4-1 金属压力加工的分类

类型	简图	特点	适用场合及发展趋势
轧制	轧辊 坯料	用轧机和轧辊在加热或常温状态下减小坯料截面尺寸或兼改变截面形状	批量生产钢管、钢轨、角钢、工字钢与各种板料等型材。发展趋势：高速轧制，线材轧制速度达120m/s，板材轧制速度达30m/s，精密轧制可提高尺寸精度及板型精度；轧锻组合可生产钢球、齿轮、轴类、环类零件毛坯，尽量达到少无切削
拉拔	坯料 拉拔模 成品	用拉拔机和拉拔模在常温或低温加热状态下减小坯料截面尺寸或兼改变坯料截面形状	批量生产钢丝、铜、铝型材，漆包线，铜、铝等丝、带、条状型材。发展趋势：高尺寸精度、低表面粗糙度

（续）

类型		简 图	特 点	适用场合及发展趋势
挤压		正挤　反挤	用挤压机和挤压模在常温或加热状态下加工，主要改变坯料截面形状	批量生产塑性较好材料的复杂截面型材（如铝合金门窗构条、铝散热片等），或生产毛坯（如齿轮）及零件（如螺栓、铆钉等），我国现已可生产千余种冷挤压零件。发展趋势：高速精密；锻挤结合，如用挤锻机可自动、快速地将棒料连续挤成锥齿轮坯，每分钟可达近百件、近百千克；温挤45钢汽车后轴管重达9kg
锻造	自由锻	拔长　冲孔	一般在加热状态下，用自由锻锤或压力机和简单工具，使坯料成形	单件、小批生产外形简单的各种规格毛坯（如轧辊、大电动机主轴等）以及钳工、锻工用的工具。发展趋势：锻件大型化，提高内在质量，国内已可生产5万t级船用轴系锻件，全纤维船用曲轴锻件已达国际水平；操作机械化；液压机替代大锻锤
	模锻	开式模锻	一般在加热状态下，用模锻锤或压力机和锻模，使坯料成形	批量生产中、小型毛坯（如汽车的曲轴、连杆、齿轮等）和日用五金工具（如锤子、扳手等）。发展趋势：少无切削精密化，如精密模锻叶片、齿轮，锻件尺寸误差可达0.05~0.2mm，还可直接锻出8~9级的齿形精度
板料冲压		拉深	一般在常温状态下，用剪床、压力机和冲模，使板料分离或兼成形	批量生产日用品（如钢、铝制的碗、杯、锅、勺等）和电器仪表、汽车等工业领域用的零件或毛坯（如自行车链条片、汽车外壳、油箱等）。发展趋势：自动化、精密化，如精密冲裁尺寸误差可达0.01mm之内，粗糙度Ra3.6~0.2μm；非传统成形工艺的发展，如旋压、超塑、爆炸成形

4.1.2　坯料的加热和锻件的冷却

1. 加热的目的和锻造温度范围

加热的目的就是提高坯料的塑性，降低变形抗力，使之易于流动成形并获得良好的锻后组织。但是，加热的温度过高，就会产生过热缺陷甚至过烧，造成废品。而且在锻造的过程中，随着温度逐渐降低，坯料的塑性越来越差，变形抗力越来越大。温度下降到一定程度后，坯料不仅难以继续锻造，也易于开裂。因此，必须确定合理的锻造温度范围，即确定开始锻造温度（简称始锻温度）到结束锻造温度（简称终锻温度）之间的一段温度区间。一般碳钢的始锻温度应低于铁碳相图固相线温度以下150~250℃，终锻温度不能低于铁碳相图A_1线（800℃左右）。几种常用金属材料的锻造温度范围见表4-2。

金属坯料的温度可用仪表测量，但在实际生产操作中，锻工一般可用观察坯料火色的方法来判断加热温度。碳钢加热温度与火色的关系见表4-3。

表 4-2　几种常用金属材料的锻造温度范围

种类	始锻温度 /℃	终锻温度 /℃
低碳钢	1200~1250	800
中碳钢	1150~1200	800
合金结构钢	1100~1150	850
铝合金	450~500	350~380
铜合金	800~900	670~700

表 4-3　碳钢加热温度与火色的关系

温度 /℃	1300	1200	1100	900	800	700	600
火色	黄白	淡黄	黄	淡红	樱红	暗红	赤褐

2. 加热炉

　　根据加热时所采用的能源不同，加热炉可分为火焰加热炉和电加热炉两大类。火焰加热炉是利用燃料（煤、焦炭、重油、柴油、煤气等）燃烧时产生的含有大量热能的高温气体（火焰）来加热坯料的一种设备，如手锻炉、室式炉、反射炉等。因为火焰加热炉燃料来源方便、炉子简单、加热费用低，并且能够加热不同尺寸、质量和形状的坯料，所以得到了广泛的应用，是锻造生产最基本的加热设备。但是采用火焰加热炉也存在劳动条件差、加热速度慢、质量难以控制等缺点。电加热炉是通过将电能转化为热能来加热金属坯料的加热设备。常用的电加热炉一般采用电阻加热、接触加热和感应加热的方式加热坯料，它具有升温快、生产率高、工件氧化少、易于实现自动化等优点，但设备投资大、加热成本高。

　　（1）手锻炉　将坯料直接置于煤或焦炭等固体燃料上加热的炉子称为手锻炉，又称明火炉，如图 4-1 所示。燃料放在炉箅上，所需的空气由鼓风机从炉箅下方送入煤层。手锻炉的结构简单、操作方便，可用于手工锻造及小型空气锤上自由锻加热坯料使用，也是目前锻造实习操作中经常采用的加热设备之一。

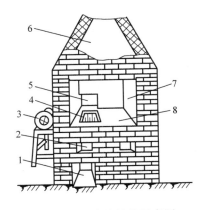

图 4-1　手锻炉结构示意图

1—灰坑　2—火钩槽　3—鼓风机　4—炉箅　5—后炉门　6—烟囱　7—前炉门　8—堆料平台

　　（2）室式炉　室式炉是用喷嘴将重油或煤气与压缩空气混合后直接喷射（呈雾状）到炉膛中燃烧的一种火焰加热炉，如图 4-2 所示。由于它的炉膛三面是墙，一面有门，所以称之为室式炉。常用的有重油炉和煤气炉，它们的结构基本相同，只是燃烧重油的喷嘴和燃烧煤气的喷嘴结构不同。

（3）反射炉　如图4-3所示，煤在燃烧室中燃烧所产生的高温炉气，越过火墙进入加热室中加热金属坯料。燃烧所需的空气经过换热器预热后送入燃烧室，废气经烟道排出。这种炉子可以用于中小批量的锻件生产。

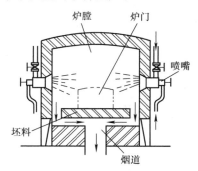

图4-2　室式炉结构示意图

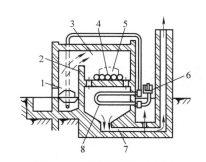

图4-3　反射炉结构示意图

1—燃烧室　2—火墙　3—加热室　4—坯料
5—炉门　6—鼓风机　7—烟道　8—换热器

3. 加热缺陷

（1）氧化和脱碳　将钢加热到高温时，坯料表层中的铁和炉气的氧化性气体（如氧气、二氧化碳、水、二氧化硫等）发生化学反应，使坯料表层生成氧化皮，这种现象称为氧化。每加热一次，氧化烧损量为坯料质量的2%~3%，而且会影响锻件的表面质量，降低模具使用寿命，引起加热炉底的腐蚀损坏。

钢加热到高温时，坯料表层的碳和炉气中的氧化性气体（如氧气、二氧化碳、水等）及某些还原性气体（如氢气）发生化学反应，造成坯料表面碳含量减少，这种现象称为脱碳。它会使锻件表面变软，强度和耐磨性下降。如果脱碳层厚度小于机械加工余量，则对锻件没有什么危害；反之，就会影响锻件质量，甚至造成锻件报废。

在生产中减少氧化和脱碳的措施主要有：严格控制送风量；快速加热；减少金属在高温下的停留时间或采用少氧化、无氧化的加热方法。

（2）过热和过烧　当坯料的加热温度超过某一温度并在此温度保温时间太长时，就会使晶粒迅速长大，这种现象称为过热。过热会导致钢的强度和冲击韧度降低，影响其力学性能。但过热的坯料，可以采用多次锻打或锻后热处理的方法将其晶粒细化。

当钢加热到接近熔化的温度或在高温下长时间停留时，不但奥氏体的晶粒粗大，同时由于氧化性气体侵入晶界，使晶间物质氧化，或低熔点杂质熔化，这种现象称为过烧。产生过烧的坯料，由于晶间连接强度大大降低，一经锻打就会开裂，坯料只能报废回炉重新冶炼。因此，金属坯料加热不允许过烧。

4. 锻件的冷却

锻件的冷却是指锻后从终锻温度冷却到室温。如果冷却方法不当，就会产生硬化、变形或裂纹等缺陷。常用的冷却方法有以下3种：

1）空冷。在无风的空气中，锻后锻件单个或成堆地直接放在干燥的地面上冷却。空冷多用于碳素结构钢和低合金钢的中小型锻件的冷却。

2）坑冷。锻后件放到地坑或铁箱中封闭冷却或埋入坑内砂子、石灰或炉渣中冷却。对于要求冷却速度较慢的中小型锻件可采用坑冷。

3）炉冷。锻后件直接装入 500~700℃ 加热炉中，随炉缓慢冷却。它适用于大型、复杂及高合金钢锻件。

4.2　自由锻

自由锻是利用锻压设备的上、下砧和一些简单、通用工具，使坯料在压力作用下塑性变形，从而获得锻件的方法。由于自由锻所用的工具简单、通用性强、灵活性大，因此适合单件、小批量及大型锻件的生产。但是，自由锻件的形状、尺寸主要由锻工操作技术来控制，所以锻件的精度差、锻造生产率低、劳动强度大，并且对锻工的技术要求高。

4.2.1　自由锻设备

自由锻的设备主要有空气锤、蒸汽 - 空气锤及水压机等。

1. 空气锤

空气锤是生产小型锻件最常用的设备，其外形及主要结构如图 4-4 所示。空气锤的规格是以落下部分的总质量来表示的，如 150kg 空气锤就是指锤的落下部分质量为 150kg。常用空气锤规格为 65~750kg，可根据锻件的质量和尺寸合理选用。

空气锤的工作原理是：电动机通过曲柄 15、连杆 14 带动压缩缸 9 内活塞 13 运动，将压缩空气经旋阀 8 送入工作缸 7 的长腔或下腔，驱使上砧 5（或称锤头）上下运动进行打击。通过脚踏杆操纵旋阀 8 可使锻锤实现空转、锤头上悬、锤头下压、连续打击和单次锻打等多种动作。

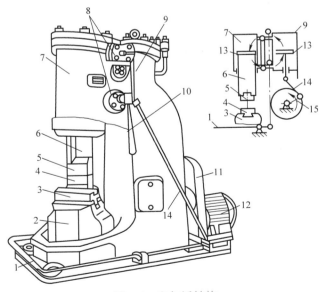

图 4-4　空气锤结构

1—踏杆　2—砧座　3—砧垫　4—下砧　5—上砧　6—锤杆　7—工作缸　8—旋阀
9—压缩缸　10—手柄　11—减速机构　12—电动机　13—活塞　14—连杆　15—曲柄

2. 蒸汽 - 空气锤

蒸汽 - 空气锤是以 0.6~0.9MPa（6~9 个大气压）的蒸汽或压缩空气为动力进行工作的。它需要配备蒸汽锅炉或空气压缩机及管道系统。由于锤身刚度较大，吨位也较大，落下部分质量一般为 1~5t，所以适用于中型锻件的生产。常用的双柱拱式蒸汽 - 空气锤的结构及工作原理如图 4-5 所示。

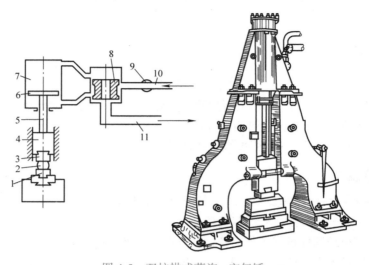

图 4-5　双柱拱式蒸汽 - 空气锤

1—下砧　2—坯料　3—上砧　4—锤头　5—锤杆

6—活塞　7—气缸　8—滑阀　9—节气阀　10—进气管　11—排气管

4.2.2　自由锻工具

常用的自由锻工具主要有夹持工具（图 4-6a）、衬垫工具（图 4-6b）以及测量工具（如钢直尺、卡钳等）。

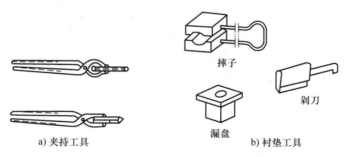

a) 夹持工具　　　　　b) 衬垫工具

图 4-6　部分自由锻工具

4.2.3　自由锻工序

自由锻的工序可以分为基本工序、辅助工序和修整工序三类。改变坯料的形状和尺寸以获得锻件的工序称为基本工序，如镦粗、拔长、芯轴拔长、冲孔、弯曲、切割、扭曲等。为了完成基本工序而使坯料预先产生变形的工序称为辅助工序，如预压钳把、压肩、压痕等。用来精整锻件尺寸和形状，消除锻件表面不平、歪扭等，使锻件完全达到锻件图要求的工序称为修整工序，如滚圆、平整等。

1. 镦粗

镦粗是使坯料高度减少而横截面积增大的锻造工序。如图 4-7 所示，镦粗分为完全镦粗和局部镦粗。镦粗是自由锻最基本的工序，常用于锻造齿轮坯、凸缘、圆盘形锻件。对于环、套筒等空心锻件，镦粗往往用在冲孔前使坯料截面增大和平整。

坯料的原始高度 H_0 与直径 D_0 之比应小于 2.5；否则镦粗时坯料易形成双鼓形而使锻件中部形成夹层或镦弯（图 4-8）。局部镦粗时，镦粗部分的高径比也应满足这一要求。用于镦粗的坯料的截面一般是圆形，如果是方形坯料，镦粗时应先将坯料锻成圆形再镦粗以免形成夹层。

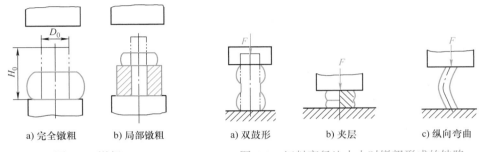

a) 完全镦粗　　b) 局部镦粗
图 4-7　镦粗

a) 双鼓形　　b) 夹层　　c) 纵向弯曲
图 4-8　坯料高径比太大时镦粗形成的缺陷

2. 拔长

拔长是使坯料横截面减少而长度增加的锻造工序。拔长主要用于轴杆类和长筒类锻件的成形，还常用于改善锻件的内部质量。

1）送进量。如图 4-9 所示，每次送进量 L 太大时，拔长效率低，而送进量太小，锻件又易产生夹层等缺陷。因此，应综合考虑送进量对拔长效率和锻件质量的影响，拔长生产中一般取 $L =（0.3\sim0.7）B$，B 为砧的宽度。

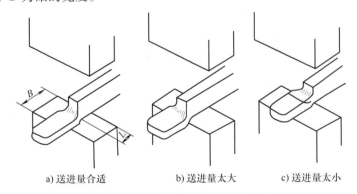

a) 送进量合适　　b) 送进量太大　　c) 送进量太小
图 4-9　拔长时的送进量和送进方向

2）压下量。拔长时增大压下量不但可以提高锻造生产率，还可以强化坯料心部变形，有利于压合内部缺陷。单边压下量 $h/2$ 应小于送进量 L；否则，易产生夹层，如图 4-10 所示。

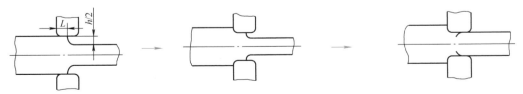

图 4-10　拔长产生夹层过程的示意图

3）拔长操作。拔长件锻打时应是方形截面。若坯料为圆形截面，应先将它锻成方形截面。

拔长到接近锻件直径时，锻成八角形，然后滚打成圆形。故拔长时，应不断地翻转锻件，使其截面经常保持接近于方形。常用的翻转方法如图4-11所示。

拔长短坯料时，可以从坯料的一端拔长至另一端，而拔长长坯料和钢锭时，则应从坯料的中间向两端拔长。

拔长有台阶的轴类锻件时，如图4-12所示，应首先在截面分界处压出凹槽，称为压肩。这样可使过渡面平齐，减少对相邻区域的拉缩。

拔长后应进行修整，以使锻件尺寸准确、表面光洁。方形或矩形修整时，工件应沿下砧长度方向送进，轻轻锤击，圆形截面可用摔子进行修整。

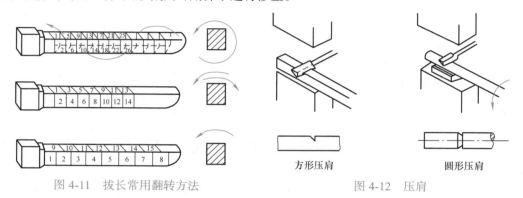

图 4-11 拔长常用翻转方法　　　　　图 4-12 压肩

3. 冲孔

冲孔是在坯料上锻出通孔或不通孔的锻造工序。常用的冲孔方法有双面冲孔和单面冲孔等，如图4-13所示。冲孔前坯料应加热到始锻温度，而且要均匀热透，以保证坯料具有足够的塑性，防止坯料被冲裂或损坏冲子，冲孔完毕后冲子也易于拔出。

冲孔前坯料应先镦粗，以减少冲孔的深度并使端面平整。为了保证孔位正确，防止冲偏，冲孔前应试冲，即冲孔前首先用冲子轻轻冲出孔的位置压痕，检查孔的位置是否准确，检查无偏移后可向压痕内撒放少量煤粉，以利于拔出冲子，然后继续冲深，此时要注意防止冲歪。

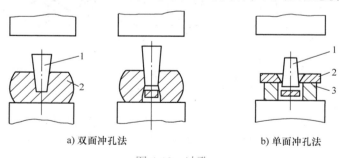

a) 双面冲孔法　　　　　　b) 单面冲孔法

图 4-13 冲孔

1—冲子 2—工件 3—漏盘

一般锻件多采用双面冲孔法，先将孔冲到坯料厚度的2/3~3/4，取出冲子，翻转工件从反面冲透（图4-13a）。对于较薄的锻件可采用单面冲孔法，单面冲孔时应将冲子大头朝下，漏盘孔径不宜太大，且需要对正（图4-13b）。

4. 弯曲

弯曲是将坯料弯成所规定外形的锻造工序，如图4-14所示。坯料弯曲时为了保证质量，加热部分不宜过长，最好仅加热弯曲段，而且要加热均匀，当锻件需多处弯曲时，一般应首先弯曲端部，其次再弯与直线相连的部分，最后再弯其余部分。

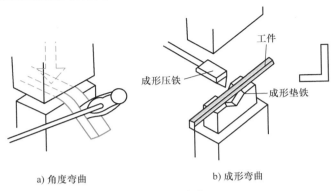

a) 角度弯曲　　　　　　　　　b) 成形弯曲

图 4-14　弯曲

5. 切割
切割是将坯料分割或切除锻件余料的锻造工序，如图 4-15 所示。它常用于下料和切除料头。

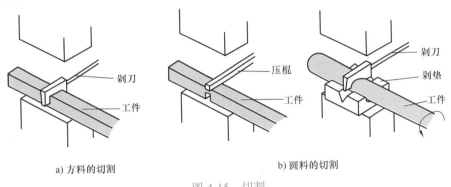

a) 方料的切割　　　　　　　　　b) 圆料的切割

图 4-15　切割

4.2.4　自由锻工艺规程

1. 自由锻工艺规程的主要内容
工艺规程是生产准备、组织、过程控制和产品检验的依据，主要内容包括：

1）根据零件图绘制出锻件图。

2）确定坯料的质量和尺寸。

3）制定变形工艺及工具。

4）选择所需的设备。

5）确定锻造温度范围及加热、冷却规范。

6）确定热处理规范。

7）提出锻件的技术条件和检查要求。

8）确定劳动组织和工时定额。

9）填写工艺卡片。

2. 齿轮坯自由锻工艺过程
齿轮坯自由锻工艺见表 4-4。

表 4-4　齿轮坯自由锻工艺

锻件名称	齿轮坯	工艺类别	自由锻
材料	45 钢	设备	65kg 空气锤
加热火次	1	锻造温度	800~1200℃

锻件图	坯料图
$\phi 28\pm1.5$ ($\phi34$)　29 ± 1 (25)　44 ± 1 (40)　$\phi58\pm1$　$\phi92\pm1$($\phi54$) ($\phi88$)	$\phi50$　125

序号	工序名称	工序简图	使用工具	操作要点
1	镦粗	45	火钳、镦粗漏盘	控制镦粗后的总高度为 45mm
2	冲孔		火钳、镦粗漏盘、冲子、冲孔漏盘	1）注意冲子对中 2）双面冲孔，图示为工件翻转后将孔冲透的情况 3）冲正面凹孔时，镦粗漏盘不取下
3	修整外圆	$\phi92\pm1$	火钳、冲子	边轻打边旋转锻件，使外圆消除鼓形并达到 ϕ（92 ± 1）mm
4	修整平面	44 ± 1	火钳、镦粗漏盘	1）为防止锻件变形，应将镦粗漏盘垫在下面 2）轻打（如砧面不平还要边打边转动锻件），使锻件厚度达到 44mm±1mm

4.2.5　自由锻案例

1. 手工自由锻

利用简单的手工工具，使坯料变形而获得锻件的方法，称为手工自由锻。

（1）准备手工锻造工具（图 4-6）

①支持工具：如羊角砧等；②锻打工具：如各种大锤和手锤；③成形工具：如各种型锤、冲子等；④夹持工具：各种形状的钳子；⑤切割工具：各种錾子及切刀；⑥测量工具：钢直尺、内外卡钳等。

手工自由锻

（2）手工自由锻的操作

1）锻击姿势。手工自由锻时，操作者站离铁砧约半步，右脚在左脚后半步，上身稍向前倾，眼睛注视锻件的锻击点。左手握住钳杆的中部，右手握住手锤柄的端部，指示大锤的锤击。

2）锻击过程。必须将锻件平稳放置在铁砧上，并且按锻击变形需要，不断将锻件翻转或移动。

3）锻击方法。手工自由锻时，持锤锻击的方法可有：

① 手挥法。主要靠手腕运动来挥锤锻击，锻击力较小，用于指挥大锤的打击点和打击轻重。

② 肘挥法。手腕与肘部同时作用、同时用力，锤击力度较大。

③ 臂挥法。手腕、肘和臂部一起运动，作用力较大，可使锻件产生较大的变形量，但较费力。

4）注意事项。锻造过程严格注意，做到"六不打"：① 低于终锻温度不打；② 锻件放置不平不打；③ 冲子不垂直不打；④ 剁刀、冲子、铁砧等工具上有油污不打；⑤ 镦粗时工件弯曲不打；⑥ 工具、料头易飞出的方向有人时不打。

2. 空气锤锻造

（1）空气锤的构造　如图 4-4 所示，空气锤是由锤身（单柱式）、传动机构、双缸（压缩缸和工作缸）、操纵机构、锤砧和落下部分等几个部分组成。各部分的作用如下：

1）锤身。与压缩缸和工作缸铸成一体，用以安装和固定其他部分。

2）传动机构。传动机构包括减速装置、曲柄和连杆。其作用是把电动机的旋转运动减速后传给曲柄，曲柄则通过连杆来驱动压缩缸内的活塞做上下往复运动。

3）压缩缸和工作缸。当压缩活塞在压缩缸内上下往复运动时，活塞的上、下部交替产生压缩空气。压缩空气进入工作缸的下腔或上腔使工作活塞上下运动，并带动锤头和上砧等一起动作锻打锻件。

4）操纵机构。操纵机构包括旋阀、踏杆或手柄及其连接杠杆。旋阀用于控制工作缸气体的进出，使锤实现各种动作。它由踏杆或手柄来控制。

5）锤砧。锤砧由下砧、砧垫和砧座等组成。下砧通过砧垫固定在砧座上，用于支撑锻件或工具，并承受锻击。

6）落下部分。工作活塞、锤杆和上砧合称为锤的落下部分。空气锤的规格是以锤落下部分的质量来表示。"65kg"的空气锤，就是指锤的落下部分的质量为 65kg。这种空气锤能锻打直径小于 50mm 的圆钢或质量小于 2kg 的锻件。

（2）各种动作操作　接通电源，起动空气锤后通过手柄或脚踏杆操纵上下旋阀，可使空气锤实现空转、锤头悬空、连续打击、压锤和单次打击 5 种动作，以适应各种加工需要。

1）空转（空行程）。当上、下阀操纵手柄在垂直位置，同时中阀操纵手柄在"空程"位置时，压缩缸上、下腔直接与大气连通，压力变成一致，由于没有压缩空气进入工作缸，因此锤头不工作。

2）锤头悬空。当上、下阀操纵手柄在垂直位置，将中阀操纵手柄由"空程"位置转至"工作"位置时，工作缸和压缩缸的上腔与大气相通。此时，压缩活塞上行，被压缩的空气进入大气；压缩活塞下行，被压缩的空气由空气室冲开止回阀进入工作缸的下腔，使锤头上升，置于悬空位置。

3）连续打击（轻打或重打）。中阀操纵手柄在"工作"位置时，驱动上、下阀操纵手柄（或脚踏杆）向逆时针方向旋转使压缩缸上、下腔与工作缸上、下腔互相连通。当压缩活塞向下或向上运动时，压缩缸下腔或上腔的压缩空气相应地进入工作缸的下腔或上腔，将锤头提升或落下。如此循环，锤头产生连续打击。打击能量的大小取决于上、下阀旋转角度的大小，旋转角度越大，打击能量越大。

4）压锤（压紧锻件）。当中阀操纵手柄在"工作"位置时，将上、下阀操纵手柄由垂直位置向顺时针方向旋转 45°，此时工作缸的下腔及压缩缸的上腔与大气连通。当压缩活塞下行时，压缩缸下腔的压缩空气由下阀进入空气室，并冲开止回阀经侧旁气道进入工作缸的上腔，使锤头压紧锻件。

5）单次打击。单次打击是通过变换操纵手柄的操作位置来实现的。单次打击开始之前，锤处于锤头悬空位置（即中阀操纵手柄处于"工作"位置），然后将上、下阀的操纵手柄由垂直位置迅速地向逆时针方向旋转到某一位置再迅速转到原来的垂直位置（或相应地改变脚踏杆的位置），这时便得到单次打击。打击能量的大小随旋转角度而变化，转到 45° 时单次打击能量最大。如果将手柄或脚踏杆停留在倾斜位置（旋转角度 ≤ 45°），则锤头进行连续打击。故单次打击实际上只是连续打击的一种特殊情况。

需特别强调，严禁无坯料重击或打冷钢料，不能以手去锤头下取物，放正钳柄位置于体侧，打击时放正坯料。

3. 齿轮坯的锻造工艺过程

（1）准备工作　备坯料（尺寸见表 4-5）、空气锤、锻造炉、相应锻工钳及漏盘等。

（2）步骤　按表 4-5 完成齿轮坯锻造，熟悉镦粗和冲孔。

（3）组织　学生分 3~4 人一组，每人完成一个锻件（或一个工序），根据完成的时间和质量给出考核分。

表 4-5　齿轮坯自由锻案例

锻件名称：齿轮坯 坯料规格：$\phi40 \times 90$ 锻件材料：45 钢 锻造设备：75kg 空气锤								
火次	序号	操作内容	简图		火次	序号	操作内容	简图
1	1	（整体加热到 1200℃）用漏盘进行局部镦粗			1	3	外圆滚圆	
	2	双面冲孔						

4.3　模锻和胎模锻

4.3.1　模锻

模锻是在锻压设备动力作用下使坯料在锻模模锻膛中塑性流动从而获得锻件的锻造方法。它具有生产率高、适用形状复杂的锻件、尺寸精度高、机加工余量小、材料利用率高、操作简便、劳动强度比自由锻小等优点，但模锻生产设备投资大，生产准备周期长，锻模成本高、寿命短，工艺灵活性不如自由锻。

按照锻压设备的不同，模锻可分为锤上模锻、曲柄压力机模锻、平锻机模锻、螺旋压力机模锻、水压机模锻等。其中，锤上模锻（即在模锻锤上进行的模锻）在我国应用最为广泛。

常用的蒸汽 - 空气模锻锤结构如图 4-16 所示。与自由锻锤相比，它的砧座重得多，而且与锤身连成一体，锤头与导轨之间的配合也较精密，因此模锻锤锤头运动精度高，锤击时能够保证上、下模对准，具有良好的对中性。如图 4-17 所示，锤锻模由上、下两半模块组成，上、下模分别安装在锤头下端和砧座上的燕尾槽中，随着锤头的上下往复运动，使上、下模打靠闭合，迫使坯料充满模腔。

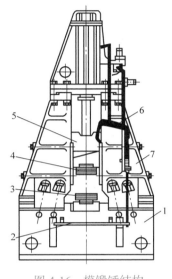

图 4-16 模锻锤结构

1—砧座 2—踏杆 3—下模
4—上模 5—锤头 6—操纵机构 7—锤身

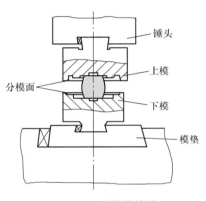

图 4-17 锤锻模结构

4.3.2 胎模锻

胎模锻是在自由锻设备上用简单的模具（即胎模）生产锻件的一种锻造方法。通常胎模不固定在锤头或砧座上，使用时放在砧座上进行锻造。胎模锻时多先用自由锻的方法使坯料初步成形，然后将坯料放在胎模中终锻成形。按照其结构常用的胎模可分为扣模、套筒模（简称筒模）及合模，如图 4-18 所示。扣模用于非回转体锻件的扣形或制坯，合模通常由上、下模组成，主要用于生产形状较复杂的非回转体锻件，如连杆、叉形件等，而套筒模为圆筒形锻模，主要用于锻造齿轮、法兰盘等回转体盘类件。

胎模锻的设备、工具简单，工艺灵活，适应性强，可在自由锻锤上生产，不需模锻锤，而生产率和锻件质量又比自由锻高，因此它在小型锻件的中小批量生产中得到了广泛的应用。

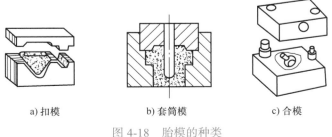

a) 扣模　　　　　　　b) 套筒模　　　　　　　c) 合模

图 4-18 胎模的种类

4.4　板料冲压

冲压加工是利用安装在压力机上的模具对金属板材加压，使其产生塑性变形或分离，从而获得具有一定形状、尺寸和性能的毛坯或零件的加工方法。冲压通常是在常温下进行的，因此又称冷冲压（冲压）。只有当板料厚度超过 8mm 时，才采用热冲压。

4.4.1　冲压设备

1. 剪床

剪床是下料用的基本设备，其结构如图 4-19 所示。剪床工作时，电动机通过减速器、离合器、曲柄连杆机构，使带有上刀片的滑块做上、下往复运动，与装在工作台上的下刀片相互剪切。

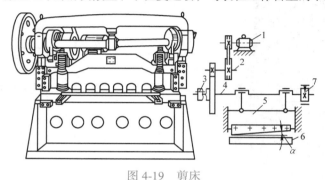

图 4-19　剪床

1—电动机　2—传动轴　3—离合器　4—偏心轴　5—滑块　6—工作台　7—制动器

2. 压力机

压力机是进行冲压加工的基本设备，通常是曲柄压力机。按其结构可以分为开式压力机和闭式压力机。开式压力机如图 4-20 所示，冲模具的上、下模分别安装在滑块 7 下端和工作台 6 上。压力机工作时，电动机 4 通过 V 带减速系统带动大带轮（飞轮）转动，踩下踏板 5 后，离合器 3 闭合并带动曲轴 2 旋转，再经过连杆 8 带动滑块 7 沿导轨做上下往复运动，进行冲压生产。若将踏板踩下后立即抬起，则冲压一次，滑块在制动器 1 作用下自动停止在最高位置，若脚不抬起，则滑块连续动作，进行连续冲压。

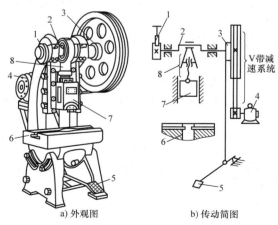

a) 外观图　　　　　　　b) 传动简图

图 4-20　开式压力机

1—制动器　2—曲轴　3—离合器　4—电动机　5—踏板　6—工作台　7—滑块　8—连杆

4.4.2　冲压工序

利用冲压方法生产的零件种类繁多，其成形方法也多种多样，但概括起来可以分为分离工序和变形工序两大类。

1. 分离工序

分离工序是将坯料的一部分与另一部分相互分离的工序，如剪切、落料、冲孔、修整等。

1）剪切。剪切是将不封闭的轮廓从板料中分离出零件或毛坯的工序，又称切断。它通常是在剪床上进行的，将原始板料剪切成一定宽度的长条坯料。

2）冲裁。落料和冲孔统称冲裁。冲裁是使板材沿封闭轮廓分离的工序。

冲裁既可以制成零件，也可以为弯曲、拉深等工序准备毛坯。如图 4-21 所示，从板料上冲下所需形状的零件（或毛坯）为落料，即冲下部分为成品，剩下部分为废料。冲孔则相反，它是在工件上冲出所需形状的孔，即冲下部分为废料，剩余部分为成品。

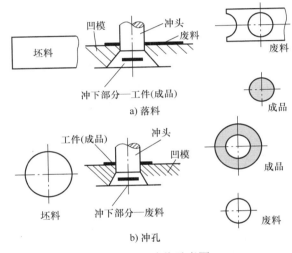

图 4-21　冲裁示意图

2. 变形工序

变形工序是在板料不被破坏的条件下使其发生塑性变形，从而获得所需形状和尺寸制件的冲压工序，如弯曲、拉深、翻边、翻孔等，如图 4-22 所示。

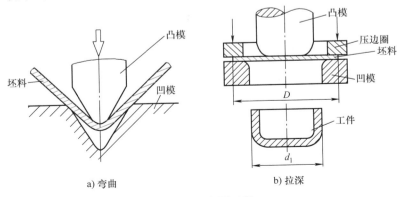

图 4-22　变形工序

4.4.3 冲模

冲模是实现冲压变形的专用工具。按照结构特点的不同，冲模分为简单模、连续模和复合模。在压力机构的一次行程中只完成一个冲程工序的冲模称为简单冲模（即简单模），又称为单工序模。简单模结构简单，容易制造，适用于生产单工序完成的冲压件。连续模是在压力机的一次行程中，在一副模具的不同位置上同时完成几个工序的冲模，它又称级进或跳步模。使用连续模可以减少模具和设备的数量，生产率高，操作方便、安全，便于实现自动化，但其各个工序是在不同的位置上完成的，故定位误差影响了工件的精度。因此，连续模一般用于精度要求低、多工序的小型零件。复合模是在压力机的一次行程中，在模具的同一位置上完成几个不同工序的冲模。复合模的生产率高，结构复杂，制造精度要求高，它适用于生产大批量、高精度的冲压件。

图 4-23 所示为简单的落料模，由上模和下模组成的，上模通过模柄 12 夹紧在压力机滑块的模柄孔中，上模和滑块一起上下运动，下模则通过下模座用螺钉、压板固定在压力机工作台上。

冲模工作前，条料靠着两个导料销 4 送入。落料时，卸料板 17 首先压住板料，接着凸模 7 切入材料进行冲裁。冲下来的工件由凹模 3 的孔漏下。上模回升时，则依靠压缩橡胶 16 通过卸料板 17 将废料从凸模 7 上卸下，第二次及后续各次送料都由挡料销 19 定位，间隔一个位置进行落料，如图 4-23 中的排样图。条料一面冲完后，可以翻转 180°，再冲裁排样图中的虚线部位。

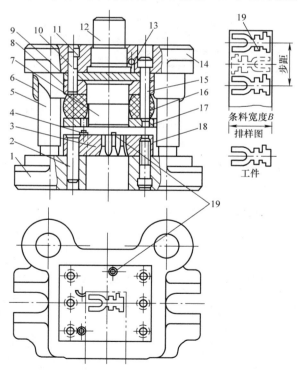

图 4-23　简单的落料模

1—下模座　2—销钉　3—凹模　4—导料销　5—导柱　6—导套
7—凸模　8—固定板　9—垫板　10—销钉　11—螺钉　12—模柄
13、18—螺钉　14—上模座　15—卸料螺钉　16—橡胶　17—卸料板　19—挡料销

4.4.4　冲压模具拆装案例

1. 冲压模具结构

根据其复杂程度不同，一套冲裁模具一般都由数个、数十个甚至更多的零件组成。但无论其复杂程度如何，或是哪一种结构形式，根据模具零件的作用又可分成 5 个类型的零件。

1）工作零件。这是完成冲压工作的零件，如凹模、凸模、凸凹模等，如图 4-24 中件 2、件 5、件 7。

2）定位零件。这些零件的作用是保证送料时有良好的导向和控制送料的进距，如挡料销、定距侧刃、导正销、定位板、导料板、侧压板等。

3）卸料、推件零件。这些零件的作用是保证冲压工序完成后将制件和废料排除，以保证下一次冲压工序顺利进行，如推件块、卸料板、废料切刀等，如图 4-24 中的件 1、件 4、件 6、件 8。

4）导向零件。这些零件的作用是保证上模与下模相对运动时有精确的导向，使凸模、凹模间有均匀的间隙，提高冲压件的质量，如导柱、导套、导板等。

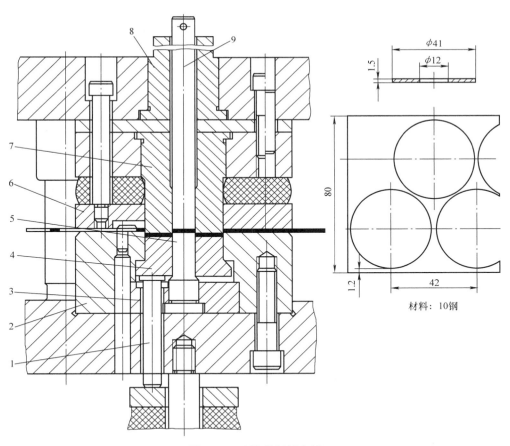

图 4-24　冲孔落料复合模

1—顶件杆　2—落料凹模　3—冲孔凸模固定板　4—推件块
5—冲孔凸模　6—卸料板　7—凸凹模　8—推件杆　9—模柄

5）安装、固定零件。这些零件的作用是使上述四部分零件连接成"整体"，保证各零件间的相对位置，并使模具能安装在压力机上，如上模板、下模板、模柄、固定板、垫板、螺钉、圆柱销等，如图 4-24 中的件 3、件 9 等。

认识模具时，特别是复杂模具，应从这 5 个方面去识别模具上的各个零件。当然，并不是所有模具都必须具备上述五部分零件。对于试制或小批量生产的情况，为了缩短生产周期、节约成本，把模具简化成只有工作部分零件（如凸模、凹模）和几个固定部分零件；对于大批量生产，为了提高生产率，除做成包括上述零件的冲模外，甚至还附加自动送、退料装置等。

2. 模具拆装的一般规则

拆装模具时可一手将模具的某一部分（如冷冲模的上模部分）托住，另一手用木锤或铜棒轻轻地敲击模具另一部分（如冷冲模的下模部分）的底板，从而使模具分开。绝不可用很大的力来锤击模具的其他工作面，或使模具左右摆动而对模具的牢固性及精度产生不良影响。然后用小铜棒顶住销钉，用手锤将销钉卸除，再用内六角扳手卸下紧固螺钉和其他紧固零件。拆卸时要特别小心，绝不可碰伤模具零件的工作表面。拆卸下来的零件应放在指定的容器中，以防生锈或遗失。拆卸模具时，一般应遵照下列原则：

1）模具的拆卸应按照各模具的具体结构，预先考虑好拆装程序。如果先后倒置或贪图省事而猛拆猛敲，就极易造成零件损伤或变形，严重时还将导致模具难以装配复原。

2）模具的拆卸一般应先拆外部附件，然后再拆主体部件。拆卸部件或组合件时，应按从外部拆到内部，从上部拆到下部的顺序，依次拆卸组合件或零件。

3）拆卸时，使用的工具必须保证不会对合格零件发生损伤，应尽量使用专用工具，严禁用钢锤直接在零件的工作表面上敲击。

4）拆卸时，对容易产生位移而又无定位的零件，应做好标记；各零件的安装方向也需辨别清楚，并做好相应的标记，以免在装配复原时浪费时间。

5）对于精密零件，如凸模、凹模等，应放在专用的盘内或单独存放，以防碰伤工作部分。

6）拆下的零件应尽快清洗，以免生锈腐蚀，最好涂上润滑油。

3. 拆装操作

1）准备工作。准备冲模一副、螺丝刀具、锤子、各种扳手和装配平台。

2）拆装要求。拆卸前要测量（或做记号）有关调整的相对位置，拆下时要排好次序，装配时要迅速、准确，并调到原先的相对位置（凹模与凸模、定位件间位置）处。

4.5　锻造安全操作规程

1）实习前穿戴好各种安全防护用品，不得穿拖鞋、背心、短裤、短袖衣服。

2）检查各种工具（如锤子等）的木柄是否牢固，空气锤上、下铁砧是否稳固，铁砧上不许有油、水和氧化皮。

3）严禁用铁器（如钳子、铁棒等）触碰电气开关。

4）坯料在炉内加热时，风门应逐渐加大，防止突然高温使煤屑和火焰喷出伤人。

5）两人手工锤打时，必须高度协调。要根据加热坯料的形状选择好夹钳，夹持牢靠后方可锻打，以免坯料飞出伤人。拿钳子不要对准腹部，挥锤时严禁任何人站在后面 2.5m 以内。坯料切断时，打锤者必须站在被切断飞出方向的侧面，快切断时，大锤必须轻击。

6）只有在指导人员直接指导下才能操作空气锤。空气锤严禁空击，锻打未加热的锻件、终锻温度极低的锻件以及过烧的锻件。

7）锻锤工作时，严禁用手伸入工作区域内或在工作区域内放取各种工具、模具。

8）一旦设备发生故障，应首先关机、切断电源。

9）锻区内的锻件毛坯必须用钳子夹取，不能直接用手拿取，以防烫伤。

10）实习完毕应清理工具、夹具、量具，并清扫工作场地。

4.6　冲压安全操作规程

1）冲压工艺所需的冲剪力或变形力要低于或等于压力机的标称压力。

2）开机前应锁紧所有调节和紧固螺栓，以免模具等松动而造成设备、模具损坏和人身安全事故。

3）开机后，严禁将手伸入上、下模之间，取工件或废料应使用工具。冲压时严禁将工具伸入冲模之间。

4）两人以上共同操作时应由一人专门控制脚踏板，脚踏板上应有防护罩，或将其放在隐蔽安全处，工作台上应取尽杂物，以免杂物坠落于脚踏板上造成误冲事故。

5）装拆或调整模具应停机进行。

【思考与练习】

4-1　锻造前坯料加热的目的是什么？

4-2　怎样确定合理的锻造温度？

4-3　什么是自由锻？自由锻有哪些基本工序？各有何用途？

4-4　镦粗、拔长和冲孔时应注意什么问题？

4-5　什么是模锻？什么是胎模锻？

4-6　冲压生产有哪些基本工序？各有何用途？

4-7　冲模的组成及各部分的主要作用是什么？

4-8　将一圆钢坯料锻成带孔圆盘状锻件，试确定变形工序。

4-9　锻造金属坯料时，加热不当会出现哪些问题？如何防止？

理论讲解

第5章 焊接成形

【教学基本要求】

1）了解焊接成形的分类、特点及应用。

2）了解焊条电弧焊和气焊所用设备、工具的结构、工作原理及使用方法。

3）掌握常用焊接接头形式、坡口形式及施焊方法。

4）掌握焊条电弧焊的基本操作方法。

5）了解其他常用焊接方法（自动埋弧焊、气体保护焊、电阻焊、钎焊等）的特点和应用等。

6）熟悉气焊和切割（气割和等离子弧切割）的基本操作方法。

7）能正确选择焊接电流及调整火焰，独立完成焊条电弧焊、气焊的平焊操作。

【本章内容提要】

本章主要讲述焊接成形的概念、方法、特点与应用，重点介绍焊条电弧焊的工作原理、焊接工艺及操作方法，同时对其他常用焊接方法（自动埋弧焊、气体保护焊、电阻焊、钎焊、激光焊）及焊接机器人等的特点与应用作了介绍，最后介绍了常见焊接缺陷与防止方法。

5.1 概述

焊接是通过加热或加压（或二者并用），用（或不用）填充材料，使两个分离的固态物体产生原子（分子）间结合而连成一体的加工方法。焊接实现的连接是不可拆卸的永久性连接，被连接的焊件材料可以是同种金属或异种金属，也可以是金属与非金属等。

焊接具有节省材料、生产率高、工艺过程简单、焊接接头力学性能好、密封性好、容易实现自动化等优点。焊接广泛用于制造各种金属结构件，如船体、桥梁、锅炉、压力容器、管道、汽车、机车车辆、起重机、飞机、火箭等；也常用于制造机器零件，如重型机械和冶金、锻压设备的机架、底座、箱体等；电气线路的连接也常用到焊接。此外，焊接还用于修补铸件、锻件缺陷和局部受损坏的零件，这在生产中具有显著的经济意义。

焊接的方法和种类很多，按焊接的特点不同，可分为熔焊、压焊和钎焊三大类。

1）熔焊是将焊件连接部位局部加热至熔化状态，随后冷却凝固成一体，不加压力完成焊接的方法。生产中常用的熔焊方法有焊条电弧焊、气焊、埋弧焊、二氧化碳气体保护焊、氩弧焊、激光焊等。

2）压焊是焊接过程中需要对焊件施加压力（加热或不加热）的一类焊接方法，如电阻焊、摩擦焊及爆炸焊等。

3）钎焊是利用熔点比母材低的填充金属（称为钎料）熔化后，填充接头间隙并与固态的母材相互扩散形成原子间结合而实现连接的焊接方法，分为软钎焊和硬钎焊。

常用焊接方法如图 5-1 所示。

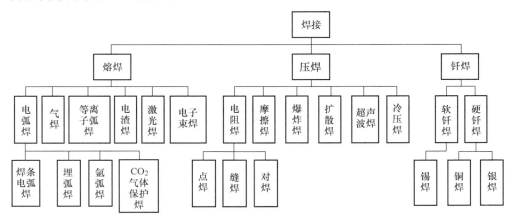

图 5-1　常用焊接方法

5.2　焊条电弧焊

利用电弧作为焊接热源的熔焊方法称为电弧焊，简称弧焊。手持焊钳操作焊条进行焊接的电弧焊方法称为焊条电弧焊。

1. 焊条电弧焊的焊接过程

焊接前，将焊钳和焊件分别接到弧焊机输出端的两极，并用焊钳夹持焊条。焊接时，首先采用接触短路引弧法在焊条和焊件之间引出电弧，然后将焊条略微提起保持与工件 2~4mm 的距离，在电弧高温作用下，焊条和焊件局部同时熔化，形成金属熔池。电弧热同时使焊条的药皮熔化和分解。药皮熔化后与液态金属发生物理和化学反应，形成熔渣并不断地从熔池中浮起；药皮受热分解产生的 CO_2、CO、H_2 等保护气体围绕在电弧周围，同熔渣一起阻止空气中氧和氮的侵入，对熔化金属起保护作用。随着电弧沿焊接方向前移，原先形成的熔池逐步冷却凝固形成焊缝。覆盖在焊缝表面的熔渣也逐渐凝固成为固态渣壳。熔渣和渣壳对焊缝成形的好坏和减缓金属的冷却速度有重要的影响。焊条电弧焊焊接系统与过程如图 5-2 所示。

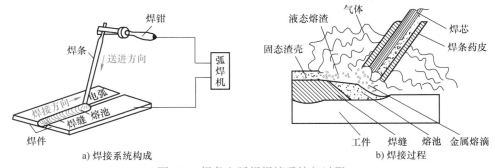

a) 焊接系统构成　　　　　　　　　　　b) 焊接过程

图 5-2　焊条电弧焊焊接系统与过程

2. 焊接接头

焊接接头是指两块被焊母材相连接的地方，由焊缝、焊接热影响区及其邻近的母材组成。焊接过程中，焊缝的形成是一次冶金过程，焊缝附近区域的金属相当于受到一次不同规范的热处理，因此会引起相应组织和性能的变化。

低碳钢焊接接头的组成如图 5-3 所示。图 5-3a 中的曲线表示焊接接头各部分达到的最高加热温度，图 5-3b 所示为简化 Fe-Fe$_3$C 相图的一部分。

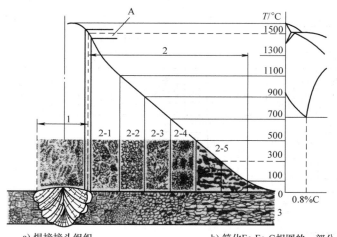

a) 焊接接头组织　　　　　　　　　　　b) 简化Fe-Fe$_3$C相图的一部分

图 5-3　低碳钢焊接接头的组成

1—焊缝宽度　2—热影响区　A—熔合区　2-1—过热区
2-2—正火区　2-3—部分相变区　2-4—再结晶区　2-5—时效区　3—母材组织

焊缝各部分的名称如图 5-4 所示。焊缝表面上的鱼鳞状波纹称为焊波。焊缝表面与母材的交界处称为焊趾。超出母材表面焊趾连线上的那部分焊缝金属的高度，称为余高。单道焊缝横截面中，两焊趾之间的距离称为焊缝宽度，也叫熔宽。在焊接接头横截面上，母材熔化的深度称为熔深。

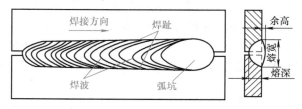

图 5-4　焊缝各部分的名称

焊接热影响区是指焊缝两侧金属因焊接热作用（但未熔化）而发生金相组织和力学性能变化的区域。由于焊缝附近各点受热情况不同，热影响区可分为熔合区、过热区、正火区和部分相变区等。

3. 焊缝质量的影响因素

焊缝质量由多种因素决定，如工件基体金属和焊条的质量、焊前的清理程度、焊接时电弧的稳定情况、焊接参数、焊接操作技术、焊后冷却速度以及焊后热处理等。

4. 焊条电弧焊的特点

所用设备简单，操作方便、灵活，其焊接接头与工件母材的强度相近，适用于厚度为 2mm 以上各种金属材料和各种形状结构的焊接，可以在室内、室外、高空和各种方位进行。因此，焊条电弧焊是工业生产中应用较为广泛的一种焊接方法。

5.2.1 焊接设备

焊条电弧焊的基本设备是电弧焊机，简称弧焊机。按焊接电流性质的不同，弧焊机可分为交流弧焊机和直流弧焊机两类。

1. 交流弧焊机

交流弧焊机实际上是一种具有一定特性的降压变压器。它可将工业用的 220V 或 380V 电压降到焊机在未起弧时的空载电压，为 60~80V，满足引弧的需要，起弧后自动降到正常工作电压 20~40V。当短路时，其又能使短路电流不致过大而烧毁电路或变压器本身。焊接电流可根据焊件的厚薄和焊条直径的大小来调节。

交流弧焊机结构简单、价格便宜、噪声小、使用可靠、维护方便，但其电流波形为正弦波，电弧稳定性较差，有些种类的焊条使用受到限制。在我国，交流弧焊机使用非常广泛。图 5-5 所示为目前常用的一种交流弧焊机外形。

2. 直流弧焊机

直流弧焊机常用的有直流弧焊发电机、整流弧焊机和逆变弧焊机 3 种。

（1）直流弧焊发电机 它由一台原动机（交流电动机或柴油机）和一台特殊的直流发电机组成。直流弧焊发电机稳弧性好，经久耐用，受电网电压波动的影响小，但空载损耗大，效率低，使用噪声大，结构复杂笨重，维修困难，已属于淘汰产品。但由于某些行业（如长输管道）野外作业的需要，其在施工中仍有使用。图 5-6 所示为直流弧焊发电机的外形。

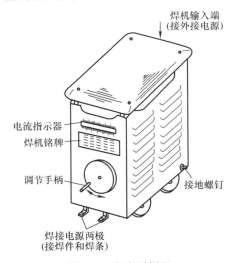

图 5-5 交流弧焊机

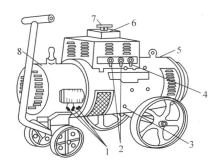

图 5-6 直流弧焊发电机

1—外接电源 2—焊接电源两极 3—接地螺钉
4—正极抽头（粗调电流） 5—直流发电机
6—电流指示盘 7—调节手柄（细调） 8—交流电动机

（2）整流弧焊机 它是将电网的交流电降压整流后获得直流电的，由三相降压变压器、半导体整流元件（如晶闸管）以及获得所需外特性的调节装置等组成。整流弧焊机具有结构简单、制造方便、空载损耗小、噪声小等优点，且大多数可以远距离调节，能自动补偿电网电压波动对输出电压、电流的影响；但其价格比交流弧焊机高。图 5-7 所示为一种常见整流弧焊机的外形。

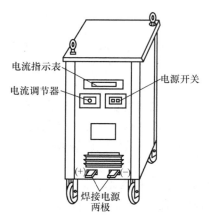

图 5-7　整流弧焊机

（3）逆变弧焊机　它将单相或三相工频交流电整流后，转变为几千至几万赫兹的中频交流电，再经降压和整流后输出所需的焊接电压和电流。输出电流可以是直流或交流。逆变弧焊机的基本工作原理框图如图 5-8 所示。逆变弧焊机具有质量轻、体积小、功率因数高、高效节能、控制性能好、动态响应快、易于实现焊接过程的实时控制、焊接性能好等独特的优点，是一种理想的弧焊电源换代产品。

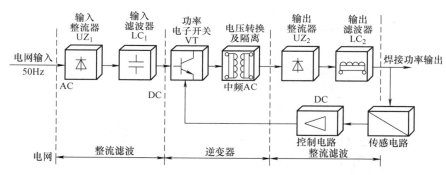

图 5-8　逆变弧焊机的基本工作原理框图

3. 弧焊机的基本技术参数

弧焊机的基本技术参数一般标注在弧焊机的铭牌上，基本技术参数如下：

（1）初级电压　指弧焊机所要求的电源电压。一般交流弧焊机的初级电压为 220V 或 380V（单相），直流弧焊机的初级电压为 380V（三相）。

（2）空载电压　指弧焊机在未焊接时（即空载）的输出端电压。一般交流弧焊机的空载电压为 60~80V，直流弧焊机的空载电压为 50~90V。

（3）工作电压　指弧焊机在焊接时的输出端电压。一般弧焊机的工作电压为 20~40V。

（4）输入功率　指网路输入弧焊机的电流与电压的乘积，它表示弧焊变压器传递电功率的能力，其单位为 kW。

（5）电流调节范围　指弧焊机在正常工作时可提供的焊接电流范围。

（6）负载持续率　指在规定的工作周期内弧焊机有焊接电流的时间所占的平均百分率。国家标准规定焊条电弧焊机的工作周期为 5min，额定的负载持续率一般为 60%，轻型弧焊电源可取 35%。

5.2.2　焊钳及其他辅助工具

1. 焊钳

焊钳是用来夹持焊条并传导焊接电流进行焊接的工具。要求其导电性能好、质量轻、外壳绝缘、装夹焊条方便、夹持焊条牢固和安全耐用等，其结构如图 5-9 所示。

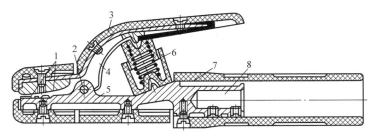

图 5-9　焊钳的结构

1—钳口　2—固定销　3—弯臂罩壳　4—弯臂　5—直柄　6—弹簧　7—胶木手柄　8—焊接电缆固定处

2. 其他辅助工具

其他辅助工具有焊接电缆、面罩、防护服、焊条保温筒、干燥筒、清渣锤、钢丝刷等。其中，面罩护目玻璃能吸收弧光中的大部分红外线与紫外线，以保护焊工眼睛免遭弧光伤害。护目玻璃的色号及深浅应按焊接电流的大小来选择（见表 5-1），过深与过浅都不利于工作和保护。

表 5-1　护目玻璃规格

色号	适用电流 /A	尺寸
7、8	≤ 100	2mm × 50mm × 107mm
9、10	100~300	2mm × 50mm × 107mm
11、12	≥ 300	2mm × 50mm × 107mm

5.2.3　焊条

焊条是焊条电弧焊所用的焊接材料，由焊芯和药皮两部分组成，如图 5-10 所示。

图 5-10　焊条

1. 焊芯

焊芯是指焊条内的金属丝。用于焊芯的专用金属丝分为碳素结构钢、低合金结构钢和不锈钢三类。常用碳素结构钢焊芯牌号有 H08、H08A 和 H08E 等。焊芯的直径称为焊条直径，焊芯的长度即为焊条长度。

焊芯的作用有两个：一是作为电极传导电流，产生电弧；二是熔化后作为填充金属，与熔化的母材共同组成焊缝金属。

2. 药皮

药皮是指压涂在焊芯表面上的涂料层，由矿石粉、铁合金粉和黏结剂等原料按一定比例配制而成。结构钢焊条药皮配方示例见表 5-2。

表 5-2 结构钢焊条药皮配方示例（质量分数，%）

焊条牌号	人造金红石	钛白粉	大理石	萤石	长石	菱苦土	白泥	钛铁	45 硅铁	硅锰合金	纯碱	云母
J422	30	8	12.4		8.6	7	14	13				7
J507	5		45	25				13	2	7	1	2

表中，"焊条牌号"是焊条生产行业统一用的代号，由一个大写字母和 3 位数字组成。其中，"J"表示焊条；前两位数字表示焊缝金属的最小抗拉强度等级，单位为 MPa；末尾数字表示焊条的药皮类型和焊接电源种类，"2"表示焊条的药皮类型为氧化钛钙型，焊接电源种类为直流或交流；"7"表示焊条的药皮类型为低氢钠型，焊接电源种类为直流。

药皮的主要作用：

1）改善焊接工艺性。药皮中含有稳弧剂，使电弧易于引燃和保持燃烧稳定。

2）对焊接区起保护作用。药皮中含有造渣剂、造气剂等，产生的气体和熔渣对焊缝金属起双重保护作用。

3）冶金处理作用。药皮中含有脱氧剂、合金剂、稀渣剂等，可使熔化金属去除有害杂质（如氧、氢、硫、磷等），并补充被烧损的有益合金元素，以改善焊缝质量。

3. 焊条的分类和型号

（1）焊条的分类　按焊条药皮的主要成分可分为酸性药皮（A）、碱性药皮（B）、金红石药皮（R）、纤维素药皮（C）、金红石酸性药皮（RA）、金红石碱性药皮（RB）和金红石纤维素药皮（RC）等。

按熔渣的酸碱性可分为酸性焊条和碱性焊条。

按焊条用途可分为结构钢焊条、钼和铬钼耐热钢焊条、低温钢焊条、不锈钢焊条、堆焊焊条、铸铁焊条、镍及镍合金焊条、铜及铜合金焊条、铝及铝合金焊条及特殊用途焊条等。

（2）焊条的型号　焊条型号按熔敷金属力学性能、药皮类型、焊接位置、电流类型、熔敷金属化学成分（和焊后状态）等进行划分，方便焊条的制造和使用。针对各种用途的焊条，都有相应的国家标准对焊条型号等给出了具体规定。如《非合金钢及细晶粒钢焊条》（GB/T 5117—2012）中规定了该类焊条型号由五部分组成：

1）第一部分用字母"E"表示焊条（Electrode）。

2）第二部分为字母"E"后面紧邻的两位数字，表示熔敷金属的最小抗拉强度代号。

3）第三部分为字母"E"后面的第三和第四两位数字，表示药皮类型、焊接位置和电流类型。

4）第四部分为熔敷金属的化学成分分类代号，可为"无标记"或短横线"-"后的字母、数字或字母和数字的组合。

5）第五部分为熔敷金属的化学成分代号之后的焊后状态代号，其中"无标记"表示焊态，"P"表示热处理状态，"AP"表示焊态和焊后热处理两种状态均可。

除以上强制分类代号外，根据供需双方协商，可在型号后依次附加可选代号。

型号示例：

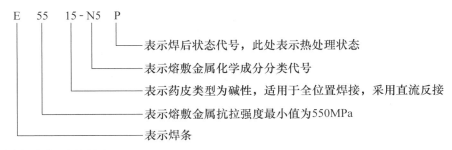

E　55　15 - N5　P

- P ——— 表示焊后状态代号，此处表示热处理状态
- 表示熔敷金属化学成分分类代号
- 表示药皮类型为碱性，适用于全位置焊接，采用直流反接
- 表示熔敷金属抗拉强度最小值为550MPa
- 表示焊条

4. 酸性焊条与碱性焊条

酸性焊条与碱性焊条在焊接工艺性和焊接性能方面有许多不同，使用时要注意区分。

（1）焊缝金属力学性能的区别　碱性焊条焊缝金属的力学性能好，酸性焊条焊缝金属的塑性、韧性较低，抗裂性较差，这是因为碱性焊条的药皮含有较多的合金元素，且有害元素（硫、磷、氢、氮、氧等）比酸性焊条含量少，尤其是冲击韧度较好、抗裂性好，适用于焊接承受交变冲击载荷的重要结构钢件和几何形状复杂、刚度大、易裂钢件；酸性焊条的药皮熔渣氧化性强，合金元素易烧损，焊缝中氢、硫等含量较高，故只适于普通结构钢件焊接。

（2）焊接工艺性的区别　酸性焊条稳弧性好，飞溅小，易脱渣，对油污、水锈的敏感性小，可采用交、直流电流，焊接工艺性好；碱性焊条稳弧性差，飞溅大，对油污、水锈敏感，焊接电源多要求直流，焊接烟雾有毒，要求现场通风和防护，焊接工艺性较差。

（3）经济性方面的区别　碱性焊条的价格高于酸性焊条。

5. 焊条的选用

焊条的选用是否恰当将直接影响焊接质量、劳动生产率和产品成本。通常遵循以下原则：

1）等强度原则，使焊缝金属与母材具有相同的使用性能。焊接低、中碳钢或低合金钢的结构件，按照"等强度"原则，选择强度级别相同的结构钢焊条。若无"等强度"要求，选择强度级别较低、焊接工艺性好的焊条。

2）焊接承受冲击、动载等的重要构件，或母材焊接性能差、环境温度低、厚度或结构刚度大等易产生焊接裂纹的焊件时，应选用碱性焊条。

3）焊接特殊性能钢（不锈钢、耐热钢等）和非铁金属，按照"同成分""等强度"原则，选择与母材化学成分、强度级别相同或相近的焊条。焊补灰铸铁时，应选择相应的铸铁焊条。

5.2.4　焊条电弧焊焊接工艺

焊条电弧焊焊接工艺内容包括焊接接头形式、坡口形式、焊接位置以及焊接参数的选择等。

1. 焊接接头形式与坡口形式

（1）焊接接头形式　常用的焊接接头形式有对接接头、搭接接头、角接接头和 T 形接头，如图 5-11 所示。焊接接头形式主要根据焊接结构、焊件厚度、焊缝强度要求和施工条件等情况进行选择。

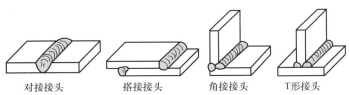

对接接头　　搭接接头　　角接接头　　T形接头

图 5-11　焊接接头形式

（2）坡口形式　焊条电弧焊的熔深一般为 2~5mm。工件较薄时，可以采用单面焊或双面焊把工件焊透。工件较厚时，为了保证焊透，需要在接头处的边缘开坡口。常用的坡口形式有 I 形坡口（不开坡口）、V 形坡口、X 形坡口、U 形坡口等。图 5-12 所示为对接接头的坡口形式。加工坡口时，为了便于施焊和防止焊穿，通常在坡口下部留有约 2mm 的直边，称为钝边。

施焊时，对 I 形坡口、V 形坡口、U 形坡口可采取单面焊或双面焊，如图 5-13 所示。当然，条件允许时，应尽量采用双面焊，因为双面焊容易保证焊透。

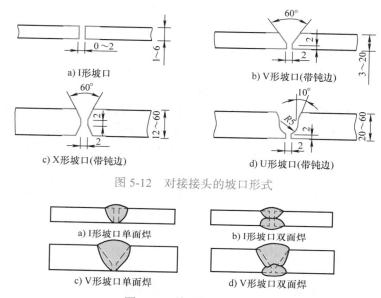

a) I 形坡口　　　　b) V 形坡口（带钝边）

c) X 形坡口（带钝边）　　　　d) U 形坡口（带钝边）

图 5-12　对接接头的坡口形式

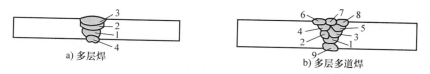

a) I 形坡口单面焊　　　　b) I 形坡口双面焊

c) V 形坡口单面焊　　　　d) V 形坡口双面焊

图 5-13　单面焊和双面焊

工件较厚时，要采用多层焊才能焊满坡口。坡口较宽时，同一层还可采用多道焊，如图 5-14 所示。多层焊时，每焊完一道后必须仔细检查清理才能施焊下一道，防止产生夹渣、未焊透等缺陷。焊接层数应以每层厚度小于 4~5mm 的原则确定。当每层厚度为焊条直径的 0.8~1.2 倍时，生产率较高。

a) 多层焊　　　　　　　　b) 多层多道焊

图 5-14　对接 V 形坡口的多层焊

2. 焊接位置

熔焊时，焊件接缝所处的空间位置称为焊接位置，有平焊、立焊、横焊和仰焊等。对接接头的各种焊接位置如图 5-15 所示。平焊操作生产率高，劳动条件好，焊接质量容易保证。因此，焊件应尽量放在平焊的位置施焊。

3. 焊接参数

焊接参数包括焊条直径、焊接电流、电弧电压、焊接速度和焊接层数等。焊接参数选择是否合适，对焊接质量和生产率都有很大影响。

（1）焊条直径与焊接电流的选择　一般先根据焊件厚度选择焊条直径（表 5-3）。多层焊的第一层焊缝和非水平位置施焊的焊条，应选用直径较小的焊条，再根据焊条直径选择焊接电流。焊条直径对应的焊接电流范围可参考表 5-4。

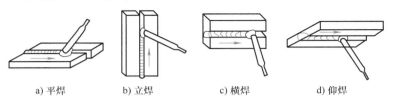

a) 平焊　　　　b) 立焊　　　　c) 横焊　　　　d) 仰焊

图 5-15　焊接位置

表 5-3　焊条直径的选择 （单位：mm）

焊件厚度	2	3	4~7	8~12	>12
焊条直径	1.6~2.0	2.5~3.2	3.2~4.0	4.0~5.0	4.0~6.0

表 5-4　焊接电流的选择

焊条直径 /mm	1.6	2.0	2.5	3.2	4.0	5.0	5.8
焊接电流 /A	25~40	40~70	70~90	100~130	160~200	200~270	260~300

（2）电弧电压（电弧长度）的选择　焊条电弧焊的电弧电压由电弧长度决定。电弧长，电弧电压高；电弧短，电弧电压低。电弧过长时，燃烧不稳定，熔深较小，空气易侵入熔池而产生焊接缺陷。电弧长度（弧长）超过焊条直径 d 时为长弧；反之为短弧。操作时尽量采用短弧，即弧长 $L=（0.5~1）d$，为 2~4mm。用碱性焊条或立焊、仰焊时，电弧长度应短些。

（3）焊接速度的选择　焊接速度是指单位时间内完成的焊缝长度。焊接速度由焊工凭经验来掌握，在保证焊透而不烧穿的前提下，尽量快速施焊。一般焊件越薄焊速越高。

图 5-16 表示焊接电流和焊接速度对焊缝形状的影响。其中，图 5-16a 所示焊缝，焊接速度相同，焊接电流小时，电弧吹力小，熔池金属不易流开，焊波变圆，焊缝到母材过渡突然，余高较大，熔宽和熔深均较小。焊接电流大时，焊条熔化过快，尾部发红，飞溅增多，焊波变尖，熔宽和熔深都较大，焊缝下塌，两侧易产生咬边，严重时可能产生烧穿缺陷。

图 5-16b 所示焊缝，焊接电流同为 160A，焊接速度过慢时，焊波变圆，熔宽、熔深和余高均较大，焊接薄焊件时，容易烧穿；焊接速度过快时，焊波变尖，熔深浅，焊缝窄而低。

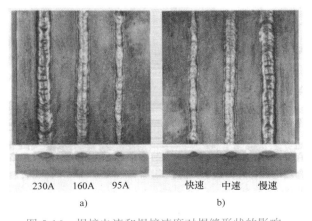

230A　160A　95A　　　　快速　中速　慢速

a)　　　　　　　　b)

图 5-16　焊接电流和焊接速度对焊缝形状的影响

5.2.5　焊条电弧焊操作

焊条电弧焊的操作过程包括焊前准备、引弧、运条、焊缝连接、焊缝收尾、焊后清理与检查等。

1. 焊前准备

焊接前先将焊件接头处的油污、铁锈、油漆等清除干净，以便于引弧、稳弧和保证焊缝质量；根据需要开坡口；根据焊件结构和焊接工艺要求调整焊接电流，准备引弧。

2. 操作姿势

对接平焊自左向右施焊时，操作者应位于焊缝前进方向的右侧，左手持面罩，右手握持焊钳，左肘放在左膝盖，右大臂离开肋部，不要有依托而应伸展自由。立焊时，根据焊缝位置采取或立或蹲的姿势，保证右臂伸展活动自由。

3. 引弧

使焊条和焊件之间产生稳定电弧的过程称为引弧。引弧时，先将焊条引弧端接触焊件，形成短路，然后迅速将焊条向上提起 2~4mm，电弧即可引燃。常用的引弧方法有敲击法和划擦法两种，如图 5-17 所示。为保证顺利引弧，焊接电源的空载电压（引弧电压）应为电弧电压的1.8~2.25 倍，电弧稳定燃烧时所需的电弧电压（工作电压）为 20~40V。

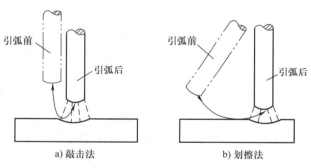

图 5-17　引弧方法

引弧操作应注意以下几点：

1）焊条敲击或划擦后要迅速提起，否则易粘住焊件，产生短路。若发生粘条，可将焊条左右摇动后拉开。若拉不开，则要松开焊钳，切断电路，待焊条冷却后再做处理。

2）焊条不能提得过高，否则会燃而复灭。

3）如果焊条与焊件多次接触仍不能引弧，应将焊条在焊件上重击几下，清除端部绝缘物质（氧化铁、药皮等），以利于引弧。

4. 焊接电弧

焊接电弧是在加以一定电压的电极和工件之间的气体介质中产生强烈而持久的放电现象。电弧中阳极区和阴极区的温度因电极材料不同而有所不同。当用钢焊条焊接钢件时，阳极区温度约为 2600K，阴极区温度约为 2400K，弧柱区（电弧中心区）温度可达 6000~8000K，如图 5-18所示。

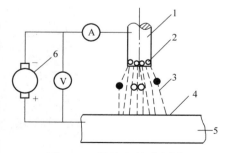

图 5-18　焊接电弧示意图
1—焊条　2—阴极区　3—弧柱区
4—阳极区　5—工件　6—焊机

由于电弧在阴极和阳极区产生的热量不同，因而用直流弧焊机焊接时就有正接和反接两种接线方式。正接是将工件接到电源的正极，焊条接到电源的负极；反之为反接。正接时工件的温度相对高些，可加速工件的熔化，因而多用于焊接较厚的焊件；反接法则常用于薄件焊接以及非铁合金、不锈钢、铸铁等的焊接。如果焊接使用交流电焊机，由于电极正负变化每秒达100 次之多，所以两极加热温度一样，都在 2500K 左右，不存在正接和反接的问题。

5. 运条

运条是焊接过程中，焊条相对焊缝所做的各种动作的总称。电弧引燃后运条时，焊条末端有 3 个基本动作要互相配合，即焊条沿轴线向熔池送进、沿焊接方向移动、做横向摆动焊条运条如图 5-19 所示。焊条向熔池方向进行逐渐送进，主要是维持所要求的电弧长度。为此，焊条送进的速度应与焊条熔化的速度相同。焊条以一定的焊接速度沿着焊接方向逐渐移动，同时进行横向摆动，主要是为了得到一定宽度的焊缝。在焊接生产实践中，根据不同的焊缝位置、接头形式、焊条直径、焊接电流、焊件厚度等因素，创造出许多运条方法。常用的运条方法有直线形运条法、直线往复运条法、锯齿形运条法、月牙形运条法、斜三角形运条法、正三角形运条法、圆圈形运条法等，如图 5-20 所示。初学者关键是要掌握好"三度"，即焊接角度、电弧长度和焊接速度，如图 5-21 所示。

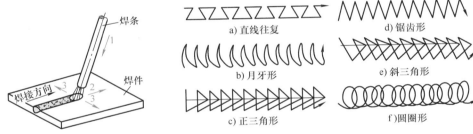

图 5-19　运条末端的 3 个基本动作

1—向下送进　2—沿焊接方向移动　3—横向摆动

图 5-20　常用运条方法

a) 直线往复　　d) 锯齿形

b) 月牙形　　e) 斜三角形

c) 正三角形　　f) 圆圈形

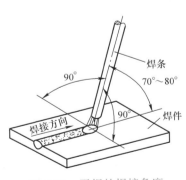

图 5-21　平焊的焊接角度

6. 焊缝连接

受焊条长度的限制，不可能一根焊条完成一条焊缝，因而出现了焊缝前后两段的连接问题。焊缝连接接头的好坏不仅影响焊缝的外观，而且对整个焊缝的质量影响也较大。一般焊缝的连接方式有以下几种：后焊焊缝的起头与先焊焊缝的结尾相接，如图 5-22a 所示；后焊焊缝的起头与先焊焊缝的起头相接，如图 5-22b 所示；后焊焊缝的结尾与先焊焊缝的结尾相接，如图 5-22c 所示；后焊焊缝的结尾与先焊焊缝的起头相接，如图 5-22d 所示。但不管采用哪种方式，都应使后焊焊缝和先焊焊缝均匀连接，避免连接处产生过高、脱节和宽窄不一的缺陷。

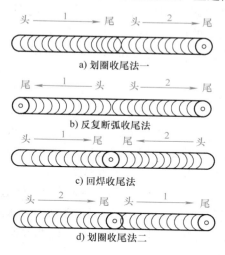

图 5-22　焊缝的连接

7. 焊缝收尾

在一条焊缝焊完时，应把收尾处的弧坑填满，以避免焊缝收尾处强度减弱或应力集中而产生裂缝。一般收尾动作有以下几种：

（1）划圈收尾法　焊条移至焊缝终点时，做圆圈运动，直到填满弧坑后再拉断电弧，如图 5-23a 所示，此方法适用于厚板收尾。

（2）反复断弧收尾法　焊条移至焊缝终点时，在弧坑处反复熄弧、引弧数次，直到填满弧坑，如图 5-23b 所示。此方法多用于薄板和大电流焊接，但碱性焊条不宜使用此方法，因为该类焊条容易产生气孔。

（3）回焊收尾法　焊条移至焊缝收尾处即停住，但未熄弧，此时适当改变焊条角度，由位置 1 转到位置 2，待填满弧坑后再转到位置 3，然后慢慢拉断电弧，如图 5-23c 所示。此方法适用于碱性焊条。

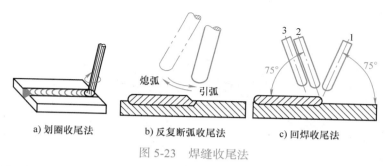

图 5-23　焊缝收尾法

8. 对接平焊示例

厚度为 4~6mm 的低碳钢板对接平焊的操作过程如图 5-24 所示。

（1）坡口准备　钢板厚 4~6mm，可采用 I 形坡口。

（2）焊前清理　将焊件坡口表面、坡口两侧 20~30mm 范围内的油污、铁锈、水分清除干净。

（3）组对　将两块钢板水平放置、对齐，留 1~2mm 间隙。注意防止错边产生，错边的允许值应小于板厚的 10%。

（4）定位焊　在钢板两端先焊上长 10~15mm 的焊缝（称为定位焊缝），以固定两块钢板的相对位置。这种固定待焊焊件相对位置的焊接，称为定位焊。若钢板较长，则可每隔 200~300mm 焊一小段定位焊缝。

（5）焊接　选择合适的焊接参数进行焊接，为使焊接可靠，应尽量采用双面焊。

（6）焊后清理　用钢丝刷等工具把焊渣和飞溅物等清理干净。

（7）外观检验　检查焊缝外形和尺寸是否符合要求，并检查有无其他焊接缺陷。

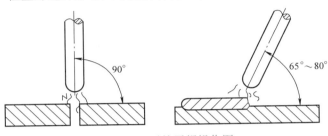

图 5-24　对接平焊操作图

5.3　气焊与切割

5.3.1　气焊

气焊是利用气体火焰做热源的焊接方法，如图 5-25 所示。气体火焰是由可燃气体和助燃气体混合燃烧而形成的。当火焰产生的热量能熔化母材和填充金属时，就可以用于焊接。

气焊最常使用的气体是乙炔和氧气。乙炔和氧气混合燃烧形成的火焰称为氧乙炔焰，其温度可达 3150℃左右。

与焊条电弧焊相比，火焰加热容易控制熔池温度，易于实现均匀焊透和单面焊双面成形；气焊设备简单，移动方便，施工场地不限。但气体火焰温度比电弧低，热量分散，加热较为缓慢，生产率低，焊件变形严重，其保护效果较差，焊接接头质量不高。

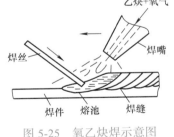

图 5-25　氧乙炔焊示意图

气焊应用范围越来越小，目前主要应用于建筑、安装、维修及野外施工等条件下的非铁金属焊接，如焊接厚度 3mm 以下的低碳钢薄板、薄壁管以及铸铁件的焊补等，在没有电源的野外作业常使用气焊。

1. 气焊设备与工具

气焊所用设备有氧气瓶、乙炔瓶、减压器、回火保险器、焊炬和橡胶管等，如图 5-26 所示。

减压器的作用是将储存在气瓶内的高压气体，减压到所需的稳定工作压力。按使用气体的种类，减压器可分为氧气减压器和乙炔减压器等。

回火保险器是装在可燃气体源和焊炬之间防止乙炔气向乙炔瓶回烧的一种安全装置。

焊炬是气焊时用于控制火焰进行焊接的工具，其作用是将乙炔和氧气按一定比例均匀混合，由焊嘴喷出后，点火燃烧，产生气体火焰。按可燃气体与氧气在焊炬中的混合方式不同，可分为射吸式和等压式两种，以射吸式焊炬应用最广，其外形如图 5-27 所示。

橡胶管按其所输送气体的不同可分为氧气橡胶管和乙炔橡胶管。氧气橡胶管由内外胶层和中间纤维层组成，其外径为 18mm，内径为 8mm，工作压力为 1.5MPa。乙炔橡胶管的结构与氧气橡胶管相同，但其管壁较薄，其外径为 16mm，内径为 10mm，工作压力为 0.3MPa。《焊接与切割安全》（GB 9448—1999）规定，氧气橡胶管为蓝色，乙炔橡胶管为红色。

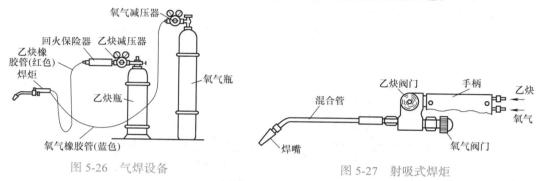

图 5-26　气焊设备　　　　　　　　　　　图 5-27　射吸式焊炬

其他辅助工具包括点火枪、护目镜、钢丝刷、錾子、锤子、扳手、钢丝钳以及清理焊嘴用的通针等。

2. 焊丝和气焊熔剂

气焊所用的焊丝作为填充金属，与熔化的母材一起形成焊缝。焊接低碳钢常用的焊丝牌号有 H08、H08A 等。焊丝直径一般为 2~4mm，气焊时根据焊件厚度来选择。为了保证焊接接头质量，焊丝直径和焊件厚度不宜相差太大。

气焊熔剂又称为焊粉或焊剂，是气焊时的助熔剂，其作用是保护熔池金属，去除焊接过程中形成的氧化物，增加液态金属的流动性。

焊剂主要供气焊铸铁、不锈钢、耐热钢、铜、铝等金属材料时使用，气焊低碳钢时不必使用焊剂。我国气焊焊剂的牌号有 CJ101、CJ201、CJ301 和 CJ401 四种。其中，CJ101 为不锈钢和耐热钢焊剂，CJ201 为铸铁焊剂，CJ301 为铜及铜合金焊剂，CJ401 为铝及铝合金焊剂。

使用时，可把焊剂撒在接头表面或用焊丝蘸在端部送入熔池。

3. 气焊火焰

氧气与乙炔混合燃烧所形成的火焰称为氧乙炔焰，由于它的火焰温度高（约 3150℃），加热集中，是气焊主要采用的火焰。根据氧气和乙炔在焊炬混合室内混合比的不同，可获得 3 种不同性质的火焰，如图 5-28 所示。

1）中性焰。当氧气与乙炔的混合比为 1.1~1.2 时燃烧所形成的火焰称为中性焰，如图 5-28a 所示。此时乙炔可充分燃烧，无过剩的氧气或乙炔。中性焰的结构分为焰心、内焰和外焰三部分。焰心呈尖锥状，色白明亮，轮廓清晰；内焰颜色发暗，轮廓不清晰，与外焰无明显界限；外焰由里向外、由淡紫色逐渐变成橙黄色。中性焰在距离焰心尖端 2~4mm 处温度最高，为 3050~3150℃。中性焰的温度分布如图 5-29 所示。

2）碳化焰。当氧气与乙炔的混合比小于 1.1 时燃烧所形成的火焰称为碳化焰，如图 5-28b 所示。火焰中含有游离碳，具有较强的还原作用和一定的渗碳作用。碳化焰的火焰分为焰心、内焰和外焰三部分。焰心呈白色，内焰呈淡白色，外焰呈橙黄色。碳化焰比中性焰长而柔软，乙炔供给量越多，火焰越长越柔软，挺直度越差。当乙炔过剩量很大时，由于缺乏使乙炔充分燃烧所必需的氧气，所以火焰开始冒黑烟。碳化焰的最高温度为 2700~3000℃。

3）氧化焰。氧气与乙炔的混合比大于 1.2 时燃烧所形成的火焰称为氧化焰，如图 5-28c 所示。氧化焰的整个火焰长度较短，火焰挺直，燃烧时发出急剧的"嘶嘶"噪声，供氧的比例越大，则火焰越短。其内焰和外焰层次不清，可看成由焰心和外焰两部分组成。氧化焰中有过量的氧，对熔池金属有强烈的氧化作用，气焊时一般不宜采用。只有在气焊黄铜时才采用轻微氧化焰，以利用其氧化性，在熔池表面形成一层氧化物薄膜，减少低沸点锌的蒸发。氧化焰的最高温度可达 3100~3300℃。

上述 3 种火焰的适用范围见表 5-5。

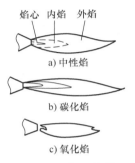

图 5-28 氧乙炔焰

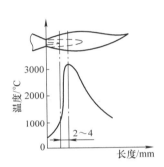

图 5-29 中性焰的温度分布

表 5-5 不同金属材料气焊时应选用的气焊火焰

焊件材料	应用火焰	焊件材料	应用火焰
低碳钢	中性焰或轻微碳化焰	铬镍不锈钢	中性焰或轻微碳化焰
中碳钢	中性焰或轻微碳化焰	纯铜	中性焰
低合金钢	中性焰	锡青铜	轻微氧化焰
高碳钢	轻微碳化焰	黄铜	氧化焰
灰铸铁	碳化焰或轻微碳化焰	铝及其合金	中性焰或轻微碳化焰
高速钢	碳化焰	铅、锡	碳化焰或轻微碳化焰
锰钢	轻微碳化焰	镍	碳化焰或轻微碳化焰
镀锌铁皮	轻微碳化焰	蒙乃尔合金	碳化焰
铬不锈钢	中性焰或轻微碳化焰	硬质合金	碳化焰

4. 气焊基本操作

（1）气焊焊接参数的选择 选择气焊焊接参数是确保焊接质量的重要环节，除了选择合适的焊丝直径、焊剂（根据需要）、火焰性质以外，还要选择合适的火焰能率、焊嘴倾角和焊接速度。

1）火焰能率的选择。火焰能率是以每小时可燃气体的消耗量（L/h）来表示的，它主要取决于氧乙炔混合气体的流量。材料性能不同，选用的火焰能率就不同。焊接厚件、高熔点、导热性好的金属材料应选较大火焰能率，才能确保焊透；反之应小。实际生产中在确保焊接质量的前提下，为了提高生产率，应尽量选用较大的火焰能率。

2）焊嘴倾角的选择。焊嘴倾角是指焊嘴中心线与焊件平面之间的夹角。焊嘴倾角与焊件的熔点、厚度、导热性以及焊接位置有关。倾角越大，热量散失越少，升温越快。气焊过程中，焊嘴倾角要经常改变，起焊时大，结束时小。焊接碳素钢时，焊嘴倾角与焊件厚度的关系如图 5-30 所示。

3）焊接速度的选择。焊接速度的快慢，将影响产品的质量与生产率。通常焊件厚度大、熔点高，则焊速应慢，以免焊件未熔合；反之则要快，以免烧穿和过热。

（2）气焊操作　气焊示意图如图 5-31 所示。

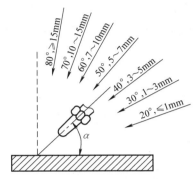

图 5-30　焊嘴倾角与焊件厚度的关系

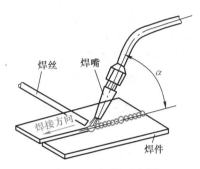

图 5-31　气焊示意图

1）点火、调节火焰与灭火。点火时先微开氧气阀门，后开启乙炔阀门，再点燃火焰。刚点火的火焰是碳化焰，然后逐渐开大氧气阀门，改变氧气和乙炔的比例，根据被焊材料性质的要求，调到所需的中性焰、氧化焰或碳化焰。焊接结束时应灭火，首先关乙炔阀门，再关氧气阀门；否则会引起回火。

2）堆平焊波。气焊时，一般用左手拿焊丝，右手拿焊炬，两手动作要协调，沿焊缝向左或向右焊接。焊嘴轴线的投影与焊缝重合，同时要注意掌握好焊嘴与焊件的夹角 α，焊件越厚，α 越大。焊接刚开始时，为了较快地加热焊件和迅速形成熔池，α 应大些。正常焊接时，α 一般保持在 30°~50°。焊接结束时，α 应适当减小，以便更好地填满熔池和避免焊穿。焊炬向前移动的速度应能保证焊件熔化并保持熔池具有一定的大小，焊件熔化形成熔池后，再将焊丝适量地点入熔池内熔化。熔池要尽量保持瓜子形、扁圆形或椭圆形。

5.3.2　切割

1. 氧气切割

氧气切割（简称气割）是利用某些金属在纯氧中燃烧的原理来实现金属切割的方法，如图 5-32 所示。

气割开始时，用气体火焰将割件待割处的金属预热到燃点，然后打开切割氧阀门，纯氧射流使高温金属燃烧，生成的金属氧化物被燃烧热熔化，并被氧射流吹掉。金属燃烧产生的热量和预热火焰同时又把邻近的金属加热到燃点，沿切割线以一定的速度移动割炬，即可形成切口。

金属气割过程的本质是金属在纯氧中的燃烧过程，而不是熔化过程。

气割所需的设备，除用割炬代替焊炬外，其他设备（氧气瓶、乙炔瓶、减压器、回火保险器和橡胶管等）与气焊相同。割炬的外形如图 5-33 所示。

常用割炬的型号有 G01-30 和 G01-100 等。型号中的"G"表示割炬，"0"表示手工，"1"

表示射吸式，"30"和"100"分别表示切割低碳钢最大厚度为 30mm 和 100mm。各种型号的割炬配有几个大小不同的割嘴，用于切割不同厚度的割件。

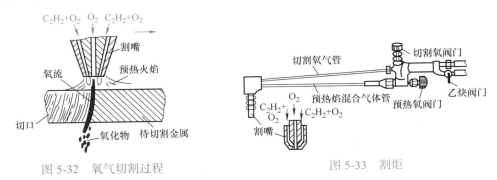

图 5-32　氧气切割过程　　　　　　　　图 5-33　割炬

（1）气割对材料的要求

1）金属的燃点必须低于其熔点。只有燃点低于熔点，才能保证金属切割过程是燃烧过程，而非熔化过程。低碳钢的燃点约为 1350℃，其熔点高于 1500℃，因此满足切割条件。碳钢随着碳含量的增加，燃点升高，熔点降低，碳的质量分数为 0.70% 时，其燃点和熔点相近，而当碳的质量分数大于 0.70% 时，燃点高于熔点，难以气割。高碳钢和铸铁的燃点比熔点高，故不具备气割条件。

2）金属氧化物的熔点应低于金属本身的熔点，且流动性要好。这样能使燃烧生成的氧化物能及时熔化并被吹走，新的金属表面能露出而继续燃烧。由于铝的熔点（660℃）低于三氧化二铝的熔点（2050℃），铬的熔点（1857℃）低于三氧化二铬的熔点（2435℃），所以铝及铝合金、高铬钢或铬镍钢均不具备气割条件。

3）金属燃烧时能释放出大量的热，而且金属本身的导热性要低。这就能保证下层金属有足够的预热温度，使切口深处的金属也能产生燃烧反应，保证切割连续进行。铜、铝及其合金导热很快，因而不能气割。

综上所述，符合气割要求的金属材料有低碳钢、中碳钢、低合金结构钢和纯铁等。而铸铁、不锈钢和铜、铝及其合金均不能进行氧气切割。

（2）气割参数的选择

1）切割氧的压力。切割氧的压力随着割件的厚度和割嘴孔径的增大而增大。

2）气割速度。割件越厚，气割速度越慢。气割速度是否得当，通常根据割缝的后拖量来判断。

3）预热火焰的能率。它与割件厚度有关，常与气割速度综合考虑。

4）割嘴与割件间的倾角。它对气割速度和后拖量有着直接的影响。倾角的大小，主要根据割件的厚度来定，割件越厚，割嘴倾角（参见气焊焊嘴倾角）应越大。当气割 5~30mm 厚的钢板时，割炬应垂直于工件；当厚度小于 5mm 时，割炬可向后倾斜 5°~10°；若厚度超过 30mm，气割开始时，割炬可向前倾斜 5°~10°，待割透时，割炬可垂直于工件，直到气割完毕。若割嘴倾角选择不当，气割速度不但不能提高，反而会使气割困难，并增加氧气消耗量。

5）割嘴离割件表面的距离。应根据预热火焰的长度及割件的厚度来决定割嘴离割件表面的距离。通常火焰焰心离开割件表面的距离应保持在 3~5mm，可使加热条件最好，切口渗碳的可能性也最小。一般来说，切割薄板离表面距离可大些。

（3）气割操作

1）气割前的准备。检查设备、场地是否符合安全生产要求，垫高割件，清除切口表面的氧化皮和污垢，按图划线放样，选择割炬及割嘴，进行试割。

2）起割。先预热起割点至燃烧温度，慢慢开启切割氧，当看到有金属液被氧吹动时，可加大切割氧至割件被割穿。可按割件厚度灵活掌握切割速度，沿割线切割。

3）切割。切割过程中调整好割嘴与割件间的倾角，保持焰心距割件表面的距离及切割速度，切割长缝时应在每割长 300~500mm 的切口后，及时移动操作位置。

4）终端的切割。割嘴应向气割方向后倾一定角度，使割件下部先割穿，并注意余料下落位置，然后将割件全部割断，使收尾割缝平整。先关闭切割氧，抬起割炬，再关闭乙炔，最后关闭预热氧。

5）收工。当切割工作完成时应关闭氧与乙炔瓶阀，松开减压阀调压螺钉，放出橡胶管内的余气，卸下减压阀，收起割炬及橡胶管，清扫场地。

2. 等离子弧切割

等离子弧切割是指利用等离子弧的热能实现金属材料熔化切割的方法。其切割原理与氧气切割不同，它利用高温、高速、高能量密度和大冲力的等离子弧，将被切割材料局部加热熔化并随即吹除，从而形成较整齐的切口，如图 5-34 所示。切割用等离子弧温度一般为 10000~14000℃，远超过所有金属和非金属的熔点。因此，等离子弧不但可以切割普通氧气切割不能切割的金属，如铸铁、不锈钢、铜、铝及其合金等，还可以切割花岗石、碳化硅、耐火砖、混凝土等非金属材料。其切口窄，切割面的质量较好，切割速度快，切割厚度可达 150~200mm。

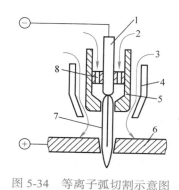

图 5-34　等离子弧切割示意图

1—电极　2—工作气体　3—辅助气体　4—保护罩
5—冷却型喷嘴　6—工件　7—等离子弧　8—对中环

常见的等离子切割机有数控等离子切割机、水下等离子切割机和手持式等离子切割机。等离子弧切割系统主要由电源、供气系统、控制系统和割炬等组成。

5.4　其他焊接方法及焊接机器人

5.4.1　气体保护焊

利用外加气体作为电弧介质并保护电弧和焊接区的电弧焊称为气体保护电弧焊，简称气体保护焊。常用的气体保护焊有：

1）钨极惰性气体保护焊，国际上简称为 TIG 焊（Tungsten Insert Gas Arc Welding）。使用的惰性气体有氩气、氦气或氩气与氦气的混合气体等。我国因氦气价格比氩气贵很多，故工业上一般采用氩气作为保护气体，称为钨极氩弧焊。

2）熔化极气体保护焊，包括熔化极惰性气体保护焊（国际上简称为 MIG 焊，Metel Insert Gas Arc Welding）和熔化极活性气体保护焊（国际上简称为 MAG 焊，Metel Active Gs Arc Welding）。MAG 焊通常是指在氩气中加入少量氧化性气体（O_2、CO_2 或其混合气体）作为保护气体的气体保护焊。

采用纯 CO_2 气体作为保护气体的气体保护焊称为二氧化碳气体保护焊，属于 MAG 焊。

1. 钨极氩弧焊

钨极氩弧焊是指以金属钨或钨合金作为电极材料，用氩气作为保护气体的气体保护焊，如图 5-35a 所示。焊接时，在钨极和焊件之间产生电弧，填充金属从一侧送入，在电弧热作用下，填充金属与焊件熔融形成金属熔池。从喷嘴喷出的氩气在电弧和熔池周围形成连续封闭的气流层，起保护作用。随着电弧前移，熔池金属冷却凝固形成焊缝。焊接钢材时，多用直流电源正接，以减少钨极的烧损；焊接铝、镁及其合金时采用反接，此时，铝工件作为阴极，有阴极破碎的作用，能消除氧化膜，焊缝成形美观。钨极氩弧焊一般适于焊接厚度小于 4mm 的薄板件，甚至能焊接厚度在 0.8mm 以下的薄板。

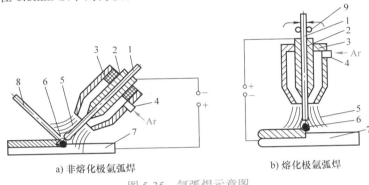

a) 非熔化极氩弧焊　　　　b) 熔化极氩弧焊

图 5-35　氩弧焊示意图

1—电极或焊丝　2—导电嘴　3—喷嘴　4—进气管
5—氩气流　6—电弧　7—工件　8—填充焊丝　9—送丝辊轮

2. 熔化极氩弧焊

熔化极氩弧焊是指用焊丝作为电极，用氩气作为保护气体的气体保护焊，如图 5-35b 所示。焊接电流比较大，母材熔深大，生产率高，适于焊接中厚板，比如厚度在 8mm 以上的铝容器。为了使焊接电弧稳定，通常采用直流反接。氩弧焊具有以下特点：

1）氩气是惰性气体，它既不与金属发生化学反应，又不溶解于金属引起气孔。

2）电弧燃烧稳定，飞溅小，表面无熔渣，焊缝成形美观，焊接质量好。

3）电弧在气流压缩下燃烧，热量集中，焊缝周围气流冷却，热影响区小，焊后变形小，适于薄板焊接。

4）明弧可见，操作方便，易于自动控制，可实现各种位置焊接。

5）氩气价格较贵，焊接成本高。

氩弧焊主要适于焊接易氧化的非铁金属（铝、镁、钛及其合金）、稀有金属、不锈钢、耐热钢等。

3. CO_2 气体保护焊

CO_2 气体保护焊简称 CO_2 焊，如图 5-36 所示。它利用廉价的 CO_2 作为保护气体，既可降低焊接成本，又能充分利用气体保护焊的优势。CO_2 气体经焊枪的喷嘴沿焊丝周围喷射，形成

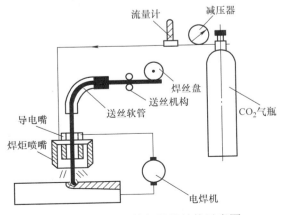

图 5-36　CO_2 气体保护焊结构示意图

保护层，使电弧、熔滴和熔池与空气隔绝。为了稳定电弧、减少飞溅，CO_2焊采用直流反接。常用的CO_2焊焊丝是H08Mn2SiA。CO_2焊的特点如下：

1）生产率高。CO_2焊电流大，焊丝熔敷速度快，焊件熔深大，生产率比焊条电弧焊可提高1~4倍。

2）成本低。CO_2气体价廉，总成本仅为焊条电弧焊的45%左右。

3）焊缝质量较好。CO_2焊电弧热量集中，加上CO_2气流强冷却，焊接热影响区小，焊后变形小。采用合金焊丝，焊缝中氢含量低，焊接接头抗裂性好，焊接质量较好。但因熔池凝固较快，焊缝中易产生气孔缺陷。

4）适应性强。焊缝操作位置不受限制，能全位置焊接，易于自动化。

5）由于CO_2气体是氧化性气体，在高温下能使金属氧化，烧损合金元素，所以不宜焊接易氧化的非铁金属和不锈钢。

6）焊缝成形稍差，若焊丝中碳含量高，飞溅较大。

7）焊接设备较复杂，使用和维修不方便。

CO_2焊主要适用于焊接抗拉强度小于600MPa的低碳钢和强度级别不高的普通低合金结构钢焊件，焊件厚度最厚可达50mm（对接形式）。

5.4.2 埋弧焊

自动埋弧焊（简称埋弧焊）是电弧在焊剂层下燃烧进行焊接的方法，电弧的引燃、焊丝的送进和电弧沿焊接方向的移动等均由设备自动完成。

1. 埋弧焊机

埋弧焊机由焊车、控制箱和焊接电源三部分组成，如图5-37所示。常用的一种埋弧焊机是MZ-1000型埋弧焊机，型号中的"M"表示埋弧焊机，"Z"表示自动焊机，"1000"表示额定焊接电流为1000A。埋弧焊电源有交流和直流两种。

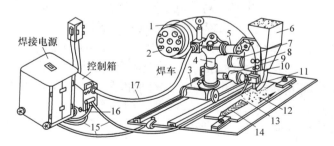

图5-37 埋弧焊机结构示意图

1—焊丝盘 2—操纵盘 3—小车 4—立柱 5—横梁 6—焊剂漏斗
7—送丝电动机 8—送丝轮 9—小车电动机 10—机头 11—导电嘴
12—焊剂 13—渣壳 14—焊缝 15—焊接电缆 16—控制线 17—控制电缆

2. 焊接材料

埋弧焊的焊接材料有焊丝和焊剂。焊丝和焊剂选配的原则是：根据母材金属的化学成分和力学性能选择焊丝，再根据焊丝选配相应的焊剂。例如，焊接普通结构低碳钢，选用H08A焊丝，配合HJ431焊剂；焊接较重要低合金结构钢，选用H08MnA或H10Mn2焊丝，配合HJ431焊剂；焊接不锈钢，选用与母材成分相同的焊丝配合低锰焊剂。

3. 埋弧焊焊接过程

埋弧焊焊缝形成过程如图 5-38 所示。在颗粒状焊剂层（厚度为 40~60mm）下燃烧的电弧使焊丝、焊件和焊剂熔化，部分汽化蒸发。金属和焊剂的蒸发气体形成一个封闭的空腔（熔渣泡），包裹着电弧和熔池金属，使之与外界空气隔绝，同时阻止熔滴向外飞溅，避免弧光四射，热量损失少，熔深加大。随着焊丝沿焊缝前行，熔池凝固成焊缝，相对密度小的熔渣结成覆盖焊缝的渣壳。没有熔化的大部分焊剂回收后可重新使用。

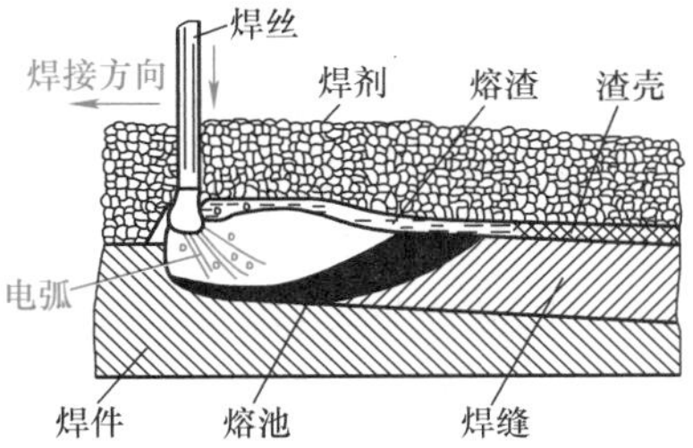

一般埋弧焊的电流强度比焊条电弧焊高 4 倍左右。当板厚在 24mm 以下对接焊时，无须开坡口。

图 5-38　埋弧焊焊缝形成过程

4. 埋弧焊的特点及应用

与焊条电弧焊相比，埋弧焊有以下特点：

1）生产率高、成本低。由于埋弧焊时电流大，电弧在焊剂层下稳定燃烧，无熔滴飞溅，热量集中，焊丝熔敷速度快，比焊条电弧焊效率提高 5~10 倍；焊件熔深大，较厚的焊件不开坡口也能焊透，可节省加工坡口的工时和费用，减少焊丝填充量，没有焊条头，焊剂可重用，节约焊接材料。

2）焊接质量好、稳定性高。埋弧焊时，熔滴、熔池金属得到熔渣泡的保护，有害气体浸入减少；焊接操作自动化程度高，焊接参数稳定，焊缝成形美观，内部组织均匀。

3）劳动条件好，没有弧光和飞溅；操作自动化使劳动强度降低。

4）埋弧焊适应性较差，只宜在水平位置焊接。

5）设备费用一次性投资较大。

埋弧焊适用于成批生产的中、厚板结构件的长直及较大直径环状焊缝的平焊。

5.4.3　压焊

压焊是在焊接过程中需要施加压力的一类焊接方法，主要包括电阻焊、摩擦焊、爆炸焊、扩散焊、超声波焊和冷压焊等，这里主要介绍电阻焊和摩擦焊。

1. 电阻焊

电阻焊是将焊件组合后通过电极施加压力，利用电流通过焊件及其接触处所产生的电阻热，将焊件局部加热到塑性或熔化状态，然后在压力作用下形成焊接接头的一种焊接方法。

电阻焊生产率高，焊接变形小，无需另加焊接材料，劳动条件好，操作简便，易于实现机械化和自动化。焊接电压很低（几伏至十几伏），但焊接电流很大（几千安至几万安），故要求电源功率大。电阻焊广泛应用于汽车、航空航天、电子、家用电器等领域。

按焊件接头形式和电极形状不同，电阻焊分为点焊、缝焊和对焊 3 种形式，如图 5-39 所示。

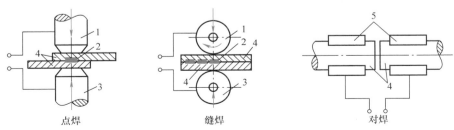

图 5-39　电阻焊的基本形式

1—上电极　2—焊点　3—下电极　4—焊件　5—电极

（1）点焊　点焊焊件只是在有限的接触面（即"焊点"）上实现连接。焊件厚度一般为0.05~6mm。焊接材质包括碳钢、不锈钢、铝镁合金和钛合金等。

点焊时，先将焊件搭接并压紧在两个柱状电极之间，然后接通电流，焊件间接触面处产生的电阻热将焊件局部加热至熔化，形成一个熔核（周围为塑性态），断电后保持或增大压力，熔核金属在压力作用下冷却结晶成组织致密的焊点而后卸压，取出焊件。

（2）缝焊　缝焊过程与点焊相似，只是用圆盘状滚动电极代替了柱状电极。焊接时，盘状电极压紧焊件并转动（也带动焊件向前移动），配合断续通电（或连续送电），形成连续重叠的焊点，因此称为缝焊。

缝焊过程分流现象严重，焊接相同厚度的工件时，焊接电流为点焊的1.5~2倍，因此要使用大功率电焊机。缝焊焊缝具有良好的密封性。缝焊适用于焊接厚度在3mm以下要求密封性的薄壁结构，如油箱、小型容器与管道等。

（3）对焊　按焊接过程和操作方法不同，对焊可分为电阻对焊和闪光对焊。对焊主要用于刀具、管子、钢筋、钢轨、锚链、链条等的焊接。

1）电阻对焊。将两个焊件夹在对焊机的电极钳口中，呈对接接头形式，施加预压力使焊件端面紧密接触，然后通电，产生的电阻热将焊件接触处迅速加热到塑性状态（碳钢为1000~1250℃），断电并迅速施加顶锻力使两焊件焊合。

电阻对焊操作简单，接头表面光滑，但接头内部易有残余夹杂物存在，接头强度不高。一般用于焊接截面形状简单、直径（或边长）小于20mm、强度要求不高的杆件。

2）闪光对焊。将两焊件装配成对接接头后不接触，接通电源后，逐渐移近焊件使端面局部接触，由于接触点电流密度极高，大电流通过时产生的电阻热使接触点金属迅速熔化、蒸发、爆破，以火花的形式向外飞射形成"闪光"。持续送进焊件，直到端面全部接触熔化，然后断电并迅速施加顶锻力完成焊接。

闪光对焊时，液态金属挤出使得焊件接触面的氧化物和杂质得以清除，因此接头中夹渣少、质量好、强度高。闪光对焊常用于重要焊件的焊接，还可焊接一些异种金属，如铝与铜、铝与钢等的焊接，被焊工件可为直径小到0.01mm的金属丝，也可以是断面面积大到20mm^{2}的金属棒和金属型材。

2. 摩擦焊

摩擦焊是利用焊件间相互摩擦产生的热量同时加压而进行焊接的方法，如图5-40所示。施行焊接时，先将两焊件夹在焊机上，施加一定压力使焊件紧密接触。然后一个焊件做旋转运动，另一个焊件向其靠拢，使焊件接触摩擦产生热量。待工件端面被加热到高温塑性状态时，立即使焊件停止旋转，同时对端面加大压力使两焊件产生塑性变形而焊接起来。

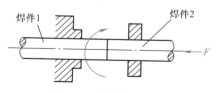

图5-40　摩擦焊示意图

摩擦焊的特点如下：

1）接头质量好且稳定。摩擦焊过程中，焊件接触表面的氧化膜与杂质被清除，因此，接头组织致密，不易产生气孔、夹渣等缺陷。

2）可焊接的金属范围较广。不仅可以焊接同种金属，而且可以焊接异种金属。

3）生产率高、成本低；焊接操作简单，接头不需要做特殊处理；不需要焊接材料；容易实现自动控制，电能消耗少。

4）设备复杂，一次性投资较大。摩擦焊主要用于旋转件的压焊，非圆截面焊接比较困难。

5.4.4　钎焊

钎焊是利用熔点比母材低的钎料作为填充金属，加热时钎料熔化而母材不熔化，利用液态钎料浸润母材，填充接头间隙并与母材相互扩散而实现连接的焊接方法。根据钎料熔点的不同，钎焊可分为硬钎焊与软钎焊两类。

（1）硬钎焊　钎料熔点在 450℃以上、接头强度在 200MPa 以上的钎焊，为硬钎焊。属于这类的钎料有铜基、银基、镍基和铝基合金等。钎剂主要有硼砂、硼酸、氟化物和氯化物等。硬钎焊主要用于受力较大的钢铁和铜合金构件的焊接，如自行车架、刀具等。

（2）软钎焊　钎料熔点在 450℃以下，焊接接头强度较低，一般不超过 70MPa 的钎焊，为软钎焊。如锡焊是常见的软钎焊，所用钎料为锡铅，钎剂有松香、氯化锌溶液等。软钎焊广泛用于电子元器件的焊接。

与一般熔焊相比，钎焊的特点如下：

1）焊件加热温度较低，组织和力学性能变化很小，变形也小，接头光滑平整。

2）可焊接性能差异很大的异种金属，对焊件厚度的差别也没有严格限制。

3）生产率高，焊件整体加热时可同时钎焊多条接缝。

4）设备简单，投资费用少。

但钎焊的接头强度较低，尤其是动载强度低，允许的工作温度不高。

5.4.5　激光焊

激光焊是以聚焦的激光束作为能源轰击焊件所产生的热量进行焊接的方法。它有两种基本模式，即激光热导焊和激光深熔焊。

1）激光热导焊所用激光功率密度较低，焊件吸收激光后，仅达到表面熔化，然后依靠热传导向焊件内部传递热量形成熔池。这种焊接模式的熔深浅，深宽比较小，多用于小型零件的焊接。

2）激光深熔焊的激光功率密度高，激光辐射区金属熔化速度快，金属熔化的同时伴随着强烈的汽化，能获得熔深较大的焊缝，焊缝的深宽比较大。

激光焊的特点如下：聚焦后的激光束光斑小（0.1~0.3mm），功率密度（$q=10^5$~10^8W/cm^2）比电弧焊功率密度（$q = 5 \times 10^2$~5×10^4W/cm^2）高几个数量级，因而加热范围小，焊缝和热影响区窄，接头性能优良，残余应力和焊接变形小，可实现高精度焊接；可对高熔点、高热导率的热敏感材料及非金属进行焊接；焊接速度快，生产率高；具有高度柔性，易于自动化。

5.4.6　焊接机器人

焊接机器人是工业机器人在焊接领域的应用，是先进的焊接机械化和自动化。焊接机器人是在工业机器人的末轴法兰处装接焊钳或焊（割）枪，使之能进行焊接（切割）作业。焊接机器人由机器人（包括机器人本体和控制柜）和配套的焊接系统组成。焊接机器人基本都属于关节机器人，通常有 6 个轴，其中的 1、2、3 轴可将末端工具送到不同的空间位置，4、5、6 轴则负责控制工具姿态。焊接机器人本体的机械结构主要有两种形式：一种为平行四边形结构；另一种为侧置式（摆式）结构。平行四边形结构既适合于轻型也适合于重型机器人。近年来点焊用机器人（负载为100~150kg）大多选用平行四边形结构形式的机器人。侧置式（摆式）结构刚度较低，一般适用于负载较小的机器人，用于电弧焊、切割或喷涂。

焊接机器人的基本工作原理是示教再现。示教也称导引，是由操作者导引机器人，一步步地按实际任务操作一遍，机器人在导引过程中自动记忆示教的每个动作的位置、姿态、运动参数、工艺参数等，并自动生成一个连续执行全部操作的程序。完成示教后，只需给机器人一个启动命令，机器人将精确地按示教动作步骤，逐步完成全部操作。

焊接机器人的特点有：①提高焊接质量；②提高劳动生产率；③改善工人劳动强度，可在有害环境下工作；④降低了对工人操作技术的要求；⑤缩短了产品改型换代的准备周期，减少相应的设备投资。

焊接机器人目前已广泛应用于汽车制造业，轿车的后桥、副车架、摇臂、悬架、减振器等底盘零件大都是以MIG焊接工艺为主的受力安全零件，主要构件采用冲压焊接，板厚平均为1.5~4mm，焊接主要以搭接、角接接头形式为主，焊接质量要求高，其质量的好坏直接影响轿车的安全性能。应用机器人焊接后，大大提高了焊接件的外观和内在质量，并保证了质量的稳定性，同时降低了工人的劳动强度，改善了劳动环境。

常见焊接机器人有弧焊机器人和点焊机器人。

（1）弧焊机器人 弧焊机器人是用于自动弧焊的工业机器人，其结构组成如图5-41所示。弧焊机器人可以实现连续轨迹控制和点位控制，可以利用直线插补和圆弧插补功能焊接由直线与圆弧所组成的空间焊缝。具有6个自由度的弧焊机器人可以保证焊枪的任意空间轨迹和姿态。弧焊机器人主要有熔化极焊接作业和非熔化极焊接作业两种类型。随着技术的发展，弧焊机器人正向着智能化的方向发展。

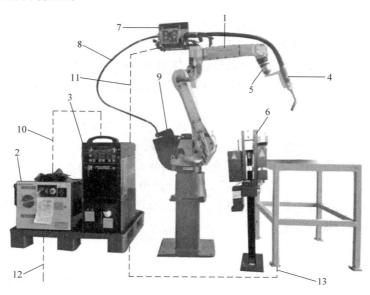

图5-41 弧焊机器人结构

1—机器人本体 2—机器人控制柜 3—焊接电源 4—专用焊枪 5—防碰撞传感器 6—清枪站
7—送丝机 8—导丝管 9—送丝盘 10—机器人控制电缆 11—送丝机电缆 12—清枪站通信电缆 13—焊接电缆

（2）点焊机器人　点焊机器人是用于点焊自动作业的工业机器人，由机器人本体、计算机控制系统、示教盒和点焊焊接系统几部分组成。使用点焊机器人较多的领域是汽车车身自动装配车间。点焊机器人通常用气动点焊钳和电伺服点焊钳两种。气动点焊钳两个电极之间的开口度一般有两级冲程，电极压力一旦调定后不能随意变化；电伺服点焊钳的张开和闭合由伺服电动机驱动、码盘反馈，其张开度可以根据实际需要任意选定并预置，而且电极间的压紧力也可以无级调节。图 5-42 所示为点焊机器人专用点焊钳，图 5-43 所示为点焊机器人焊接汽车车身现场。

图 5-42　点焊机器人专用点焊钳

图 5-43　点焊机器人焊接汽车车身现场

5.5　焊接缺陷、检验与焊接变形

5.5.1　焊接缺陷与检验

1. 焊接缺陷

熔焊常见的焊接缺陷有：焊缝形状和尺寸不符合要求、咬边、焊瘤、未焊透、气孔、夹渣和裂纹等，如图 5-44 所示。焊缝形状和尺寸不符合要求是指焊缝表面高低不平、焊缝宽窄不齐、尺寸过大或过小等。咬边是指沿焊趾的母材部位产生的沟槽或凹陷。焊瘤是指在焊接过程中，熔化金属流淌到焊缝之外未熔化的母材上所形成的金属瘤。未焊透是指焊接时接头根部未完全熔透的现象。气孔是指焊接时，熔池中的气体在凝固时未能逸出而残存下来形成空穴。夹渣是指焊接熔渣残留在焊缝金属中的现象。焊接裂纹是指在焊接应力及其他致脆因素的共同作用下，焊接接头局部地区的金属原子结合力遭到破坏而形成的新界面所产生的缝隙。这些缺陷使焊缝截面积减小，降低承载能力，产生应力集中，降低疲劳强度，易引起焊件破裂或脆断。常见焊接缺陷的产生原因和防止方法见表 5-6。

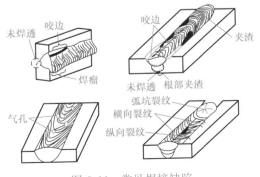

图 5-44　常见焊接缺陷

表 5-6 常见焊接缺陷的产生原因和防止方法

缺陷名称	产生原因	防止方法
焊缝形状尺寸不符合要求	1）坡口角度不正确或间隙不均匀 2）焊接速度不合适或运条手法不妥 3）焊条角度不合适	1）选择适当的坡口角度和间隙 2）正确选择焊接参数 3）采用恰当的运条手法和角度
咬边	1）焊接电流太大 2）电弧过长 3）运条方法或焊条角度不适当	1）选择正确的焊接电流和焊接速度 2）采用短弧焊接 3）掌握正确的运条方法和焊条角度
焊瘤	1）焊接操作不熟练 2）运条角度不当	1）提高焊接操作技术水平 2）灵活调整焊条角度
未焊透	1）坡口角度或间隙太小、钝边太大 2）焊接电流过小、速度过快或弧长过长 3）运条方法或焊条角度不合适	1）正确选择坡口尺寸和间隙 2）正确选择焊接参数 3）掌握正确的运条方法和焊条角度
气孔	1）焊件或焊接材料有油、锈、水等杂质 2）焊条使用前未烘干 3）焊接电流太大、速度过快或弧长过长 4）电流种类和极性不当	1）焊前严格清理焊件和焊接材料 2）按规定严格烘干焊条 3）正确选择焊接参数 4）正确选择电流种类和极性
夹渣	1）焊接电流太小、焊接速度过快 2）坡口角度及焊条角度不正确 3）焊件边缘及焊层之间清理不干净	1）正确选用焊接电流和运条速度 2）焊件坡口角度不宜过小 3）多层焊时，认真做好清渣工作
热裂纹	1）焊件材料或焊接材料选择不当 2）熔深与熔宽之比过大 3）焊接应力大	1）正确选择焊件材料和焊接材料 2）控制焊缝形状，避免深而窄焊缝 3）改善应力状况
冷裂纹	1）焊件材料淬硬倾向大 2）焊缝金属含氢量高 3）焊接应力大	1）正确选择焊件材料 2）采用碱性焊条，使用前严格烘干 3）采取焊前预热等措施，焊后进行保温处理

2. 焊接检验

焊接完成后，应根据产品技术要求进行检验。生产中常用的检验方法有外观检查、密封性检验、无损检测（包括渗透检测、磁粉检测、射线检测和超声波检测）和水压试验等。其中外观检查是指用肉眼观察或借助标准样板、量规等，必要时利用低倍放大镜检查焊缝表面缺陷和尺寸偏差。

5.5.2 焊接变形

由于焊接是局部加热，在加热和冷却过程中，焊件上各处温度分布不均匀，冷却速度不相同，热胀冷缩不一致，互相牵制约束，使焊件产生焊接应力进而导致焊接变形。

焊接变形的基本形式有：缩短变形、角变形、弯曲变形、扭曲变形和波浪形变形等，如图 5-45 所示。焊接变形降低了焊接结构的尺寸精度，有的焊件甚至因变形严重无法矫正而报废。焊后消除焊接应力或矫正焊接变形都要增加生产工时和产品成本。因此，在设计焊接结构和制订焊接工艺时，应采取适当措施以控制和减小焊接应力与焊接变形。

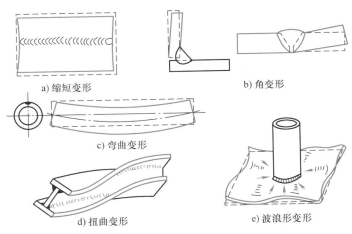

a) 缩短变形　　b) 角变形

c) 弯曲变形

d) 扭曲变形　　e) 波浪形变形

图 5-45　焊接变形的基本形式

5.6　焊接安全操作规程

5.6.1　焊条电弧焊安全操作规程

1）保证设备安全，线路各连接点必须紧密接触，防止因松动接触不良而发热、漏电。

2）焊前检查焊机，必须接地良好；焊条电弧焊时焊钳和电缆的绝缘必须良好。

3）戴电焊手套，穿焊接鞋，不能徒手接触导电部分，焊接时应站在木垫板上。

4）焊接时必须穿工作服、戴工作帽，并用面罩防止电弧烫伤。

5）除渣时要防止焊渣烫伤脸部，工件焊后只许用火钳夹持，不准直接用手拿。

6）任何时候焊条电弧焊焊钳不得放在金属工作台上，以免短路烧坏焊机。发现焊机或线路发热烫手时，应立即停止工作。

7）操作完毕或检查焊机及电路系统时必须拉闸，切断电源。

8）焊接时周围不得有易燃易爆物品。

5.6.2　气焊气割安全操作规程

1. 氧气瓶使用注意事项

1）氧气瓶禁止与可燃气瓶放在一起，应离火源 5m 以外。不得太阳暴晒，以免膨胀爆炸。瓶口不得沾有油脂、灰尘。阀门冻结时千万不可用火烤，可用温水、蒸汽适当加热。

2）应牢固放置，防止振动倾倒引起爆炸，防止滚动，瓶体上应套上两个橡胶减振圈。

3）开启前应检查压紧螺母是否拧紧，平稳旋转手轮，人站在出气口一侧。使用时不能将瓶内氧气全部用完（要剩 0.1~0.3MPa 压力）。不用时须罩好保护罩。

4）搬运时尽量避免振动或互相碰撞。严禁人背氧气瓶，禁止用起重机吊运。

2. 乙炔瓶使用注意事项

1）乙炔瓶不要靠近火源，应放在空气流通的地方，并且不能漏气。

2）工作环境温度低于 0℃时应向回火防止器内注入温水。气温特别低时必须在水中加入少许食盐或甘油，避免水冻结。如有冻结，须用热水或蒸汽解冻，严禁火烤或锤击。

3. 回火或火灾的紧急处理方法

1）当焊炬或割炬回火时，应首先关闭乙炔开关，然后再关闭氧气开关，待火焰熄灭冷却后方可继续工作。

2）经常检查回火防止器水位，降低时应添加水，并检查其连接处的密封性。

3）回火时在焊炬出口处会产生猛烈爆炸声，应迅速关断气源，制止回火。回火原因可能是气体压力太低、流速太慢；焊嘴被飞溅物沾污，出口局部堵塞，工作过久，高温使焊嘴过热；操作不当，焊嘴太靠近熔池等。

4）引起火灾时，首先关闭气源阀，停止供气。用沙袋、石棉被盖在火焰上，不可用水或灭火器去灭火。

【思考与练习】

5-1 常用的焊接方法有哪些？

5-2 熔焊、压焊、钎焊的区别是什么？

5-3 什么是焊接电弧？焊接电弧的构造及温度分布如何？

5-4 常用的电弧焊机有哪几种？举例说明焊机的主要参数及其含义。

5-5 焊条电弧焊焊条由哪几部分组成？各起什么作用？

5-6 焊条电弧焊焊接规范有哪些？怎样选择？

5-7 焊接最基本的接头形式有哪些？坡口的作用是什么？

5-8 焊条电弧焊常见的焊接缺陷有哪些？产生的原因各是什么？

5-9 试说明气焊的过程和操作方法。

5-10 气焊火焰有哪几种？如何区分？

5-11 试说明焊接变形产生的原因和焊接变形的主要形式。

5-12 常用的焊接质量检验方法有哪几种？

5-13 大直径管对接，U 形坡口，水平转动焊，单面焊双面成形。试件尺寸及要求如下：①试件为 20 钢；②试件及坡口尺寸如图 5-46 所示；③焊接位置为管子水平转动；④焊接材料为 E5015（E4315）；⑤焊机型号为 ZX5-400 或 ZX7-400。确定试件装配与焊接参数并完成其焊接操作。

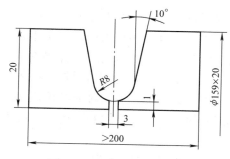

图 5-46 试件及坡口尺寸

第6章　陶　艺

【教学基本要求】

1）了解陶艺的基本概念。

2）了解陶瓷发展历史。

3）了解陶艺设备和原料。

4）掌握陶艺制作的工艺过程。

5）掌握各种成型方法。

【本章内容提要】

通俗地讲，现代陶艺就是通过一系列的工艺将陶和瓷与艺术形式相结合的一门艺术。本章根据陶艺工艺特点分为概述、成型工艺、装饰工艺和烧成工艺。成型工艺作为陶艺的核心，本章会详细介绍手工捏塑成型、泥条盘筑成型、泥板成型、石膏模具成型、拉坯成型5种成型方法。

6.1　概述

6.1.1　陶瓷的发展历史

制陶是人类历史上第一次依靠自身力量创造新材质的伟大创举。据史料记载，9000多年前的新石器时代，得益于火的发现和使用，人类在黑夜中看到了光明，并发明了最早的可以改变内部与外部结构的造物活动——烧制陶瓷。原始彩陶所流露出的率真原初的天然美感是陶瓷艺术发展史上最纯真的陶瓷形式。秦代的陶俑，以其生动逼真的神态和完美的艺术形式，表明了我国古代制陶水平高超。时至唐朝，不仅出现了直至今日仍为人们所喜爱的唐三彩和秘色瓷，而且烧制技术比以前有了很大进步，烧制温度可达到1000℃以上，所以说唐代真正开始进入了瓷器时代。宋代是我国传统陶瓷艺术最鼎盛的时期，五大名窑（定窑、汝窑、官窑、哥窑、钧窑）享誉世界。元代瓷业与宋代相比显得较为衰落，然而这一时期也有新的发展，青花和釉里红兴起，彩瓷大量流行，白瓷成为瓷器的主流。明朝陶瓷以白瓷为主，特别是青花、五彩成为明代的主要产品，而景德镇成为主要的产区，规模最大，我国陶瓷发展又进入一个新的里程。数千年的经验、天然的原料、严格的管理，使得清初的瓷器制作技术高超，装饰精细华美，成为灿烂悠久的中国陶瓷史上的润色之笔。

20世纪80年代中后期，随着西方现代艺术的兴起与发展，现代艺术观念对中国传统陶瓷艺术产生了广泛而深刻的影响，进而产生了陶艺这一新的艺术门类。陶艺通常被定义为：以黏土、窑火、釉料作为载体，手工制作，表达作者思想观念及内心情感的一种艺术形式。

6.1.2 陶艺制作常用泥料

陶艺制作的泥料是最原始和最普通的黏土，它是自然界中的长石类和硅酸盐类岩石，经过长期风化等作用而产生的多种矿物混合体（如高岭土、膨润土），是创作陶艺的重要原料。原料不同，加工制作的方法也不同，烧成温度与过程也要随之变化。了解各种陶艺泥料的组成、性能和特点，对于合理利用原料制作陶艺作品具有十分重要的意义。

1. 瓷泥

普通意义上的瓷土是只能烧结成瓷质的泥料，主要成分是高岭土、瓷石以及其他矿物质，瓷泥颗粒较细腻，颜色多为白色。瓷质的致密度和光洁度比较高，往往用于日用陶瓷批量化生产。

2. 陶泥

普通意义上的陶土是只能烧结成陶质的泥料，主要成分是大青土、黄土、红页岩。陶泥颗粒比较粗糙，颜色多为黄色和褐色，具有良好的可塑性和质感，适用于陶艺创作。

6.1.3 陶艺制作常用设备及工具

1. 设备

陶艺制作设备如图 6-1~ 图 6-3 所示。

图 6-1　拉坯机　　　　　　图 6-2　电窑窑炉　　　　　　图 6-3　泥板机

2. 工具

陶艺制作工具如图 6-4~ 图 6-6 所示。

图 6-4　手轮　　　　　　图 6-5　泥拍　　　　　　图 6-6　刮刀及其他工具

6.2　陶艺基本成型方法

陶艺成型是陶瓷型体形成的一种工艺过程，不同造型的成型工艺手段也不尽相同。在陶艺制作中，常见的成型工艺有手工捏塑成型、泥条盘筑成型、泥板粘接成型、拉坯成型、石膏模具成型等。

1. 手工捏塑成型

手工捏塑成型是陶艺制作的基本成型方法之一，主要是用手对泥料进行揉、搓、捏、压等，从而做成所需的造型。初学者利用手指与泥土的直接接触，有助于更快速地掌握泥土的特性。

2. 泥条盘筑成型

如图 6-7a 所示，双手均匀用力，把泥搓成泥条。如图 6-7b 所示，将泥饼拍打平整，厚度视作品大小而定。如图 6-7c 所示，将泥条沿底部的轮廓线放置，并将接头两端涂抹泥浆粘接。如图 6-7d 所示，将泥条连续盘筑，控制器皿形状。如图 6-7e 所示，制作把手，并与主体粘接。如图 6-7f 所示，整理主体形状，完成作品。

图 6-7　泥条盘筑成型步骤

3. 泥板粘接成型

泥板粘接成型是将陶泥碾成、拍成或切割成板状，粘接制作使器物成型的方法。利用泥板制作陶艺，其应用范围相当广，造型从平面到立体，泥板或湿或半干都可成型，制作过程变化无穷。较湿的泥板，可用于扭曲、卷合，做成自由而柔美的造型；半干的泥板，可用于制作一些挺直的器物。

如图 6-8a 所示，先将泥团用手掌压扁，再用泥拍将压扁的泥土打薄。如图 6-8b 所示，用双手拇指按压泥板，使其粘接在一起，用刮刀切去多余的部分。如图 6-8c 所示，使用竹片处理泥板壶体的细节。如图 6-8d 所示，使用刮刀处理壶体的底部。如图 6-8e 所示，制作壶嘴，壶嘴处用打孔器打孔，安装壶嘴。如图 6-8f 所示，制作壶盖，完成作品。

4. 拉坯成型

拉坯成型是陶艺制作最方便的一种成型方法，不仅工作效率高，而且制作的器物完美、精致。拉坯造型是在快速转动的轮子上，将手探进柔软的黏土中，借助螺旋运动的惯性，让黏土向外扩张，向上推升，形成环形坯体。

如图 6-9a 所示，定中心。手指并拢，对角线用力，找准泥的中心。如图 6-9b 所示，开孔。手指伸进泥的中心位置，打开泥孔。如图 6-9c 所示，提筒。双手由下而上运动，升高坯体的高度。如图 6-9d 所示，找厚薄。整理坯体的厚度，保证上下厚度均匀。如图 6-9e 所示，出型。控制双手力度，拉出造型。如图 6-9f 所示，收口。整理瓶口大小、形状和厚薄。

图 6-8　泥板粘接成型步骤

图 6-9　拉坯成型步骤

5. 石膏模具成型

石膏模具成型又称为印坯成型，是利用石膏加水后可以凝固的特性及干燥后有较好的吸水性能，将泥置于石膏模具之中的一种成型方法。陶艺制作中，石膏模具可以很快将泥料里面的水分吸收，使泥料硬化、干燥而成型。这种方法便于复制，对于造型复杂的纹饰和异形的造型，石膏模具成型尤为简易、方便。

6.3　陶艺装饰方法

陶瓷装饰的作用是美化作品，常采用的方法有泥坯装饰和釉色装饰两种，如图 6-10 和图 6-11 所示，装饰手法不同，效果也不同。

图 6-10　泥坯装饰

图 6-11　釉色装饰

1. 泥坯装饰

泥坯在半湿未干的情况下，可以利用自身的可塑性进行加法和减法的装饰。

（1）加法　加泥点、泥条、泥饼等在泥坯上装饰自己想要的纹饰。粘接时加泥浆用手加压，用手、雕塑刀或者其他工具进行装饰。

（2）减法　刻坯、铲坯、划坯和镂空，用刻刀等工具在坯体上刻出各类装饰纹样，可深可浅，可宽可窄，全凭经验制作。

2. 釉色装饰

釉是覆盖在陶瓷制品表面的无色或有色的玻璃质薄层，是用矿物原料按一定比例配合成釉浆，施于坯体表面，经一定温度烧制而成。常用的施釉方法有 5 种，即浸釉、浇釉、荡釉、刷釉和喷釉。

除了泥坯装饰和釉色装饰，在烧制好的陶艺坯体表面也可以装饰，如釉上彩绘、高低温色釉等。这些装饰形式和技法形成了特殊的装饰效果，丰富了陶艺的装饰语言，提升了陶艺的综合表现力。

6.4　陶艺烧成工艺

陶艺被称为火的艺术，火不仅可以使黏土、釉色等产生新的物质，还可以赋予其美感。火是由电、油、煤、天然气、木料等燃料经过窑炉转换而来的。所谓烧成，就是将干燥或施釉后的坯体装入窑炉中，经由高温烧制，使泥坯和釉层在高温中发生一系列物理、化学反应，由陶土变为陶瓷的一个过程。烧成是对技术性及经验性要求较高的工艺，充满不确定性和未知性，这种不可确定性和未知性正是陶瓷真正魅力所在。目前窑炉的种类主要有以下几种：

（1）柴窑　燃料为木材，出于环保考虑，使用率很低。

（2）电窑　$0.05\sim2m^3$ 规格不等，性能稳定，易于操作。

（3）气窑　$0.3\sim3m^3$ 规格不等，可控制气氛及效果。

（4）乐烧窑　由耐火砖、耐火棉、金属板制成，烧气（可挪动）。

6.5　陶艺安全操作规程

1）学生在教室里的一切活动须在教师的指导下进行。

2）危险物品不得带入工作室，在教室内严禁使用明火，不得饮食、喧哗、乱扔垃圾等。

3）陶艺教室应保持清洁有序，学生下课前应清理操作桌面、地面上的泥屑，保持室内物品摆放整齐，离开时须切断电源、水源等。

4）拉坯机须在教师的同意下操作并严格按照操作规程操作，操作时，如遇机器故障，应立即停止使用并及时向指导教师报告，由指导教师通知维修人员修理。

5）学生不可擅自私带外部人员进入教室，教室内的一切物品不允许带出。

6）上课时保持安静，不得随意走动，未经教师允许不得动用室内工具，尤其是刀具。

7）未经教师允许，不得擅用烧窑。

8）节约使用教室的所有物品，并做好陶泥的保养工作。

9）按照分组，各卫生小组在活动结束时要全面打扫卫生，确保教室卫生整洁。

【思考与练习】

6-1 宋代五大名窑分别是什么？

6-2 瓷泥主要成分是什么？有什么特点和用途？

6-3 常用的成型方法有哪些？

6-4 简述拉坯成型的步骤。

6-5 常用的泥坯装饰方法有哪些？

6-6 常用的釉色装饰有哪些？

6-7 电窑烧制有什么特点？

第3篇

常规切削加工

第7章 车削加工

【教学基本要求】

1）了解车床的型号，熟悉卧式车床的组成、传动系统及用途。

2）熟悉常用车刀的组成和结构，车刀的主要角度及其作用，了解对刀具材料性能的要求。

3）了解轴类、盘套类等零件装夹方法及常用附件的结构和用途。

4）掌握车外圆、车端面、钻孔和车孔的方法。

5）了解切槽、切断、车锥面、车成形面和车螺纹的方法。

6）掌握卧式车床的操作技能，能按要求正确使用刀具、夹具、量具，独立完成简单零件的车削加工，并具备对简单工件进行初步工艺分析的能力。

7）了解车削加工安全技术要求。

【本章内容提要】

本章先后介绍了车削加工设备与附件的使用方法，讲解了车削用刀具的结构、刃磨及安装，详细讲解了车外圆、车端面、车台阶、切槽、切断、车圆柱孔、车锥面、车成形面、车螺纹、滚花、钻孔等加工方法和操作技能要点。通过本章的学习，读者应掌握外圆与端面车削、圆柱孔加工、槽加工、圆锥面车削、螺纹车削、偏心工件车削以及特型面车削操作技能，结合本章提供的典型车削案例，达到掌握其操作要领的目的。

7.1 车工概述

车削加工是在车床上利用工件的回转运动和刀具的直线或曲线运动，改变工件的形状和尺寸得到符合图样要求的零件的加工过程。其中，工件的回转运动为切削主运动，刀具的直线或曲线运动为进给运动，两者共同组成切削成形运动。

车削加工的范围很广，常用于加工带有回转表面的各种不同形状的零件，可加工各种内外圆柱面、端面、螺纹面、切断、切槽等，在车床上也可完成钻孔、铰孔、套螺纹、攻螺纹等不属于车削加工的工序。在车床上加装其他附件和夹具，还可以进行滚压、滚花、磨削、研磨、抛光、绕制弹簧等工作，车削加工的范围如图 7-1 所示。车床数量一般占工厂中金属切削机床数量的50%，无论大批量生产还是单件小批量生产或机械配件维修，车削加工都占有重要的地位。

车床的种类很多，按结构和用途的不同主要分为：卧式、立式、六角、仿形、自动或半自动、仪表等各种车床。随着计算机技术的发展，数控车床为多品种小批量产品实现高效率、自动化生产提供了有利的条件和广阔的发展前景，也出现了以车床为主、其他金属切削机床功能相结合的新式机床，如车铣复合加工中心等。在现阶段，卧式车床仍是各类车床的基础。

车床加工的尺寸公差等级一般为 IT11~IT7，表面粗糙度值为 Ra 12.5~1.6μm。

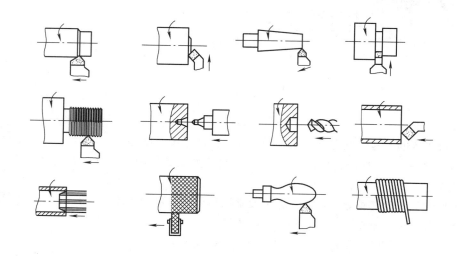

图 7-1　车削加工的范围

7.2　卧式车床

7.2.1　卧式车床的编号

金属加工机床均用汉语拼音字母和数字，按一定的规律组合进行编号。例如，C6130 车床编号中，其字母和数字的含义如下：C 为车床类；6 为落地车床组；1 为卧式车床型；30 为最大加工直径为 300mm。

对于一些老型号车床，其代码稍有不同，如 C616 的含义如下：C 为车床类；6 为卧式车床；16 为主轴中心到床面距离的 1/10，即中心高为 160mm。

7.2.2　卧式车床主要部分的名称和用途

图 7-2 为 C6140 卧式车床，主要由下列几部分组成。

（1）主轴箱　主轴箱用来支撑主轴和主轴变速机构。在车削过程中，机床主电动机通过传动带、带轮和挂轮将动力传递给主轴，由主轴带动工件旋转作为主运动。通过改变变速机构手柄的位置，可使主轴获得各挡转速，同时通过传动齿轮将运动传给进给箱。主轴为空心结构，主轴前端有外锥面，用于定位，并用螺纹连接卡盘、拨盘等附件来夹持工件，主轴前端内部有锥孔，用于安装顶尖，主轴细长孔内可穿入长棒料。

（2）进给箱　进给箱将交换齿轮箱传来的旋转运动，通过内部的齿轮变速机构传给光杠或丝杠，可以改变光杠或丝杠的转速以获得不同的进给速度或螺距。一般进给时，将运动传给光杠，使滑板和车刀按要求的速度做直线进给运动；车削螺纹时，将运动传给丝杠，使溜板箱与主轴按要求的速比做很精确的直线移动。光杠和丝杠不得同时使用。

（3）溜板箱　可使光杠的转动变为溜板箱纵向或中滑板横向进给运动和快速移动；也可使丝杠的转动，通过溜板箱内的开合螺母使溜板箱做纵向移动，配合主轴按一定的速比来车削螺纹。

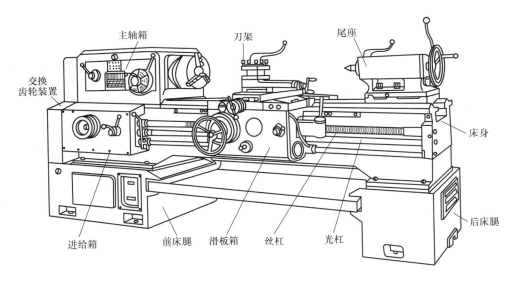

图 7-2　C6140 卧式车床

（4）滑板箱　溜板箱的上面有滑板，它分为大滑板、中滑板和小滑板 3 层。大滑板与溜板箱连接，可沿床身导轨做纵向移动；中滑板可沿大滑板上的导轨做横向移动；小滑板置于中滑板上，用转盘形式与中滑板连接，转盘上面有导轨，小滑板可沿导轨做短距离移动，当转盘旋转至不同位置时，小滑板带动车刀可做纵向、横向或斜向的移动。

（5）刀架　刀架位于小滑板的上部，用于装夹车刀。

（6）尾座　尾座位于床身的尾座导轨上，可做纵向移动，并能固定于需要的位置。尾座的套筒内可安装顶尖与主轴配合支承工件，也可安装钻头、铰刀等刀具进行孔的加工。尾座分尾座体和底座两部分。

（7）床身　床身用于支撑和安装车床的各部件，并且保持各部件的相对正确位置。床身上有机床控制电器、液压泵和供溜板箱和尾座移动的高精度"山"形和平面导轨。床身由床腿支撑并固定在地基上。

7.2.3　卧式车床主要附件的名称和用途

（1）卡盘　安装在主轴上，主要用于夹持形状较规则的零件，并随着主轴一起旋转。卡盘一般有两种，即自定心卡盘和单动卡盘。自定心卡盘能夹持圆形工件以及与 3 成整倍数的多边形工件，是一种自定心夹紧装置。单动卡盘的 4 个卡爪是单动的，通常用于夹持较大工件和异形工件。它们都属于通用夹紧装置，其形状如图 7-3 所示。

（2）花盘　安装在主轴上，夹持工件随主轴一起旋转，用于装夹形状复杂的零件，其外形如图 7-4 所示。

（3）跟刀架　车削较长光轴时用于辅助支撑工件，固定在床鞍上，能随床鞍一起纵向移动。跟刀架有两个支撑爪，使用时根据工件的外径调整两个支撑爪的位置和松紧，其外形如图 7-5 所示。

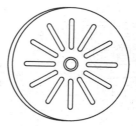

图7-3 自定心卡盘与单动卡盘

图7-4 花盘

（4）中心架 车削较长工件时用于支持工件，其固定在机床床身上，不随着大滑板一起移动，其外形如图7-6所示。

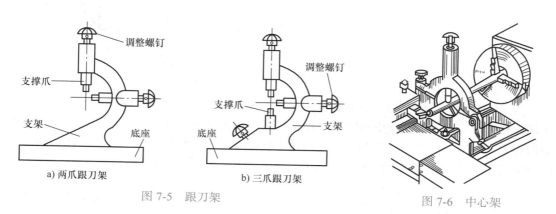

a) 两爪跟刀架

b) 三爪跟刀架

图7-5 跟刀架

图7-6 中心架

7.2.4 卧式车床的传动系统

C6140卧式车床是由电动机输出动力，经传动带传动传给主轴箱、进给箱，通过交换齿轮装置外的手柄位置，使主轴得到各种不同的转速。主轴通过卡盘带动工件做旋转运动（主运动），同时主轴的旋转通过交换齿轮装置、进给箱、光杠（或丝杠）、溜板箱的传动，使滑板带动装在刀架上的车刀沿床身导轨或大滑板上的导轨做纵向或横向直线进给运动。C6140车床的传动简图如图7-7所示。

1. 主运动传动系统

主运动传动链的两末端件是主电动机和主轴，主传动链的最终目的是使主轴带动工件旋转实现主运动，并能完成主运动的变速和变向。主运动传动链可使主轴获得36级转速，其中包括24级正转转速和12级反转转速。运动由主电动机（7.5kW，1450r/min）经V带传至主轴箱中的轴Ⅰ，轴Ⅰ上装有一个双向多片式摩擦离合器M1，它的作用是控制主轴的起动、停止和换向。离合器M1向左接合时主轴正转，向右接合时主轴反转，左右都不接合时主轴停转。轴Ⅰ的运动经离合器M1和轴Ⅰ～Ⅲ间变速齿轮传至轴Ⅲ，然后分两路传给主轴。当主轴Ⅵ上的滑移齿轮Z50处于左边时，运动经齿轮副63/50直接传给主轴，使主轴得到450~1400r/min的高转速；当滑移齿轮Z50处于右边位置，使齿式离合器M2接合时，运动经轴Ⅲ～Ⅳ～Ⅴ间的齿轮副26/58传给主轴，使主轴获得10~500r/min的中、低转速。

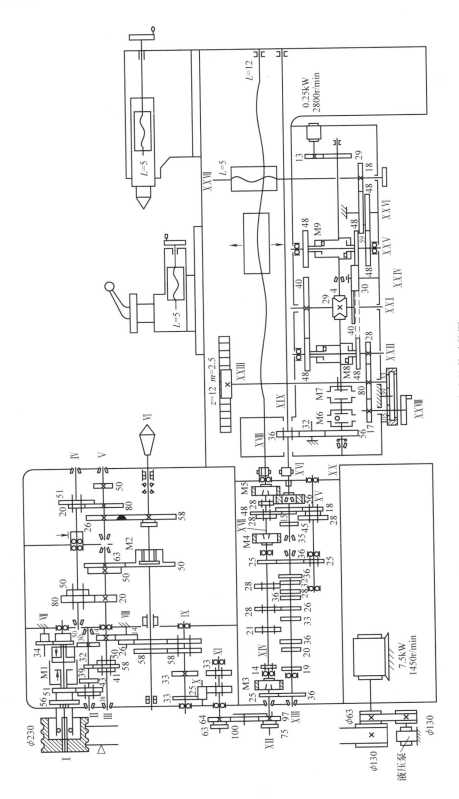

图 7-7　C6140 车床的传动简图

2. 进给运动传动系统

进给运动传动系统用于实现刀具的纵、横向进给运动及车削各种螺纹，它的传动路线由主轴经换向机构、交换齿轮装置传到进给箱，然后分别经光杠或丝杠传到溜板箱，带动刀架移动，从而实现车削时的纵、横向进给运动与螺纹车削运动。

1）螺纹加工进给运动。在 C6140 车床上，通过调整传动路线可以完成米制、寸制、模数制和径节制 4 种常用标准螺纹的加工，还可以加工非标准、大导程的螺纹。以上这些螺纹可以是左旋也可以是右旋。无论车削哪一种螺纹，都必须保证加工时主轴每转一转，刀具准确地移动被加工螺纹的一个导程的距离。

2）纵、横向进给运动。由主轴至进给箱轴 XVII 的传动路线与车削螺纹的传动路线相同，其后运动经齿轮副 28/56 传至光杠 XIX（此时离合器脱开，齿轮 Z28 与轴 XIX 上的齿轮 Z56 啮合），再由光杠经溜板箱中的传动机构，分别传至齿轮齿条机构和横向进给丝杠 XXVII，使刀架做纵向或横向自动进给。溜板箱中由双向牙嵌式离合器 M8、M9 与齿轮副 40/48 和 40/30X30/48 组成的两个换向机构，分别用于变换纵向和横向进给运动的方向。利用进给箱中的基本螺距机构和倍增机构，以及进给机构传动链的不同传动路线，可获得纵向和横向进给量各 64 种。但在横向机动进给与纵向进给运动传动路线一致时，横向进给量是纵向进给量的一半（即横向进给慢，纵向进给快）。

3. 刀架快速移动传动

刀架快速移动传动链不用主轴变速箱和进给变速箱中的传动链，而是由装在溜板箱内的快速移动电动机（0.25kW、2800r/min）作为动力源。快速移动电动机的运动经齿轮副 13/29 传至轴 XX，然后再经溜板箱内与机动工作进给相同的传动路线传至刀架，使其实现纵向、横向的快速移动。为了避免与进给箱传来的低速工作进给相干涉，这里使用了超越离合器 M6。

7.3　车刀的结构及安装

7.3.1　车刀的种类与应用

常用的车刀按照形状和功用来说有直头车刀、弯头车刀、偏刀、内孔车刀、切断刀、切槽刀、挑丝刀等，钻头、铰刀和丝锥也是机床上常用的刀具。常用的刀头材质一般有高速钢、硬质合金、硬质合金涂层、陶瓷、立方氮化硼和金刚石等。其中，以高速钢和硬质合金应用最为广泛，其余几种主要用于加工超硬超耐磨或非铁金属等材料。

1. 高速钢车刀

高速钢是一种加入了较多其他金属如 W、Cr、Mo、V 并且碳含量较高的合金工具钢。高速钢刀具制造简单、刃磨方便，能刃磨出锋利的切削刃，适于加工一些冲击性较大、形状不规则的零件。高速钢也常作为精加工车刀以及成形车刀的材料，如宽刃大进给量的车刀、梯形螺纹精车刀等。但是高速钢的红硬性较差（耐热 500~600℃），其切削速度不能太高。常用高速钢牌号有 W18Cr4V 和 W9M03Cr4V 两种。

2. 硬质合金车刀

硬质合金是由高硬度的难熔金属碳化物（如 WC、TiC 等）和金属黏结剂（如 Co、Ni 等）用粉末冶金方法制成的一种刀具材料，硬质合金具有硬度高（72~82HRC）、耐磨、强度和韧性较好以及耐热、耐腐蚀等一系列优良性能，特别是它的高硬度和耐磨性，即使在 500℃的温度下也基本保持不变，在 1000℃时仍有很高的硬度。硬质合金脆性大，难以制成形状复杂的整体刀具，所以常制成不同形状的刀片，采用焊接、黏结、机械夹持等方法安装在刀体或模具体上使用。可分为 K、P、M 等几类，相应的识别颜色为蓝、黄、红三色，分别对应钨钴类、钨钴钛类和钨钛钽（铌）钴类。

1）钨钴类。常用的牌号有 K01、K20、K30 等。这类硬质合金常温时硬度为 89.5~92HRA，热硬性为 800~900℃，因韧性较好，常用它来加工脆性材料（如铸铁）或冲击性比较大的工件。但由于它的热硬性相对较差，高温下不耐磨，如果用它来切削韧性较强的塑性材料（如钢等），就会很快磨损，因为在切削这类材料时，切削变形很大，刀尖处会产生很高的温度，而钨钴合金在 640℃时就会和切屑粘结在一起，使车刀前面很快磨损。钨钴合金中钴的含量越高，其抗弯强度和冲击韧性相应越高，但其耐磨性越低，所以一般 K30 常用于粗加工，K01、K20 常用于精加工。

2）钨钴钛类。常用的牌号有 P30、P10、P01 等。这类硬质合金常温时硬度为 89.5~92.8HRA，热硬性为 900~1000℃，所以在高温条件（如高速切削）下，比钨钴合金耐磨，用它加工钢类和其他韧性较强的塑性材料较为合适。但因它性脆，不耐冲击，容易崩刃，所以不宜加工脆性材料（如铸铁）。碳化钛含量越高，热硬性越好，同时韧性越差，所以 P10、P01 常用于精加工，P30 多用于粗加工。

3）钨钛钽（铌）钴类。常用的牌号有 M10、M20 等，主要成分为 $WC+TiC+TaC（NbC）+Co$。M10 适于耐热钢、高锰钢、不锈钢等难加工钢材及普通钢材和铸铁的加工。M20 适于耐热钢、高锰钢、不锈钢及高级合金钢等特殊难加工钢材的精加工、半精加工及普通钢材和铸铁的加工。由于该类刀具既可以加工钢，又可加工铸铁及非铁金属，因此常称为通用硬质合金（又称为万能硬质合金）。

通过以上分析可以认为，在一般情况下，钨钴合金适用于切削脆性材料（如铸铁等），钨钴钛类合金适用于切削塑性材料（如钢等）。当然，在特殊的情况下也要做灵活的选择。

7.3.2　车刀的结构

车刀由刀头和刀体两部分组成。刀头用于切削，故又称为切削部分。刀体是将车刀夹固在刀架或刀座上的部分。刀头一般由三面、二刃、一尖组成，即：

1）三面指前面、主后面、副后面。前面为切屑流经的表面；主后面为与工件切削表面相对的面；副后面为与工件已加工表面相对的面。

2）二刃指主切削刃和副切削刃。主切削刃为前面和主后面的交线，担负着主要的切削任务；副切削刃为前面和副后面的交线，承担少量的切削任务。

3）一尖（刀尖）为主切削刃与副切削刃的相交部分。

刀具角度是刀具结构的核心，它直接影响切削力、刀具强度、刀具寿命和工件加工质量。刀具角度可分为两类，即标注角度和工作角度。刀具的标注角度是制造、刃磨和测量刀具所需要的尺寸，刀具的工作角度是与刀具工作条件、安装状况和切削运动有关的角度。为了确定车刀的角度，要建立 3 个坐标平面，即切削平面、基面和正交平面。对于车削，切削平面可以认为是过主切削刃的铅垂面，基面是水平面，当主切削刃水平时，正交平面为与主切削刃相交且与切削平面、基面均垂直的剖面。直头外圆车刀的主要角度有前角（γ_{o}）、后角（α_{o}）、主偏角（κ_{r}）、副偏角（κ_{r}'）、刃倾角（λ_{s}），如图 7-8 所示。

（1）前角（γ_o） 前角是在正交平面中所测量的基面与前面之间的夹角。其作用是使切削刃锋利，便于切削。但前角也不能太大，否则会削弱切削刃的强度，容易磨损甚至崩刃。加工塑性材料时，前角一般可选大些，用硬质合金车刀加工钢件时，一般取 $\gamma_o=10°\sim20°$；加工脆性材料时，前角一般要选小些，用硬质合金车刀加工铸铁件时，一般取 $\gamma_o=5°\sim15°$。

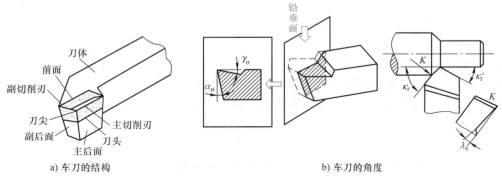

a) 车刀的结构　　　　　　　　　b) 车刀的角度

图 7-8　车刀的结构与角度

（2）后角（α_o） 后角是在正交平面中所测量的主后面与切削面之间的夹角。其作用是减小车刀的主后面与工件的摩擦。后角一般为 $3°\sim12°$，粗加工时选小值，精加工时选大值。

（3）主偏角（κ_r） 主偏角是主切削刃在基面上的投影与进给运动方向上的夹角。其作用可以改变主切削刃参与切削的长度（图 7-9），并能影响径向切削力的大小，如图 7-10 所示。小的主偏角可增加主切削刃参与切削的长度，因而散热好，对延长刀具寿命有利；但在加工细长轴时，工件刚度不足，小的主偏角会使刀具作用在工件上的径向力增大，易产生弯曲和振动，因此主偏角应选大些。车刀常用的主偏角有 $45°$、$60°$、$75°$、$90°$ 等几种。

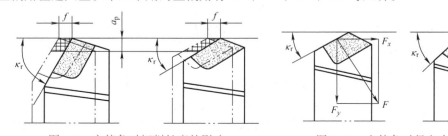

图 7-9　主偏角对切削长度的影响　　　　　　图 7-10　主偏角对径向力的影响

（4）副偏角（κ_r'） 副偏角是在基面上测量的副切削刃与进给反方向之间的夹角。其主要作用是减小副切削刃与已加工表面之间的摩擦，以改善加工表面的表面质量。在同样吃刀量和进给量的情况下，减小副偏角，可以减少车削后的残留面积，使表面粗糙度值降低，一般取 $\kappa_r'=5°\sim15°$，如图 7-11 所示。

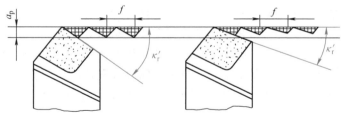

图 7-11　副偏角对残留面积的影响

（5）刃倾角（λ_s）　刃倾角是在切削平面中测量的主切削刃与基面的夹角。其作用主要是控制切屑的流动方向。如图 7-12 所示，切削刃与基面平行时，$\lambda_s = 0$；刀尖处于切削刃最低点时，λ_s 为负值，刃尖强度增大，切屑流向已加工表面，可用于粗加工；刀尖处于最高点时，λ_s 为正值，刃尖强度削弱，切屑流向待加工表面，可用于精加工，避免已加工表面受到切屑划伤。一般取 $\lambda_s = -5° \sim 5°$。

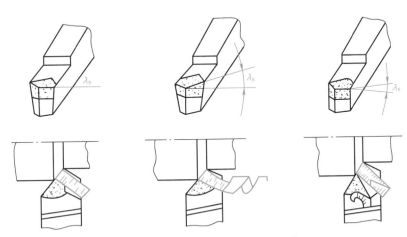

图 7-12　刃倾角对排屑方向的影响

7.3.3　车刀的刃磨

经过一段时间的切削，车刀会产生磨损，车刀磨钝以后，会使切削力和切削温度增高，工件加工表面的表面质量变差，所以须适时进行刃磨，以恢复其合理的形状和角度。车刀的刃磨方法主要有两种：一种是在工具磨床上进行；另一种是在砂轮机上进行。工厂大都配有砂轮机房。

在砂轮机上进行手工刃磨，首先要选择合适的砂轮类型。刃磨高速钢车刀应选用氧化铝砂轮，刃磨硬质合金车刀应选用绿色碳化硅砂轮。车刀的刃磨顺序和姿势如图 7-13 所示。

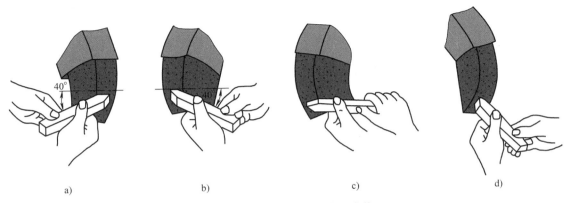

a)　　　　　　　　b)　　　　　　　　c)　　　　　　　　d)

图 7-13　车刀的刃磨顺序和姿势

图 7-13a 所示为磨主后面，先按主偏角大小，使刀杆向左偏斜，再按主后角大小，使刀头向上翘。

图 7-13b 所示为磨副后面，先按副偏角大小，使刀杆向右偏斜，再按副后角大小，使刀头向上翘。

图 7-13c 所示为磨前面，按前角大小，偏斜前面，同时注意刃倾角大小。

图 7-13d 所示为磨刀尖圆弧，先使刀尖上翘，使圆弧刃有后角，再左右摆动以刃磨圆弧。

在砂轮机上将车刀各面刃磨完以后，还应用油石修磨车刀的各面，进一步提高各切削刃及各面的光滑程度，从而提高车刀寿命和降低被加工零件的表面粗糙度值。

刃磨车刀时应注意以下事项：

1）刃磨车刀时，应两手握稳车刀，并使受磨面轻贴砂轮。切勿用力过猛，以免挤碎砂轮，造成事故。

2）应将刃磨的车刀在砂轮圆周面上左右移动，使砂轮磨耗均匀，不出沟槽。应避免在砂轮两侧面用力刃磨车刀，使砂轮受力后偏摆、跳动，甚至破碎。

3）刃磨高速钢车刀时，当刀头磨热时，应蘸水冷却，以免刀头因温度升高而软化；刃磨硬质合金车刀时，不应蘸水冷却，以免刀头遇急冷而产生裂纹。

4）刃磨车刀时不要站在砂轮的正面，以免砂轮破碎时使操作者受伤。

7.3.4　车刀的安装

车刀安装是否正确，直接影响到切削能否顺利进行和工件质量的好坏。即使刃磨出合理的车刀角度，如果安装不正确，车刀切削时的工作角度也会发生变化，如图 7-14 所示。

安装车刀时必须注意以下几点：

1）车刀安装在刀架上，不宜伸出过长。在不影响观察和切屑流向的前提下，应尽量伸出短些，一般不超过刀杆厚度的两倍。

2）车刀刀尖一般应与工件轴线等高，否则会由于切削平面和基面的位置发生变化而改变车刀工作时的前角和后角的数值，在加工圆锥面时造成双曲线误差，加工断面时，在工件的旋转中心处会留下凸台，造成"打刀"。

3）安装车刀时，应使刀杆中心线与进给方向垂直；否则会使主、副偏角的数值发生变化。

4）车刀下面的垫片要平整，并应与刀架对齐，而且垫片尽量要少，以防刚性太弱产生振动。

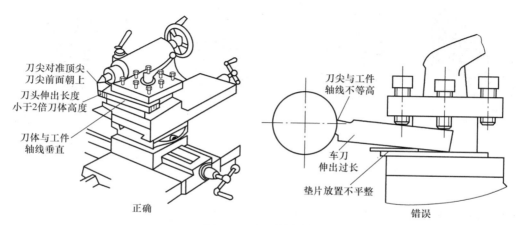

图 7-14　车刀的安装

7.4　工件的安装

车削时，必须把工件夹在车床夹具上，经过找正、夹紧，使它在整个加工过程中始终保持正确的位置，这个工作叫工件的安装。对于工件的安装，其主要要求是保证工件的加工精度、装夹可靠、具有较高的生产率。根据工件的特点，可利用不同的附件，进行不同方法的安装。在车床上常用自定心卡盘、单动卡盘、顶尖、中心架、跟刀架、心轴、花盘和弯板等附件来安装工件。

（1）用自定心卡盘安装工件　它在车床上装夹工件的形式如图 7-15 所示。

（2）用单动卡盘安装工件　它在车床上装夹工件的形式如图 7-16 所示。单动卡盘与自定心卡盘的区别是：4 个卡爪是单动的，夹紧力大，不能自动定心，必须找正。粗加工时用划针找正，精加工时用百分表找正，使用磁力表座固定百分表，磁力表座可固定在机床导轨或中滑板上。

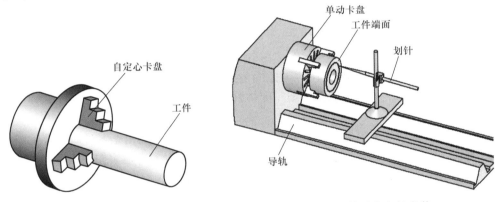

图 7-15　自定心卡盘的安装　　　　　图 7-16　单动卡盘的安装

（3）用顶尖安装工件　轴类零件的外圆表面常有同轴度要求，端面与轴线有垂直度要求，如果用自定心卡盘一次装夹不能同时精加工有位置精度要求的各表面，可采用顶尖装夹。在顶尖上装夹轴类零件时（图 7-17），两端用中心孔的锥面作为定位基准面，定位精度较高，经过多次调头装夹，工件的旋转轴线不变，仍是两端 60° 锥孔中心的连线。因此，可保证在多次调头装夹中所加工的各个外圆表面获得较高的位置精度。

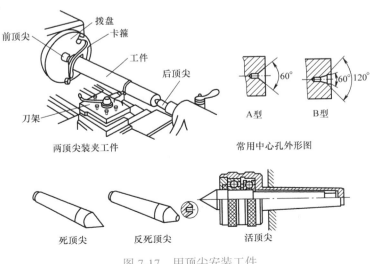

图 7-17　用顶尖安装工件

（4）用心轴安装工件 当盘套类零件的外圆表面与孔的轴线有同轴度要求、端面与孔的轴线有垂直度要求时，如果用自定心卡盘在一次装夹中不能同时精加工有位置精度要求的各表面，可采用心轴装夹，如图7-18所示。

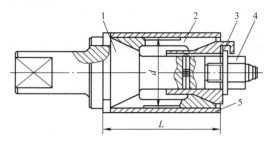

图 7-18 用心轴安装工件

1—夹具体 2—弹簧套夹 3—锥套 4—螺母 5—工件

（5）用中心架和跟刀架安装工件 在车削长径比（工件的长度与直径之比）不小于20的工件时，由于工件的刚性和切削力的影响，往往会出现"腰鼓形"，即中间大、两头小。因此，可以使用中心架（图7-19）或者跟刀架（图7-20）来改善刚度，避免"腰鼓形"现象的出现，从而保证加工质量。

（6）用花盘和弯板安装工件 在车床上加工不规则形状的复杂零件时，常采用花盘和弯板进行装夹，如图7-21所示。其他新型的夹具大都是由花盘和弯板演变而来。使用时既要考虑简便牢固地把工件夹紧，又要考虑旋转动平衡和安全问题。

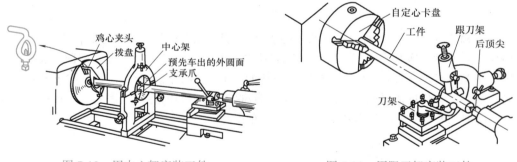

图 7-19 用中心架安装工件　　　　　图 7-20 用跟刀架安装工件

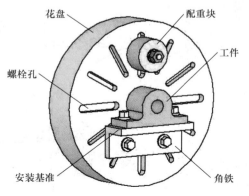

图 7-21 用花盘安装工件

7.5 车床操作要点

7.5.1 切削用量及对切削的影响

在车间里，许多有经验的车工老师傅，他们在装好车刀后，并不忙于开机切削，而是先考虑转速、吃刀量，再选择多少进给量。这是因为车工老师傅们在长期生产实践中，体会到切削用量（即切削速度、吃刀量和进给量）的重要性，它不仅和车刀切削角度一样，对切削力、切削热、积屑瘤、工件精度和表面粗糙度有很大影响，而且还直接关系到充分发挥车刀、机床的潜力和生产效率的提高。

1. 切削用量的概念

1）切削速度（v_c）。车刀在 1min 内车削工件表面的展开直线长度（m/min）。

2）吃刀量（a_s）。已加工表面和待加工表面之间的垂直距离（mm）。

3）进给量（f）。工件每转一圈，车刀沿走刀方向移动的距离（mm/r）。

2. 切削用量对切削的影响

在车削中，始终存在着切削速度、吃刀量和进给量这 3 个要素。增加切削速度、吃刀量和进给量，都能达到提高生产效率的目的，但是它们对切削的影响却各有不同。

（1）切削速度对切削的影响　所谓切削速度，实质上也可以说是切屑变形的速度，它的高低影响着切削变形的大小，而且直接决定着切削热的多少。切削速度越高，切屑变形越快，单位切削用功相应越多，车削时产生的切削热越多，同时热量聚积也越迅速；由于热量得不到及时传散，切削温度便会显著升高，所以切削速度的大小决定着切屑温度的高低。切削速度主要通过切屑变形以及切屑温度的变化来影响切削力的大小、刀具的磨损以及工件的加工质量。

当车削碳钢、不锈钢以及铝和铝合金等塑性金属材料达到一定的切削温度时，切削底层金属将黏附在车刀的切削刃上形成积屑瘤。积屑瘤只有在一定的切削温度范围内才会形成，所以它的形成与消失主要取决于切削速度的高低。积屑瘤的存在，将增大车刀的实际前角，在这种情况下，切削速度主要是通过积屑瘤而对切削力、刀具的磨损以及工件加工质量产生较大的影响。

1）切削速度对切削力的影响。一般来说，提高切削速度，即切屑变形速度加快，由于变形时间短促，切屑来不及充分变形，因此切屑变形减少，切削力也就相应降低，但切削速度过高将会使机床负荷显著增大，所以切削速度又不宜取得太高。

2）切削速度对刀具寿命的影响。一般情况下，切削速度的提高，将使切削温度随之增高，从而加剧刀具的磨损、降低刀具寿命，所以提高切削速度会降低刀具寿命。

3）切削速度对工件质量的影响。加工碳钢、不锈钢及铝和铝合金等塑性材料时，在一定的切削速度范围内，容易形成积屑瘤。而积屑瘤的存在势必影响工件的表面粗糙度和尺寸精度。因此在精车这类工件时，必须注意选用合适的切削速度，防止产生积屑瘤。如已出现积屑瘤，则可利用加快或减慢切削速度的办法去消除它。至于脆性材料，切削速度对工件质量的影响则较小。

尚需注意，当切削速度过高时，由于切削温度急剧升高，容易引起工件的热变形，同时加剧了车刀的磨损，使工件的加工精度显著降低。因此，车削时不能选用过高的切削速度。特别是在车削一些散热性较差、易受热变形的工件时，切削速度更不能选择过高。

（2）吃刀量与进给量对切削的影响　在车削中，被切层的宽度与厚度取决于吃刀量与进给量，两者的乘积即成为"切削横断面积"，它的大小决定着车削时的单位切削负荷。由于吃刀量和进给量对切屑变形以及散热等方面的作用不同，所以它们对切削力、刀具磨损以及工件质量的影响也不同。

1）吃刀量与进给量对切削力的影响。当吃刀量增大时，切削宽度增加，切削力也就按正比例相应增大，但不影响单位切削宽度上的切削力大小。

进给量的大小和单位切削宽度上的切削力大小有关，但它与切削力不成简单的正比例关系，这是因为切屑底层的变形最严重，而切屑的厚度取决于进给量，当进给量增大时，切屑增厚，变形最严重的切屑底层部分所占的比例减少，使切屑的平均变形相对减少；反之，进给量减小时，切屑的平均变形会相应增大。

因此，车削时，如果要求切削横断面积不变而减少切削力，则应取较大的进给量，同时取较小的吃刀量。

2）吃刀量与进给量对刀具寿命的影响。吃刀量增大时，由于切削刃工作长度增大，改善了散热条件，使切削温度升高较少，对刀具磨损影响也较少。进给量增加时，散热条件变差，使切削温度升高较多，对刀具磨损影响较大。所以，从刀具寿命来说，增加吃刀量比增加进给量有利。

3）吃刀量与进给量对工件质量的影响。当吃刀量太大时，控制工件的尺寸精度较困难；当进给量太大时，切削后的残留面积会相应增大，将显著影响工件的加工表面质量。所以在精车时，为了提高加工质量，吃刀量与进给量都应取小些。

3. 切削用量的合理选择

一般来说，加大切削速度、吃刀量和进给量，对提高生产效率有利，但过分地增加切削用量，会加剧刀具磨损，影响工件质量，甚至撞坏刀具，产生"闷车"等严重后果，所以必须把切削用量选择在一定范围内。选择切削用量时，首先应该根据不同的切削条件，找出切削用量中矛盾的主要方面，即先确定主要的切削要素，然后再选择其他切削要素。

（1）在粗车或精车时选择切削用量的一般原则

1）粗车时，一般加工余量比较多，希望能加工得快些，因此首先考虑吃刀能吃得深些，以减少吃刀次数；其次是进给量大些；然后再选择适当的切削速度。如果在粗车时把车削速度选得很高，这时车刀的耐用度就显著降低，车刀易于磨损，需要经常磨刀，增加了很多辅助工时。而且切削速度太高时，吃刀量只能相应减少，如果加工余量较多，则必然要分几刀才能完成车削，相应地降低了生产效率。

2）精车时，加工余量较少，要提高生产效率，只有适当增加切削速度。而这时被切削层较薄，切削力较小，也具备了适当提高切削速度的条件。

（2）不同切削条件下选择切削用量的几点原则

1）车削铸铁类工件和钢类工件的比较。铸铁类工件虽然强度不高，但有时因含有气孔和杂质等铸造缺陷，以及表面硬度高、切削崩碎等原因，对切削十分不利。而钢类工件虽然强度较高，但材料组织均匀，切屑呈带状，对切削较为有利。因此，在粗车铸铁类工件时，为了保护刀尖，刀尖要尽可能不接触工件的表面硬皮。而在选择切削速度时，为了提高车刀寿命，车铸铁类工件应比车钢类工件的切削速度要小一些；在精车铸铁类工件时，应比精车钢类工件所选择的进给量要大些，而切削速度比精车钢类工件时要选择得较低一些，以提高车刀寿命和工件的加工精度。

2）断续车削与连续车削的比较。断续车削时，工件对切削刃、特别是对刀尖作用着一个较大的冲击力，因此断续车削的切削用量应比连续车削选得小一些。

3）荒车和粗车时的比较。锻造或铸造的工件，一般表面很不平整，而且表皮硬度较高，当粗车第一刀时，如果吃刀量较小，没有将工件表面全部车出，就会因坯料表面的不平整，使切削刃受到一个不均匀的冲击力，容易崩刃，而且刀尖和硬度较高的坯料表皮接触，会造成严重的磨损。所以荒车时，把吃刀量放在第一位来考虑，其意义比粗车时更为突出，当工件、车刀、夹具和机床刚性许可时，应该加大吃刀量，使工件表面全部车出，这样可以显著减小冲击力的变化。同时，由于车刀刀尖已"切"入工件里层，不和硬度较高的表皮层相接触，刀尖也就不容易磨损。

4）车削管料工件和轴类工件的比较。管料工件是空心的，刚性较差，车削时容易引起振动，因此在精车管料工件时，切削速度要比精车轴类工件时选得小一些。

5）车外圆和车内孔的比较。由于车内孔时，刀杆尺寸受到限制，车刀刚性比车削外圆的车刀要差，车削时车刀容易振动，所以车内孔时选择的切削用量要比切削外圆时小一些。

6）使用高速钢车刀和硬质合金车刀的比较。由于高速钢车刀的热硬性比硬质合金车刀差，因此在使用高速钢车刀车削时，选择的切削用量应比使用硬质合金车刀小一些。

7）工件、车刀、夹具和机床刚性强与刚性差时的比较。工件、车刀、夹具和机床的刚性也是选择切削用量的一个依据。例如，车较深的孔时，由于刀杆细长，刚性较差，因此在选择切削用量时应比车一般孔时小；车削较长轴时常会发生振动，选择切削用量也不宜过大。

综上所述，选择切削用量时，应根据工件材料、工件形状、切削要求、车刀材料、夹具和机床的具体情况，对粗车和精车的一般选择原则进行适当的调整。

7.5.2 切削液的作用及其选择

车削时使用充分的切削液，不但可以减小切屑、车刀及工件之间的摩擦（包括内外摩擦），减少热量的产生，还能带走大量的热量，使切削温度降低，利于提高车刀寿命和工件的加工质量。

使用切削液时，必须有效地冲击到切屑和刀头，特别是冲在切屑上。因为在一般情况下，切削热的分布情况是切屑占 68%、车刀占 25% 左右。如果单纯地将切削液冲在切削刃上，不但达不到良好的散热效果，而且还会使车刀（如硬质合金类）因忽冷忽热而产生裂纹损坏。

切削液的种类很多，加工碳钢较多使用皂化液。

7.5.3 刀架极限位置检查

（1）检查的目的　防止车刀切至工件左端极限位置时，卡盘或卡爪碰撞刀架或车刀。图 7-22a 所示为车刀切至小外圆根部时，卡爪撞及小刀架导轨的情况；图 7-22b 及图 7-22c 所示为卡爪碰撞车刀的情况。

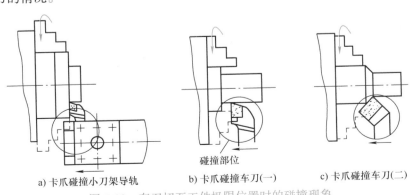

a) 卡爪碰撞小刀架导轨　　b) 卡爪碰撞车刀(一)　　c) 卡爪碰撞车刀(二)

图 7-22　车刀切至工件极限位置时的碰撞现象

（2）检查的方法　工件和车刀安装之后，手摇刀架将车刀移至工件左端应切削的极限位置，用手缓慢转动卡盘，检查卡盘或卡爪有无撞及刀架或车刀的可能。若不会撞及，即可开始加工，否则应对工件、小刀架或车刀的位置进行适当调整。

7.5.4　刻度盘及其正确使用

车削过程中，为了正确、迅速地掌握吃刀量，必须熟练地使用中滑板和小刀架上的刻度盘。卧式车床的横向进给、纵向进给以及小刀架移动量均靠刻度盘指示。控制横向进给量的中滑板刻度盘，由一对丝杠螺母传动，刻度盘与丝杠连为一体，中滑板与螺母连为一体，刻度盘旋转一周，螺母带动中滑板移动一个螺距。

其中，刻度盘格值＝丝杠螺距／刻度盘格数。例如，C616 车床的横向进给丝杠的螺距为4mm，刻度盘一周格数为 200 格，所以刻度盘格值为 4mm/200，即 0.02mm。

由于丝杠与螺母之间存在间隙，当刻度手柄摇过了头，或者试切后发现尺寸不对而需要将车刀退回时，不能直接退至所要求的格值。正确的操作是将刻度盘向相反的方向退回半圈左右，消除间隙的影响之后再摇到所需的位置，如图 7-23 所示。

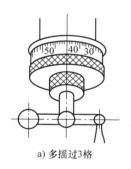　　

a) 多摇过3格　　　　b) 错误：直接退回3格　　　c) 正确：反转半圈，再
　　　　　　　　　　　　　　　　　　　　　　　　　　转至所需位置

图 7-23　刻度盘的正确使用

7.5.5　对刀、试切和试量

对刀、试切和试量是控制工件尺寸精度的必要手段，也是基本功，一定要熟练掌握。

（1）对刀　对刀的目的是确定刀具在机床坐标系中的位置。对刀点可以在零件、夹具上或者机床上，对刀时应使对刀点与刀位点重合。对刀的方法是：首先使工件旋转，将刀尖慢慢接近工件，当刀尖接触工件时，将车刀纵向右移远离工件，记下横向手柄刻度的读值，然后准备试切、试量。

（2）试切　工件在车床上安装完后，要根据工件的加工余量来决定背吃刀量和进给次数。粗车时，可根据刻度盘来进给；而半精车和精车时，为了保证工件加工的尺寸精度，只靠刻度盘进给保证不了精度，这就需要试切。试切的步骤（以车外圆为例）如图 7-24 所示。上述方法及步骤必须熟练地掌握，否则就会出废品。

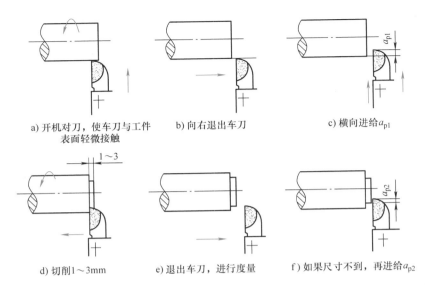

图 7-24　试切的步骤

7.6　车削加工的基本方式

车削加工的基本工序有车外圆、车端面和台阶、切槽和切断、钻孔和镗孔、车锥面、车成形面、车螺纹、滚花等。

实践操作

7.6.1　车外圆

（1）车削外圆面的加工特点　将工件装夹在卡盘上做旋转运动，车刀安装在刀架上做纵向运动就可车出外圆柱面。车削这类零件时，要保证图样的标注尺寸、公差和表面粗糙度、几何公差（如垂直度、同轴度）的要求。

（2）常用外圆车刀　常用的外圆车刀有尖刀、弯头刀和偏刀，如图 7-25 所示。外圆车刀常用的主偏角有 45°、60°、75°、90°。尖刀主要用于粗车外圆和没有台阶或台阶不大的外圆。弯头刀用于车外圆、端面和有 45° 斜面的外圆，特别是 45° 弯头刀应用较为普遍。主偏角为 90° 的右偏刀，车外圆时，径向力很小，常用于车削细长轴的外圆。

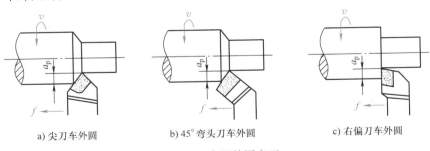

a) 尖刀车外圆　　　　b) 45°弯头刀车外圆　　　　c) 右偏刀车外圆

图 7-25　常用外圆车刀

（3）外圆车削加工的注意事项

1）粗车铸件、锻件时的吃刀量不宜过小，应大于其硬皮层的厚度。

2）车削加工时，为避免刀具变形，车刀不宜伸出刀架过长，一般不超过刀杆厚度的两倍。

3）安装车刀时，为避免主、副偏角对加工质量的影响，应保证刀杆中心线与刀具进给方向垂直。

7.6.2 车端面和台阶

（1）车端面　车端面时，刀尖必须准确对准工件的旋转中心，以避免车出的端面中心产生凸台或崩坏刀尖。车端面时，切削速度随外圆直径减小而逐渐减小，会影响端面的表面粗糙度，因此，工件切削速度应比车外圆时略高。

45° 弯头车刀车端面（图 7-26a）时利用主切削刃进行切削，适用于车削较大的平面，还能车削外圆和倒角。右偏刀车端面（图 7-26b）时用原车刀的副切削刃变成主切削刃进行切削，切削不顺利，因此，当切近中心时应放慢进给速度。它适用于车削带台阶和端面的工件。对于有孔的工件，用右偏刀车端面时由中心向外进给（图 7-26c），这时主切削刃切削，切削顺利，表面粗糙度值较小。当零件结构上不允许用右偏刀时，可用左偏刀车端面（图 7-26d），它是利用主切削刃进行切削，所以切削顺利，能车出表面粗糙度值较小的平面，适用于车削铸、锻工件的大平面。

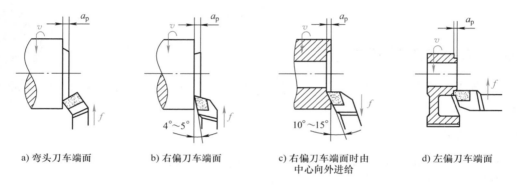

a) 弯头刀车端面　　b) 右偏刀车端面　　c) 右偏刀车端面时由　　d) 左偏刀车端面
　　　　　　　　　　　　　　　　　　中心向外进给

图 7-26　常用端面车刀

（2）车台阶

1）低台阶。台阶高度在 5mm 以下，可在车外圆的同时车出（图 7-27a）。为使车刀主切削刃垂直于工件轴线，装刀时要用直角尺对刀（图 7-27b）。

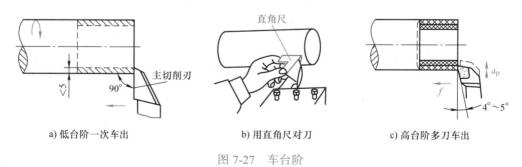

a) 低台阶一次车出　　　　b) 用直角尺对刀　　　　c) 高台阶多刀车出

图 7-27　车台阶

2）高台阶。台阶高度大于 5mm，一般与外圆成直角，应分层纵向切削。在末次纵向进给后，车刀横向退出，车出台阶，如图 7-27c 所示。

为使台阶长度符合要求，可用尖刀预先车出线痕，以此作为加工的界线。单件生产时用钢直尺控制长度（图 7-28a），成批量生产时可用样板控制（图 7-28b）。

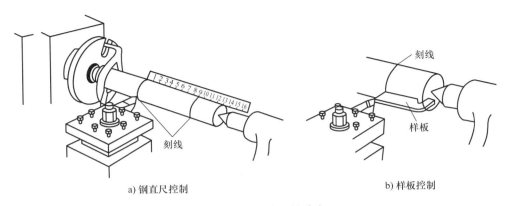

a) 钢直尺控制　　　　　　　　　　　　b) 样板控制

图 7-28　台阶位置的确定

（3）端面车削的注意事项

1）正确选择刀具和进给方向。车削端面时，使用 90° 偏刀由外圆向中心进给，起主要切削作用的是车外圆时的副切削刃，由于其前角较小，切削不能顺利进行，此时受切削力方向的影响，刀尖容易扎入工件，影响表面质量。此外，工件中心的凸台瞬间被车刀切掉，易损坏车刀刀尖。使用 45° 偏刀车平面是用主切削刃进行加工，且工件中心凸台是逐步被车刀切掉的，不易损坏车刀刀尖。对带孔工件用 90° 偏刀车平面，由中心向外进给，避免了由外圆向中心进给的缺陷。

2）粗车铸、锻件平面时的吃刀量不宜过小，应大于其硬皮层的厚度。

3）车削实体工件的平面时，车刀刀尖在车床上的高度应与机床的回转轴线等高，避免挤刀、扎刀。

7.6.3　切槽和切断

（1）切槽　切槽用切槽刀。切窄槽时，可用相应宽度的切槽刀，按图 7-29 所示的位置安装，主切削刃平行于工件轴线，刀尖与工件轴线同一高度。切宽槽时，可分几次完成，如图 7-30 所示。

（2）切断　切断时工件一般用卡盘装夹，切断处应距卡盘近些，以免引起工件振动。切断刀的主切削刃必须对准工件旋转中心，较高或较低均会使工件中心部位形成凸台，损坏刀头。切割时，用手均匀而缓慢地进给，即将切断时，须放慢进给速度，以免刀头折断。切断钢料时，还需加切削液。

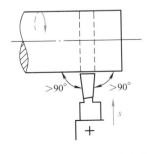

图 7-29　切槽刀的正确安装

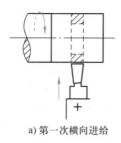 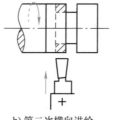 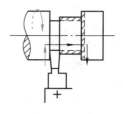

a) 第一次横向进给　　　　　　b) 第二次横向进给　　　　　c) 最后一次横向进给后再以
　　　　　　　　　　　　　　　　　　　　　　　　　　　　　　纵向进给精车槽底

图 7-30　切宽槽

7.6.4　钻孔和镗孔

在车床上可分别用中心钻、钻头、扩孔钻、铰刀和镗刀等刀具进行钻中心孔、钻孔、扩孔、铰孔和镗孔等工序。

1. 钻中心孔

车削过程中，需要调头多次装夹才能完成车削轴类工件，如台阶轴、齿轮轴、丝杠等，一般先在工件两端钻中心孔，采用两顶尖装夹，确保工件定心准确和便于装卸。

（1）中心孔的类型及作用　中心孔按形状和作用可分为 4 种，即 A 型、B 型、C 型和 R 型。A 型和 B 型为常用的中心孔，其中 A 型中心孔由圆柱部分和圆锥部分组成，圆锥孔的锥角为 60°，一般适用于不需要多次安装或不保留中心孔的零件。B 型中心孔是在 A 型中心孔的端部多一个 120° 的圆锥孔，目的是保护 60° 锥孔，避免其被碰伤，一般适用于多次安装的零件。其中，A 型、B 型中心孔如图 7-31 所示。

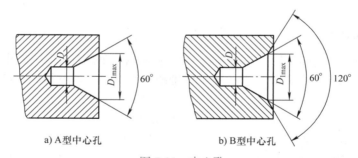

a) A型中心孔　　　　　　　　　　b) B型中心孔

图 7-31　中心孔

（2）中心钻　中心孔一般用中心钻钻出，中心钻一般用高速钢制成。为了适应标准中心孔加工的需要，常用的中心钻有以下两种：

1）A 型。不带护锥中心钻，适用于加工 A 型中心孔，如图 7-32 所示。

2）B 型。带护锥中心钻，适用于加工 B 型中心孔，如图 7-33 所示。

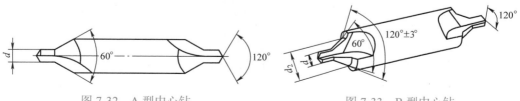

图 7-32　A 型中心钻　　　　　　　　　　图 7-33　B 型中心钻

（3）钻中心孔的方法

1）中心钻在钻夹头上装夹。按逆时针方向旋转钻夹头的外套，使钻夹头的三爪张开，把中心钻插入，使得中心钻的切削部分伸出钻夹头一个恰当的长度，然后用钻夹头扳手以顺时针方向转动钻夹头的外套，把中心钻夹紧。

2）钻夹头在车床尾座锥孔中的安装。先清洁钻夹头锥柄部和尾座锥孔，然后用轴向力把钻夹头装紧。

3）中心钻靠近工件。把尾座顺着机床导轨移近工件。

4）主轴旋转、中心钻按进给速度钻削。

钻中心孔之前必须将尾座严格校正，使其对准主轴的中心。钻中心孔时，由于中心钻直径小，主轴转速应取较高的速度。进给时一般用手动，这时进给量应小而均匀。当中心钻钻入工件时，应加切削液，使其钻削顺利、光洁。钻完后的中心钻应进行短暂停留，然后退出，可使中心孔光、圆、准确。

（4）钻中心孔的注意事项

1）中心钻细而脆，易折断。

2）中心孔易钻偏或钻得不圆。

3）中心孔钻得太深，顶尖锥面无法与锥孔接触。

4）中心钻圆柱部分修磨后变短，易造成顶尖与中心孔底部相碰，从而影响加工质量。

2. 钻孔

在车床上钻孔如图 7-34 所示，工件用卡盘装夹，钻头装在尾座上，工件旋转为主运动，摇动尾座手柄使钻头纵向移动为进给运动，钻孔的尺寸公差等级可达 IT14~IT11，表面粗糙度值为 Ra 25~6.3μm。

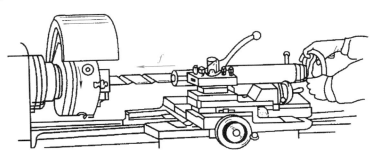

图 7-34　在车床上钻孔

（1）钻孔步骤及方法

1）平端面。为便于钻头定心，应先将工件端面车平，并最好在端面中心处钻出中心孔，防止钻偏。

2）装夹钻头。锥柄钻头直接装在尾座套筒的锥孔中，直柄钻头用钻夹夹持。钻头锥柄和尾座套筒的锥孔必须擦干净、套紧。

3）钻孔。钻削时，切削速度不应过大，以免钻头剧烈磨损。开始钻削时宜慢进给，以使钻头能准确地钻入工件，然后加大进给速度。孔将钻通时，须降低进给速度，以防折断钻头。孔钻通后，先退出钻头，然后停机。钻直径大于 30mm 的孔时，由于轴向力较大，难以一次钻出，应先钻出一个较小的孔（钻头选择一般为名义孔径的 0.2~0.4 倍），然后再将孔扩大至所要的尺寸。钻孔之前，一般先用中心钻钻中心孔，用作钻头定位。钻削过程中，须经常退出钻头排屑。钻塑性材料时，须加切削液。

（2）钻孔加工时的注意事项

1）选择适当的切削速度。钻孔时的切削速度直接影响生产效率，因此不应过小，但也不宜过大，过大会"烧坏"钻头。钻孔时切削速度的选择与加工工件孔径、加工质量和材料有关。

2）钻深孔时的排屑问题。钻深孔时应及时把切屑排出，避免因切屑不能排出而导致内孔表面粗糙，甚至会使钻头与工件"咬死"。

3）保证钻头的正确定心。要避免孔歪斜，钻头定心的准确与否对钻孔加工是一个十分重要的条件。

4）保证切削液的供给。钻削是一种半封闭式的切削，钻削时所产生的热量，虽然也由切屑、工件、刀具和周围介质传出，但它们之间的比例却和车削时大不相同。例如，用标准麻花钻不加切削液钻钢件时，工件吸收的热量约占 52.5%、钻头约占 14.5%、切屑约占 28%，而介质仅占 5% 左右。一般情况下，钻削加工钢件时需用乳化液作为切削液，而加工铸铁和铜类工件无需要切削液，当材料硬度较高时需用煤油作为切削液。

3. 镗孔

镗孔是对已锻出、铸出或钻出的孔做进一步加工。镗孔可扩大孔径、提高精度、降低表面粗糙度值，还可以较好地纠正原来孔轴的偏斜。镗孔可分为粗镗、半精镗、精镗。精镗可达到的尺寸公差等级为 IT8~IT7，表面粗糙度值为 Ra 1.6~0.8μm。镗孔及所用的镗刀如图 7-35 所示。

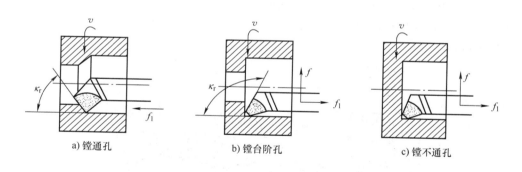

a）镗通孔   b）镗台阶孔   c）镗不通孔

图 7-35   镗孔及所用的镗刀

（1）常用镗刀

1）通孔镗刀。镗通孔用的普通镗刀，为减小径向切削力和减小刀杆的弯曲变形，一般主偏角为 45°~75°，常取 60°~70°。

2）台阶孔、不通孔镗刀。镗台阶孔和不通孔用的镗刀，其主偏角 $\kappa_r > 90°$，一般取 95°。

（2）镗刀的安装

1）刀杆伸出刀架外的长度应尽量短，以增加刚度，避免因刀杆弯曲变形而使孔产生锥形误差。

2）刀尖应略高于工件旋转中心，以减小振动和扎刀，防止镗刀下部碰坏孔壁，影响加工精度。

3）刀杆要装正，不能歪斜，以防刀杆碰坏已加工表面。

（3）工件的安装

1）对于铸出或锻出的毛坯孔，装夹时一定要根据内、外圆进行整体校正，既要保证内孔全部有加工余量，又要兼顾非加工表面的相互位置基本对称。

2）装夹薄壁孔件，不宜将卡爪夹得过紧，否则工件产生变形，影响产品质量。对精度要求较高的薄壁孔类零件，在粗加工之后、精加工之前，可稍微将卡爪放松点，但夹紧力要大于切削力，然后再进行精加工。

（4）镗孔方法　镗刀刚度较差，容易产生变形和振动。为了保证镗孔质量，镗孔往往需要比精车外圆还要小的进给量和吃刀量，并要多次进给。精镗时，一定要采用试切的方法。镗台阶孔和不通孔时，应在刀杆上用粉笔或划针做记号，以控制镗刀进入的长度，如图 7-36 所示。

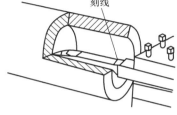

图 7-36　刀杆刻线控制孔深

（5）镗孔的加工特点

1）因受孔径的限制，孔加工刀具刀杆细长，刀头较小，刀具的强度、刚性较差，易产生变形与振动，往往只能采用较小的切削用量，所以生产效率较低。

2）刀具伸进孔内进行切削，切削热不易散失，切屑不易排除，工件易产生变形和热胀冷缩。

3）镗孔生产效率较低，但镗刀制造简单，大直径和非标准直径的孔都可使用，通用性强。

7.6.5　车锥面

在机械制造业中，除了采用圆柱孔和圆柱体作为配合表面，采用圆锥体和圆锥孔作为配合表面也相当广泛。因为当圆锥面的锥度较小时，可传递很大的转矩；锥面装拆方便，且可多次装拆仍能保证精确的定心作用；圆锥面接合的同轴度也较高，如车床主轴孔与顶尖的配合、车床尾座套筒锥孔与钻头锥柄的配合等。

1. 锥面的车削方法

锥面的车削方法有小刀架转位法、偏移尾座法、宽刀法和靠模法。

（1）小刀架转位法　当外锥面的圆锥角为 α 时，松开固定小刀架的螺母，使小刀架绕转盘转过 $\alpha/2$，再把螺母固紧，摇动小刀架手柄，车刀即沿锥面的母线移动，从而切出所需锥面，如图 7-37 所示。

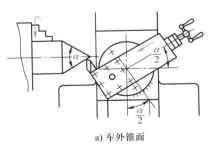
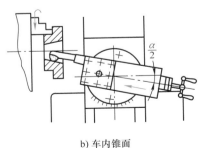

a) 车外锥面　　　　　　　　　　b) 车内锥面

图 7-37　小刀架转位法车内外锥面

此法操作简单，能加工任意锥角的内外锥面，但因受小刀架行程的限制，不能加工较长的锥面。

（2）偏移尾座法　偏移尾座法如图 7-38 所示。它只能加工轴类零件或安装在心轴上的盘套零件的锥面。工件或心轴安装在前后顶尖之间，将后顶尖向前后方向偏移一定的距离 s，使工件回转轴线与车床主轴轴线的夹角等于工件圆锥斜角 $\alpha/2$。当刀架自动或手动纵向进给时，即可车出所需的锥面。

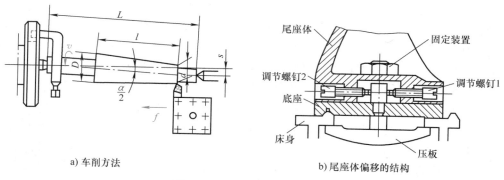

a) 车削方法   b) 尾座体偏移的结构

图 7-38 偏移尾座法车外锥面

此法可加工较长的锥面，并能自动进给，因此表面粗糙度值低，但因受尾座偏移量的限制，只能车锥度 $\alpha/2 < 8d$ 的外锥面。又因顶尖在中心孔内是歪斜的，表面接触不良，磨损不均匀，导致在加工锥度较大的锥面时会影响加工精度。

（3）宽刀法 宽刀（样板刀）车削圆锥体时依靠车刀主切削刃垂直切入，直接车出圆锥。它适用于车削圆锥斜角较大、长度较短的内外圆锥体，如图 7-39 所示。

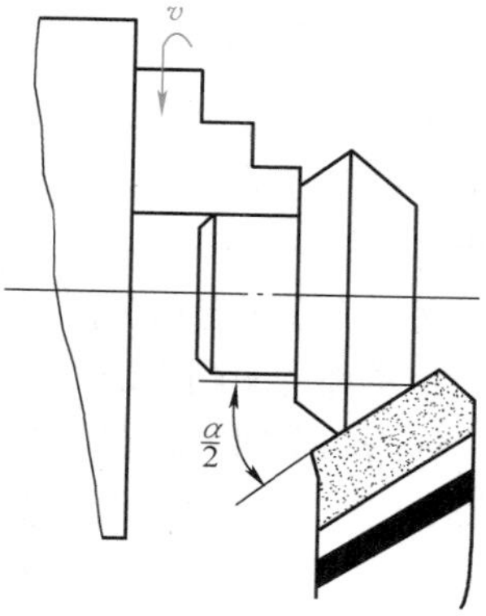

使用样板刀时应注意，切削刃必须平直，刃倾角为零，主偏角等于工件的半锥角 $\alpha/2$。安装时必须保持刀尖与工件中心等高，同时，机床 - 工件 - 刀具系统必须有足够的刚度。

（4）靠模法 靠模法车锥面与靠模法车成形面的原理和方法类似，将成形面靠模改为斜面靠模即可。

2. 圆锥车削加工容易产生的问题和注意事项

1）车刀必须对准工件旋转中心，避免产生双曲线（母线不直）误差。

2）车圆锥体前圆柱直径一般应按圆锥体大端直径放余量 1mm 左右。

图 7-39 宽刀车削圆锥体

3）车刀切削刃要始终保持锋利，工件表面应一刀车出。

4）应两手握小滑板手柄，均匀移动小滑板。

5）粗车时，进给量不宜过大，应先找正锥度，以防工件车小而报废。一般留精车余量 0.5mm。

6）用量角器检查锥度时，测量边应通过工件中心。用套规检查，工件表面粗糙度值要小，涂色要薄而均匀，转动一般在半周之内，多则易造成误判。

7）转动小滑板时，转动角度应稍大于圆锥半角，然后逐步找正。当小滑板角度调整到相差不多时，只须把紧固螺母稍松些，用左手拇指紧贴在小滑板转盘与中滑板底盘上，用铜棒轻轻敲小滑板至所需位置，凭手指的感觉决定微调量，这样可较快地找正锥度。注意要消除滑板间隙。

8）小滑板不宜过松，以防工件表面车削痕迹粗细不一。

9）当车刀在中途刃磨以后装夹时，必须重新调整，使刀尖严格对准工件中心。

7.6.6　车成形面

由曲线回转而形成的面称为成形面。对于这类零件的加工，应根据零件的特点、加工要求、批量等不同情况，分别采用双手控制法、成形刀法和靠模法等加工方法。

1. 双手控制法

采用普通车刀加工，如图 7-40 所示。首先用外圆车刀按成形面形状粗车许多台阶（图 7-40a），然后用双手控制圆弧车刀同时做纵向和横向进给，车去台阶峰部并使之基本成形（图 7-40b），再用样板检验（图 7-40c）。

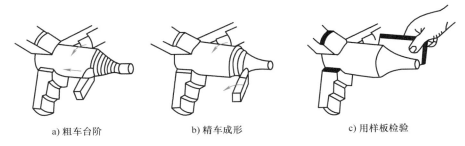

a）粗车台阶　　　　　　b）精车成形　　　　　　c）用样板检验

图 7-40　普通车刀车削成形面

此法操作技术要求较高，但无须特殊加工设备和工具，适用于单件小批量生产中加工精度要求不高的成形面。

用此法车削成形面的关键是双手摇动车柄的速度配合是否恰当，如图 7-41 所示。当用车刀车 a 点这一段圆弧时，因这部分材料垂直边短、水平边长，所以中滑板前进的速度慢，小刀架退出的速度应快些；当车刀移到 b 点时，要车去 b 点的这一小部分材料，其垂直边与水平边的长度相等，纵、横向边短，因此中滑板向前移动的速度应快，而小刀架退出的速度应慢。车削时，圆球上各点的斜度不一，所以各点需双手控制的进给速度均不相同。

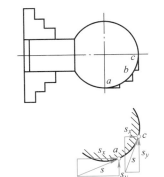

图 7-41　车削圆球时的速度分析

2. 成形刀法

当工件数量较多时，可采用成形车刀车削。成形刀的切削刃曲线与形成成形面的母线完全相符，只需一次横向进给即可车削成形。有时为了减小成形刀材料的切除量，可先用刀尖按成形面形状粗车许多台阶，再用成形刀精车成形。这种成形刀的制造和刃磨都比较方便，成本较低，但它的形状不是十分准确。因此，成形刀法通常用于批量较大的生产中，车削形状不复杂、刚性较好、长度较短的成形面，如图 7-42 所示。

成形车刀安装时不宜伸出过长，以免刚度不足；成形车刀与工件接触面积大，容易引起振动，刀具安装时要对准工件中心，低于中心将引起振动，高于中心不易切进，容易扎刀。

3. 靠模法

图 7-43 所示为用靠模法车手柄的成形面。靠模安装在车床的后面，车床的中滑板需要与横丝杠脱开，其前端连接板上装有滚柱，当大滑板纵向自动进给时，滚柱即沿靠模的曲线移动，

从而带动中滑板和车刀做曲线移动，同时用小刀架控制背吃刀量，即可车出手柄的成形面。

靠模法加工成形面，操作简单，生产效率高，多用于批量较大的生产中车削长度较大、形状较为简单的成形面。

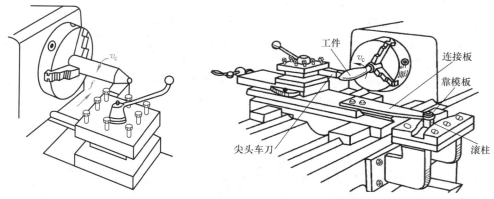

图 7-42　用成形车刀车成形面　　　　　　图 7-43　用靠模法车手柄的成形面

7.6.7　车螺纹

螺纹在生活中很常见，特别是在机器的零部件中起着连接、传动的功能。按形状不同可分为圆柱螺纹和圆锥螺纹；按用途不同可分为连接螺纹和传动螺纹；按牙型特征可分为普通（三角）螺纹、矩形螺纹、梯形螺纹，螺纹的种类如图 7-44 所示。其中普通螺纹作连接和紧固之用，矩形和梯形螺纹作传动之用。各种螺纹又有右旋、左旋和单线、多线之分，其中以单线、右旋的普通螺纹应用最广。

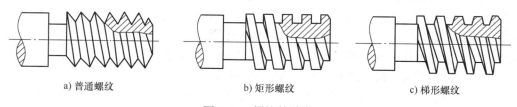

a) 普通螺纹　　　　　　b) 矩形螺纹　　　　　　c) 梯形螺纹

图 7-44　螺纹的种类

1. 螺纹的车削加工

（1）传动原理　车螺纹时，为了获得准确的螺距，必须用丝杠带动刀架进给，对于单线螺纹，工件每转一周，刀具移动的距离等于工件螺距。

（2）螺纹车刀及安装　牙型角 α 取决于螺纹车刀的刃磨和安装。

车刀刃磨的角度如图 7-45 所示，车刀的刀尖等于螺纹轴向剖面的牙型角 α，且前角 $\gamma_o=0°$。粗车螺纹时，为了改善切削条件，可用有正前角（$\gamma_o=5°\sim15°$）的车刀。

尽管车刀用样板磨得一丝不差，但若安装不合理，也会导致加工出的螺纹有误差。因此，安装车刀时，要用样板对刀，保证刀尖角的对分线垂直于工件轴线，以防牙型角产生偏斜，如图 7-46 所示。刀杆悬伸长短相宜，垫片数量少，以防振动。

（3）机床调整及工件安装　车刀装好后，必须要对机床进行调整，将进给箱上的丝杠、光杠选择手柄选择到丝杠位置。此时进给箱中的光杠进给机构脱开，丝杠传动机构运行。根据螺距大小选择好手柄位置，即确定好主轴每转一圈大滑板在丝杠的带动下移动的距离。主轴最好低速工作，以便有较充分的时间退刀。为使刀具移动均匀、平稳，须调整中滑板导轨间隙和小刀架丝杠与螺母的间隙。车削过程中，工件对主轴如有微小的松动，即会导致螺纹形状或螺距不正确，因此工件必须装卡牢固。

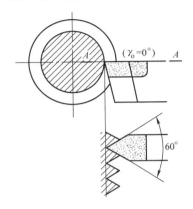

图 7-45　车刀刃磨的角度

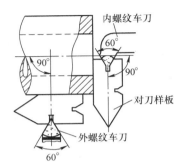

图 7-46　内外螺纹车刀对刀方法

（4）操作方法　车普通螺纹有两种方法，即<u>直接进给法和左、右车削法</u>。

1）直接进给法。此法如图 7-47 所示。

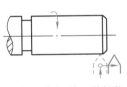

a) 开机，使车刀与工件轻微接触，记下刻度盘读数、向右退出车刀

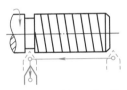

b) 合上对开螺母，在工件表面上车出一条螺旋线，横向退出车刀，停机

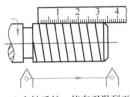

c) 主轴反转，使车刀退到工件右端，停机，用钢直尺检查螺距是否正确

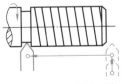

d) 利用刻度盘调整吃刀量，开机切削

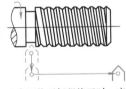

e) 车刀将至行程终了时，应做好退刀停机准备，先快速退出车刀，然后停机，使主轴反转退回刀架

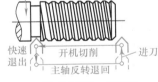

f) 再次横向进给，继续切削，其切削过程的路线如图所示

图 7-47　直接进给法车螺纹

2）左、右车削法。直接进给法车削螺纹时，车刀两侧同时参加切削，刀具受力大，排屑不利。车螺距较大的螺纹时，多采用左、右切削法，左、右切削法的特点是使车刀只有一条切削刃参加切削，其操作方法与直接进给法基本相同，只是在每次进给的同时，用小刀架向左、右移动一小段距离，这样重复切削直至螺纹的牙型全部车好。

为了操作方便，粗车时用小刀架只向一个方向移动，精车时须一次左、一次右地移动，分别将螺纹的两侧修光。

2. 防止"乱扣"

车削螺纹时需多次进给才能完成。当车完一刀再车另一刀时，必须保证车刀总是落在已切的螺纹槽中，否则就叫"乱扣"，致使工件报废。

"乱扣"主要是车床丝杠的螺距与工件螺距不是整数倍而造成的。即当 $P_{丝}/P$ 为整数时，每次车到位置之后，可打开"对开螺母"，纵向摇回刀架，不会"乱扣"；若 $P_{丝}/P$ 不是整数时，则不能打开"对开螺母"摇回刀架，而只能使主轴反转，使刀架纵向退回。

为了避免"乱扣"，必须注意以下事项：

1）中滑板和小刀架与导轨之间不宜过松，否则应调整镶条。

2）不论在卡盘上还是在顶尖上，工件与主轴之间的相对位置不能变动。

3）车削过程中，如果换刀或磨刀，均应重新对刀。换刀后的对刀方法如图7-48所示，先闭合对开螺母，使车刀处于1位置；开车将刀架向前移动一段距离，使车刀处于2位置，以消除丝杠与螺母之间的间隙；再摇动小刀架和中滑板，使车刀落入原来的螺纹槽中，车刀处于3位置；最后将车刀移至螺纹右端相距数毫米处，以便继续切削。

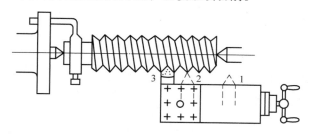

图7-48　换刀后的对刀方法

1—$P_{丝}/P$=6/1.5=4，即丝杠转一转，工件转过4转，不会"乱扣"

2—$P_{丝}/P$=6/3=2，即丝杠转一转，工件转过2转，不会"乱扣"

3—$P_{丝}/P$=6/12=0.5，即丝杠转一转，工件转过半转。车第二刀时，车刀刀尖正好切在牙上，产生"乱扣"

因此，车螺纹时，为了避免"乱扣"，必须先算出"乱扣"数。首先确定其会不会乱扣，会"乱扣"的须用使主轴正反转的方法，消除乱扣。主轴正反转操作方法为：当车完一刀时，立即将车刀横向退出，不打开对开螺母，并及时使主轴反转，使车刀纵向退回原位置，然后重新进给，如此反复，直至把螺纹车好为止。由于对开螺母与丝杠始终吻合，刀尖也就一直准确地在一条固定的螺旋槽内切削。因此，用这个方法加工任何一种螺距，都不会发生"乱扣"。

3. 普通螺纹的测量

当螺纹加工完成后，检验加工的量具有螺纹扣规和螺纹量规两种，如图7-49所示。

a) 螺纹扣规

b) 螺纹量规

图7-49　螺纹量具

1）螺纹扣规。测量螺距的量具，由一套钢片组成，每个片上都制有一种螺距的螺纹断面，测量时只需将钢片沿轴线扣入螺旋槽内，如果螺纹与扣规完全吻合，则工件合格。

2）螺纹量规。综合性检验量具，分为塞规和环规两种，塞规检验内螺纹，环规检验外螺纹，并由通规、止规组成一副。螺纹工件只有在通规可通过、止规通不过的情况下为合格，否则零件为不合格品。

7.6.8　滚花

有些工具和机器零件的捏手部分为了增加摩擦力或使零件表面美观，常在零件表面上滚出不同的花纹，如千分尺的套管，各种滚花螺母、螺钉等。这些花纹一般是在车床上用滚花刀滚压而成的，如图 7-50 所示。

1. 滚花的种类

花纹一般有直纹和网纹两种，并有粗细之分。花纹的粗细根据节距不同分为粗纹、中纹和细纹 3 种。粗花纹节距是 1.2mm 和 1.6mm，中花纹节距是 0.8mm，细花纹节距是 0.6mm。

2. 滚花刀

滚花用滚花刀来挤压工件，使其表面产生塑性变形而形成花纹。滚花刀有单轮、双轮和六轮 3 种，如图 7-51 所示。单轮滚花刀通常滚直纹。双轮滚花刀滚网纹，由一个左旋和一个右旋滚花刀组成一组。六轮滚花刀是把网纹节距不等的 3 组滚花刀装在同一特制刀杆上，使用时可以很方便地根据需要选用粗、中、细不同的节距。滚花刀的直径一般为 20~25mm。滚花步骤如下：

1）滚花前，先根据花纹的粗细，把工件滚花部分的直径车小 0.25~0.5mm。

2）安装滚花刀，滚花刀的表面与工件表面平行，滚花刀中心与工件中心一致。

3）滚花刀接触工件时，必须用较大的压力进刀，使工件刻出较深的花纹，否则就容易乱纹，来回滚压 1~2 次，直至花纹凸出。

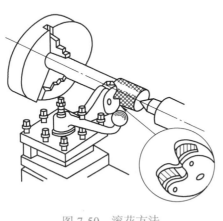

图 7-50　滚花方法

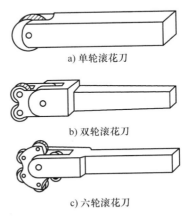

a) 单轮滚花刀

b) 双轮滚花刀

c) 六轮滚花刀

图 7-51　滚花刀

3. 滚花时的注意事项

1）滚花时，滚花刀对工件产生的径向压力很大，所以滚花刀、工件要装夹牢固。

2）滚压过程中，要经常加润滑油和清除切屑，以免损坏滚花刀和防止滚花刀被切屑滞塞而影响花纹的清晰度。在用毛刷加润滑油时，毛刷不能与工件和滚花刀接触。

3）滚花时不准用手去触摸工件，以免发生事故。

7.7 车削加工安全操作规程

1）工作时要穿工作服，并扣好每个扣子，袖口要扎紧，以防工作服衣角或袖口被旋转物体卷进，或铁屑从领口飞入。操作者应戴上工作帽，长头发必须塞进工作帽内方可进入车间。在车床上工作时不得戴手套。

2）工作时，头不能离工件太近，以防切屑飞入眼睛。如果切屑细而飞散，则必须戴上防护眼镜。

3）装夹工件或更换卡盘时，若质量太大，不能一人单干，可用起重设备，或请人帮忙配合，并注意相互安全。

4）工件和车刀必须装夹牢固，以防飞出伤人。装夹完毕后，工具要拿下放好，绝不能将工具遗忘在卡盘或刀架上，否则极易导致工具飞出伤人。

5）工件旋转时，不允许测量工件，不可用手触摸工件，不可变换挡位。

6）清除铁屑应用专用的钩子，不可直接用手去拉。

7）不可直接或间接地用手去制动转动的卡盘。

8）自动进给时，要注意机床的极限位置，并做到眼不离工件、手不离操作手柄。

9）刀具用钝后，应及时刃磨，不能用钝刀继续切削，否则会增加车床负载，损坏车床。

10）每个班次工作结束后，应及时清理车床，收拾工量具。清理车床时，先用刷子刷去切屑，再用棉纱擦净油污，并按规定在需加油处加注润滑油。把用过的物件擦干净，按各工量具自身的要求进行保养，放回原位。

【思考与练习】

7-1　什么是切削的三要素？切削三要素的选择有何规律？

7-2　常用的车刀材料有哪些？应用时有何特点？针对不同的刀具材料，刃磨时如何合理选用砂轮？

7-3　车刀的刀头由哪几个部分组成？如何作出刀具的基准面？如何选用车刀的主要几何角度？

7-4　车外圆时如何选用不同形状的车刀？为什么车削时要试切？如何试切？

7-5　如何车削端面？用弯头刀与偏刀车端面有何不同？

7-6　切断刀有何特点？如何进行切断操作？

7-7　车锥面有哪些方法？小刀架转位法车锥面时如何操作？

7-8　车削螺纹时如何操作？进给方法有哪些？什么是"乱扣"？如何防止"乱扣"？

7-9　横向刻度盘与小滑板刻度盘的刻度如何读数？两者有何不同？

7-10　工件滚花如何操作？如何防止滚花的乱纹？

第8章 铣削加工

理论讲解

【教学基本要求】

1）了解铣床的型号，熟悉铣床的组成及用途。

2）熟悉常用铣刀的组成和结构。

3）了解铣削加工的主要方式。

4）了解铣削加工的主要附件。

5）掌握铣床的操作技能。

6）掌握铣削加工的基本方法，能按要求正确使用刀具、夹具、量具，独立完成简单零件的铣削加工，并具备对简单工件进行初步工艺分析的能力。

7）了解铣削加工安全技术要求。

【本章内容提要】

本章主要介绍铣削加工的范围及特点，常用铣刀的名称、用途、安装及特点，万能卧式铣床的基本结构、原理及使用方法，平面、斜面的铣削方法等内容。通过本章的学习，应了解铣削加工的范围及特点，掌握常用铣刀的名称、用途、安装及特点，熟悉万能卧式铣床的基本结构、原理及使用，掌握平面、斜面、键槽、台阶的常用加工方法等内容。通过技能训练，读者应能独立进行铣床操作，能使用分度头进行平面、键槽及工件的等分操作，完成实习工件的加工。

8.1 铣削加工概述

在铣床上用铣刀对工件进行的切削加工称为铣削加工。铣削是金属切削加工中常用的方法之一。铣削加工精度一般为IT9~IT7，最高精度达IT6，表面粗糙度值一般为 Ra 6.3~3.2μm，最小可达 Ra 0.8μm。铣削加工具有以下特点：

（1）生产效率较高 铣削加工是用多切削刃的铣刀进行切削，铣削时有几个刀齿同时参加切削，总的切削宽度较大。铣削的主运动是铣刀的旋转运动，利于高速铣削，所以铣削的生产率一般比刨削高。

（2）切削刃的散热条件好 铣刀刀齿在切离工件的一段时间内，可以得到一定的冷却，散热条件较好；但切入和切离时热和力的冲击会加速刀具的磨损，甚至可能引起硬质合金刀片的碎裂。

（3）铣削时易产生振动 由于铣削时参加切削的刀齿数以及每个刀齿的切削厚度变化，会引起切削力和切削面积的变化，因此，铣削过程不平稳，容易产生振动。铣削过程的不平稳，限制了铣削加工质量和生产效率的进一步提高。

（4）加工范围广 铣床加工范围很广，主要用于加工各类平面、沟槽、成形面、螺旋槽、齿轮和其他特殊形面，也可以进行钻孔、铰孔、镗孔，如图8-1所示。

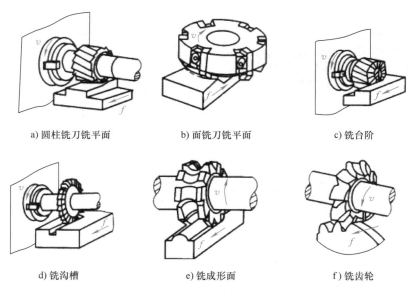

a) 圆柱铣刀铣平面　　　　b) 面铣刀铣平面　　　　c) 铣台阶

d) 铣沟槽　　　　e) 铣成形面　　　　f) 铣齿轮

图 8-1　铣削加工的基本内容

8.2　铣床种类

　　铣床的种类很多，常用的有卧式万能升降台铣床和立式升降台铣床。

8.2.1　卧式万能升降台铣床

　　图 8-2 所示为 X6132 型卧式万能升降台铣床。所谓万能是指其适应性强、加工范围广，卧式是指铣床主轴轴线与工作台台面平行。铣削时，铣刀和刀轴安装在主轴上，绕主轴轴心线做旋转运动，工件或夹具装夹在工作台台面上做进给运动。

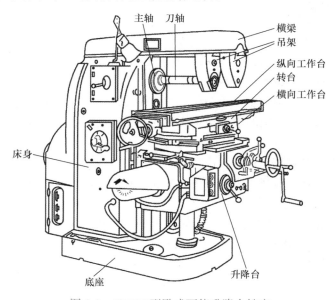

图 8-2　X6132 型卧式万能升降台铣床

1. X6132 型卧式万能升降台铣床的型号具体含义

X6132 型卧式万能升降台铣床中，X 表示类别，铣床类。6 表示组别，卧式铣床组。1 表示型别，万能升降铣床型。32 表示主参数，工作台宽度 320mm。

2. X6132 型卧式万能升降台铣床的基本部件及其作用

（1）主轴　主轴是前端带锥孔的空心轴，锥孔的锥度一般是 7：24，铣刀刀轴就安装在锥孔中。

（2）主轴变速机构　该机构安装在床身内，其作用是将主电动机的额定转速通过齿轮变速，变换成 18 种不同转速，传递给主轴，以适应铣削的需要。

（3）横梁及挂架　横梁安装在卧式铣床床身的顶部，可沿顶部导轨移动。横梁上装有挂架。横梁和挂架的主要作用是支撑刀轴的外端，以增加刀轴的刚性。

（4）纵向工作台　纵向工作台用于安装夹具和工件，并带动工件做纵向移动，其长度为 1250mm、宽度为 320mm。工作台上有 3 条 T 形槽，用来安放 T 形螺钉以固定夹具或工件。

（5）横向工作台　横向工作台在纵向工作台下面，用于带动纵向工作台做横向移动。

（6）升降台　升降台主要用于支持工作台，并带动工作台做上下移动。升降台的刚度和精度要求都很高，否则在铣削过程中会产生很大的振动，影响工件的加工质量。

（7）进给变速机构　该机构安装在升降台内，其作用是将进给电动机的额定转速通过齿轮变速，变换成 18 种转速传递给进给机构，实现工作台移动的各种不同速度，以适应铣削的需要。

（8）底座　底座是整部机床的支撑部件，具有足够的刚度和强度，其内腔盛装切削液。

（9）床身　床身是机床的主体，用于安装和连接机床其他部件，其刚度、强度和精度对铣削效率和加工质量影响很大，因此床身一般用优质灰铸铁做成箱体结构，内壁有肋板，以增加刚度和强度。床身上的导轨和轴承孔是重要部位，必须经过精密加工和时效处理，以保证其精度和耐用度。

8.2.2　立式升降台铣床

立式升降台铣床的主要特征是主轴与工作台台面垂直，主轴呈垂直状态，如图 8-3 所示。立式铣床安装主轴的部分称为立铣头，立铣头与床身接合处呈转盘状并有刻度，立铣头可按工作需要，在垂直方向上左右扳转一定角度。

8.2.3　龙门铣床

X2010 型龙门铣床外形如图 8-4 所示。它主要由水平铣头进给箱、立柱、垂直铣头进给箱、连接梁、横梁、床身、工作台等组成。该铣床有强大的动力和足够的刚度，因此可使用硬质合金面铣刀进行高速铣削和强力铣削，一次进给可同时加工 3 个方位的平面，确保加工

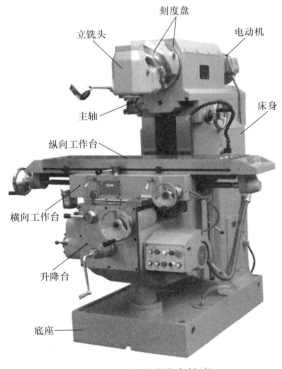

图 8-3　立式升降台铣床

面之间的位置精度，且具有较高的生产率，适用于加工大型工件精度较高的平面和沟槽。

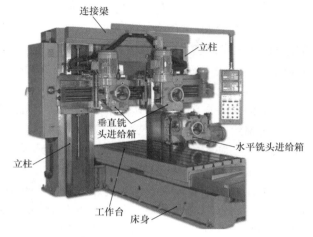

图 8-4　X2010 型龙门铣床外形

8.3　铣刀

8.3.1　铣刀的种类

　　铣刀实质上是一种由几把单刃刀具组成的多刃刀具。它的刀齿分布在圆柱形铣刀的外圆柱表面或面铣刀的端面上。工作时，每转一圈，铣刀上的每个切削刃只参加一次铣削，其余时间不铣削，使刀齿有充分的散热时间，提高了寿命和铣削效率。铣刀的种类很多，结构各异，各种铣刀的主要几何参数如外径、孔径、齿数等均标印在铣刀端面或颈部以便识别和方便使用。常用的铣刀刀齿材料有高速钢和硬质合金两种，最常用的是高速钢，即含钨、铬、钒等合金元素的工具钢（又称锋钢），该类材料有较好的强度和韧性。

　　铣刀分类方法很多，若按铣刀的安装方法，可分为带孔型铣刀和带柄型铣刀两大类。

　　（1）带孔型铣刀　常用的带孔型铣刀如图 8-5 所示，多用于卧式铣床上。

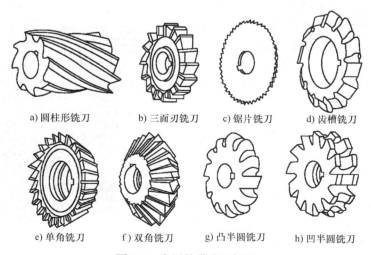

a) 圆柱形铣刀　　b) 三面刃铣刀　　c) 锯片铣刀　　d) 齿槽铣刀

e) 单角铣刀　　f) 双角铣刀　　g) 凸半圆铣刀　　h) 凹半圆铣刀

图 8-5　常用的带孔型铣刀

1）圆柱形铣刀。其刀齿分布在圆柱表面上，一般有直齿和斜齿之分，主要用于卧式铣床上铣削中小型平面，如图 8-5a 所示。

2）圆盘形铣刀。如三面刃铣刀（图 8-5b）、锯片铣刀（图 8-5c）等。三面刃铣刀主要用于加工不同宽度的沟槽及小平面、小台阶面等；锯片铣刀用于铣窄槽或切断材料。

3）角度铣刀。这类铣刀具有各种不同的角度，图 8-5e 所示为单角铣刀，用于加工斜面；图 8-5 f 所示为双角铣刀，用于铣 V 形槽等。

4）成形铣刀。图 8-5d 、图 8-5g 及图 8-5h 均为成形铣刀，其切削刃分别呈齿槽形、凸半圆形和凹半圆形，主要用于加工与切削刃形状相对应的齿槽、凸圆弧面和凹圆弧面等成形面。

（2）带柄型铣刀　常用的带柄型铣刀如图 8-6 所示，多用于立式铣床上。

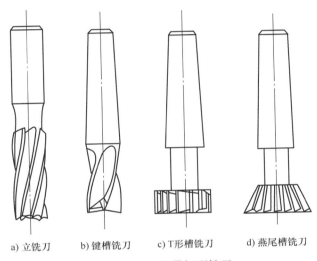

a) 立铣刀　　b) 键槽铣刀　　c) T形槽铣刀　　d) 燕尾槽铣刀

图 8-6　常用的带柄型铣刀

1）立铣刀，有直柄和锥柄之分，多用于加工沟槽、小平面和台阶面等，如图 8-6a 所示。

2）键槽铣刀，用于加工封闭式键槽，如图 8-6b 所示。

3）T 形槽铣刀，用于加工 T 形槽，如图 8-6c 所示。

4）燕尾槽铣刀，用于加工燕尾槽，如图 8-6d 所示。

8.3.2　铣刀的安装

铣刀在铣床上的安装形式，由铣刀的类型、使用的机床及工件的铣削部位决定。下面仅介绍带孔型铣刀和带柄型铣刀的安装方法。

（1）带孔型铣刀的安装　刀杆将带孔型铣刀安装在卧式铣床上，根据情况选用长刀杆或短刀杆，图 8-7 所示为长刀杆圆盘型铣刀的安装图示。用长刀杆安装带孔型铣刀时应注意：

1）铣刀尽可能靠近主轴，以保证铣刀杆的刚度。

2）套筒的端面和铣刀的端面必须擦干净，以减少铣刀的跳动。

3）拧紧刀杆的压紧螺母时，必须先装上吊架，以防刀杆受力弯曲。

（2）带柄型铣刀的安装　带柄型铣刀又分为锥柄铣刀和直柄铣刀。锥柄铣刀可通过变锥套安装在锥度为 7：24 锥孔的刀轴上，再将刀轴安装在主轴上。直柄铣刀多用专用弹性夹头进行安装，一般直径不大于 20mm。图 8-8 所示为带柄型铣刀的安装。

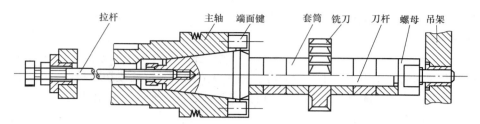

图 8-7   长刀杆圆盘型铣刀的安装

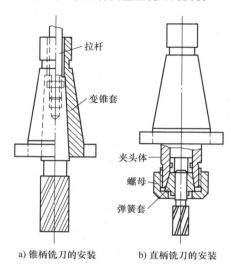

a) 锥柄铣刀的安装   b) 直柄铣刀的安装

图 8-8   带柄型铣刀的安装

8.4   铣削加工

8.4.1   铣削运动

（1）主运动   铣削时，铣刀安装在铣床主轴，其主运动是铣刀绕自身轴线的高速旋转运动。

（2）进给运动   铣削平面和沟槽时，进给运动是直线运动，大多由铣床工作台完成，加工回转体表面时，进给运动是旋转运动，一般由旋转工作台完成。

8.4.2   铣削用量

铣床的铣削用量由铣削速度 v_c、进给量、铣削宽度组成，如图 8-9 所示。

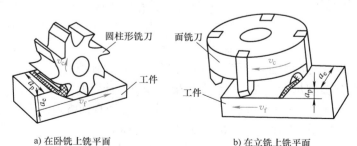

a) 在卧铣上铣平面   b) 在立铣上铣平面

图 8-9   铣削用量要素

（1）铣削速度 v_c（m/min） 铣削速度指铣刀外圆上切削刃运动的线速度，其计算公式为

$$v_c = \frac{\pi dn}{1000}$$

式中，d 为铣刀直径（mm）；n 为铣刀转速（r/min）。

（2）进给量 在单位时间内工件与铣刀的相对位移量。铣削进给量有以下 3 种表示方式：

1）每分进给量 v_f（mm/min），又称进给速度，每分钟内工件相对铣刀的移动量。

2）每转进给量 f（mm/r），铣刀转过一圈时，工件相对铣刀沿进给方向移动的距离。

3）每齿进给量 f_z（mm/z），铣刀每转过一个刀齿时，工件相对铣刀沿进给方向移动的距离。

三者关系为

$$v_f = fn = nzf_z$$

8.4.3 铣削方式

铣削平面时，铣削方式有圆周铣削和端面铣削。

1. 圆周铣削

用圆柱形铣刀铣削平面的方法称为圆周铣削，又称周铣法。周铣法又可分为逆铣和顺铣两种铣削方式，如图 8-10 所示。在切削部位刀齿的旋转方向和零件的进给方向相反时，为逆铣，相同时为顺铣。

逆铣时，每个刀齿的切削层厚度从零增大到最大值。由于铣刀刃口处总有圆弧存在，而不是绝对尖锐的，所以在刀齿接触零件的初期，不能切入零件，而是在零件表面上挤压、滑行以致不能形成有效的切削层，使刀齿与零件之间的摩擦加大，加速刀具磨损，同时也使表面质量下降。顺铣时，每个刀齿的切削层厚度由最大减小到零，铣削力总是压向工作台，不易造成振动。但是，在铣削水平分力的作用下，由于工作台丝杠和螺母之间的间隙，会造成工作台"窜动"，甚至"打刀"。

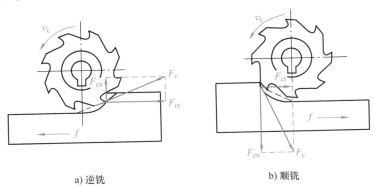

a) 逆铣   b) 顺铣

图 8-10 逆铣和顺铣

逆铣时，依靠铣削力 F_c 的垂直分力 F_{cn} 上抬零件。而顺铣时，铣削力 F_c 的垂直分力 F_{cn} 将零件压向工作台，减少了零件振动的可能性，尤其铣削薄而长的零件时更为有利。

由上述分析可知，从提高刀具寿命和零件表面质量、增加零件夹持的稳定性等观点出发，一般以顺铣法为宜。但是，顺铣时忽大忽小的水平分力 F_{ct} 与零件的进给方向是相同的，工作台进给丝杠与固定螺母之间一般都存在间隙，如图 8-11 所示，间隙在进给方向的前方。由于 F_{ct}

的作用，就会使零件连同工作台和丝杠一起，向前窜动，造成进给量突然增大，甚至引起打刀。而逆铣时，水平分力 F_{ct} 与进给方向相反，铣削过程中工作台丝杠始终压向螺母，不会因为间隙的存在而引起零件窜动。

另外，当铣削带有黑皮的表面时，如铸件或锻件表面的粗加工，若用顺铣法，因刀齿首先接触黑皮，将加剧刀齿的磨损，所以这时应采用逆铣法。

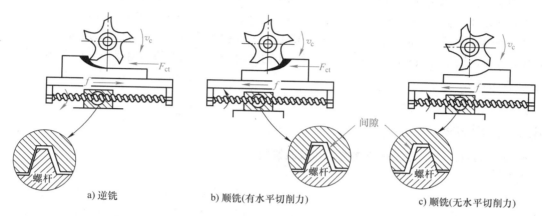

a) 逆铣　　　　　　b) 顺铣(有水平切削力)　　　　　c) 顺铣(无水平切削力)

图 8-11　顺铣和逆铣丝杠螺母间隙

2. 端面铣削

用面铣刀铣削平面的方法称为端面铣削，又称端铣法。根据铣刀和零件相对位置的不同，可分为对称铣、不对称逆铣、不对称顺铣 3 种铣削方式。

1）对称铣。如图 8-12a 所示，零件安装在面铣刀的对称位置上，它具有较大的平均切削厚度，可保证刀齿在切削表面的冷硬层之下铣削。

2）不对称逆铣。如图 8-12b 所示，铣刀从较小的切削厚度处切入，从较大的切削厚度处切出，这样可减小切入时的冲击，提高铣削的平稳性，适合加工普通碳钢和低合金钢。

3）不对称顺铣。如图 8-12c 所示，铣刀从较大的切削厚度处切入，从较小处切出。在加工塑性较大的不锈钢、耐热合金等材料时，可减少毛刺及刀具的黏着磨损，可大大提高刀具寿命。

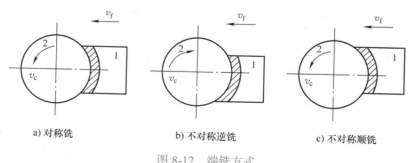

a) 对称铣　　　　　　b) 不对称逆铣　　　　　c) 不对称顺铣

图 8-12　端铣方式

1—工件　2—铣刀

3. 周铣法与端铣法的比较

如图 8-13 所示，周铣时，同时切削的刀齿数与加工余量（相当于 a_e）有关，一般仅有 1~2 个，而端铣时，同时切削的刀齿数与被加工表面的宽度（也相当于 a_e）有关，而与加工余量

（相当于背吃刀量 a_p）无关，即使在精铣时，也有较多的刀齿同时工作。因此，端铣的切削过程比周铣平稳，利于提高加工质量。

面铣刀的刀齿切入和切出零件时，虽然切削层厚度较小，但不像周铣时切削层厚度变为零，从而改善了刀具后面与零件的摩擦状况，提高了刀具寿命，并可减小表面粗糙度值。此外，端铣时还可以利用修光刀齿修光已加工表面，因此端铣可达到较小的表面粗糙度值。

a) 端铣　　　　　　　　　　b) 周铣　　　　　　　　c) 端铣和周铣

图 8-13　铣削方式及运动

面铣刀直接安装在立式铣床的主轴端部，悬伸长度较小，刀具系统的刚度较好，而圆柱形铣刀安装在卧式铣床细长的刀轴上，刀具系统的刚度远不如面铣刀。同时，面铣刀可方便地镶嵌硬质合金刀片，而圆柱形铣刀多采用高速钢制造。所以，端铣时可以高速铣削，提高了生产效率，也提高了已加工表面质量。

由于端铣法具有以上优点，所以在平面的铣削中，目前大都采用端铣法。但是，周铣法的适应性较广，可以利用多种形式的铣刀，除加工平面外，还可较方便地进行沟槽、齿形和成形面等的加工，生产中仍常采用。

8.5　铣床附件

铣床附件有机用虎钳、万能铣头、回转工作台和万能分度头等。

8.5.1　机用虎钳

机用虎钳是机床附件，也是一种通用夹具，它适于安装形状规则的小型工件，如图 8-14 所示。

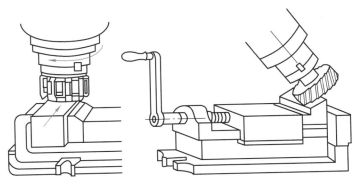

图 8-14　机用虎钳安装工件

8.5.2 万能铣头

万能铣头用于卧式铣床，不仅能完成立铣，还可以根据铣削的要求把铣头的主轴扳转任意角度。万能铣头的底座用螺栓固定在铣床垂直导轨上，铣床主轴的运动通过铣头内两对锥齿轮传到铣头主轴上。铣头的壳体可绕铣床主轴轴线偏转所需要的任意角度。

8.5.3 回转工作台

回转工作台又称转盘、平分盘、圆形工作台等，可进行圆弧面加工和较大零件的分度。回转工作台如图 8-15 所示。回转工作台内部有一套蜗轮蜗杆，摇动手轮，通过蜗杆轴能直接带动与转台相连接的蜗轮传动。转台中央有一孔，利用它可以很方便地确定工件的回转中心。铣圆弧槽时，工件安装在回转工作台上绕铣刀旋转，用手均匀缓慢地摇动回转工作台，从而使工件铣出圆弧槽。转台周围有刻度，可以观察和确定转台的位置。拧紧固定螺钉可以固定转台。

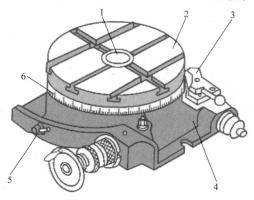

图 8-15　回转工作台

1—定位台阶圆与锥孔　2—工作台　3—离合器手柄拨块　4—底座　5—锁紧手柄　6—刻度圈

8.5.4 万能分度头

铣削时，常会遇到铣六方、齿轮、花键和刻线等工作。此时的工件，每铣过一个面或槽后，要按要求转过一定的角度，铣下一个面或槽，这种工作称为分度。万能分度头就是安装在铣床上用于将工件分成任意等份的机床附件。万能分度头还备有圆工作台，工件可直接紧固在工作台上，也可利用装在工作台上的夹具紧固，完成工件多方位加工。

1. 万能分度头的结构

万能分度头主要由壳体、壳体中部的鼓形回转体（即球形扬头）、主轴、分度盘和分度叉等组成，如图 8-16 所示。分度头的底座内装有回转体，分度头主轴可随回转体在垂直平面内向上 90° 和向下 10° 内转动。主轴前端常装有自定心卡盘或顶尖。分度时拔出定位销，转动手柄，通过齿数比为 1：1 的直齿圆柱齿轮副传动，带动蜗杆转动，又经齿数比为 1：40 的蜗杆副传动，带动主轴旋转分度。当分度头手柄转动一转时，蜗轮只能带动主轴转过 1/40 转。这时分度手柄所需转过的转数 n 为

$$n\frac{1}{40}=\frac{1}{z}$$

$$n=\frac{40}{z}$$

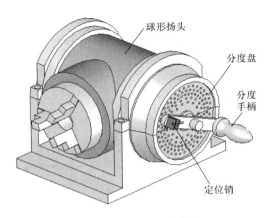

图 8-16　万能分度头结构

2. 万能分度头分度方法

使用分度头进行分度的方法有简单分度、直接分度、角度分度、差动分度和近似分度等。下面只介绍最常用的简单分度方法。

例如，分度数 $z = 35$，每次分度 1 个齿时手柄转过的转数为

$$n = \frac{40}{z} = \frac{40}{35} = \frac{8}{7}$$

即每分度一次，手柄需要转过 8/7 转。这 1/7 转是通过分度盘来控制的，一般分度头备有两块分度盘。分度盘如图 8-17 所示。分度盘两面都有许多圈孔，各圈孔数均不等，但同一孔圈上的孔距是相等的。第一块分度盘的正面各圈孔数分别为 24、25、28、30、34、37，反面为 38、39、41、42、43；第二块分度盘正面各圈孔数分别为 46、47、49、51、53、54，反面分别为 57、58、59、62、66。

简单分度时，分度盘固定不动。此时将分度盘上的定位销拔出，调整到孔数为 7 的倍数的孔圈上，即 28、42、49 均可。若选用 42 孔数，即 1/7=6/42。所以，分度时手柄转过一转后，再沿孔数为 42 的孔圈上转过 6 个孔间距。

为了避免每次数孔的烦琐及确保手柄转过的孔数可靠，可调整分度盘上的两块分形夹之间的夹角，使之等于欲分的孔间距数，这样依次进行分度就可以准确无误。

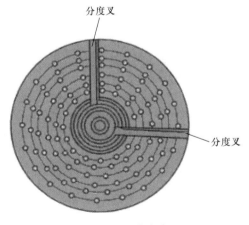

图 8-17　分度盘

8.6　铣削加工基本方法

8.6.1　铣削水平面的方法和步骤

图 8-18 所示为一个矩形零件，材料为 45 钢，表面粗糙度值为 Ra 3.2μm，各面铣削余量为 5mm。

1. 正确选择基准面及加工步骤

面 1 为主要设计基准 A，遵循基准重合的原则，现选面 1 为定位基准面。

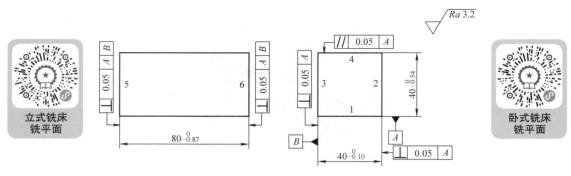

图 8-18　矩形零件工作图

加工顺序如图 8-19 所示。为了保证各项技术条件，加工中应注意以下几点：

1）先加工基准面 1，然后用面 1 作为定位基准面。

2）加工面 2、面 3 时，既要保证其与 A 面的垂直度，也要保证面 2、面 3 之间的尺寸精度。

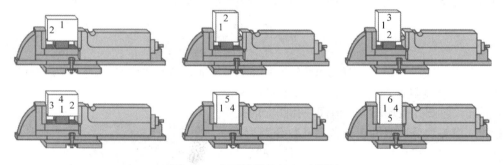

图 8-19　六面体零件的加工顺序

3）加工面 5、面 6 两个端面时，为了保证其与 A、B 两基准均垂直，除了使面 1 与固定钳口贴合外，还要用直角尺校正面 3 与工作台台面的垂直度。

2. 选择刀具和铣削用量

（1）选择铣刀　根据工件尺寸和材料，可选用直径为 80mm 的面铣刀，铣刀切削部分材料采用 K30 硬质合金。

（2）选择铣削用量　材料按中等硬度考虑选择：铣削层深度 $a_p = 5mm$；每齿进给量 $a_f = 0.15mm/z$；铣削速度 $v = 80m/min$。经计算取 $n = 300r/min$；$v_f = 190mm/min$。

3. 检测

（1）尺寸检测　用卡尺测量长、宽、高，达到 $80_{-0.87}^{0}$、$40_{-0.10}^{0}$、$40_{-0.54}^{0}$ 要求。

（2）垂直度检测　两个相邻平面之间的垂直度公差为 0.05mm，一般用直角尺测量，测量时尺座紧贴基准 A 和 B，观察其相邻面与直角尺面的缝隙，缝隙可用塞尺检测，缝隙若小于 0.05mm，为合格；反之为不合格。

（3）平行度检测　用百分表在平板上测量，若误差小于 0.05mm 为合格；反之为不合格。

（4）表面粗糙度检测　表面粗糙度一般都采用标准样块来比较。如果加工出的平面与 $Ra\,3.2\mu m$ 的样块很接近，说明此平面的表面粗糙度已符合图样要求。

4. 平面铣削时机床操作步骤

平面铣削的操作步骤如图 8-20 所示，具体叙述如下：

1）移动工作台对刀，刀具接近工件时开机，铣刀旋转，缓慢移动工作台，使工件和铣刀接触，将垂直进给刻度盘的零线对准，如图 8-20a 所示。

2）纵向退出工作台，使工件离开铣刀，如图 8-20b 所示。

3）调整铣削深度。利用刻度盘的标志，将工作台升高到规定的铣削深度位置，然后将升降台和横向工作台紧固，如图 8-20c 所示。

4）切入。先手动使工作台纵向进给，当切入工件后，改为自动进给，如图 8-20d 所示。

5）下降工作台，退回。铣完一遍后停机，下降工作台，如图 8-20e 所示，并将纵向工作台退回，如图 8-20f 所示。

6）检查工件尺寸和表面粗糙度，依次继续铣削至符合要求。

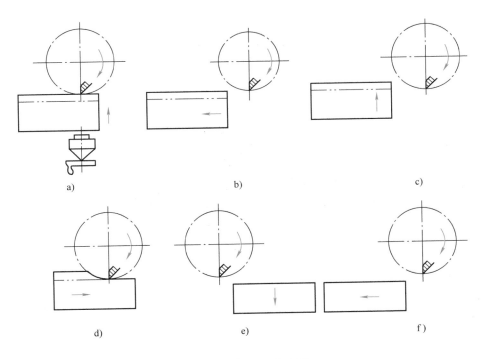

图 8-20　铣平面的步骤

8.6.2　铣削斜面的方法和步骤

斜面铣削既可以在卧式或立式升降台铣床上进行，也可以在龙门铣床上进行。铣削时可用机用虎钳或压板的装夹定位工具将工件偏转适当角度后安装夹紧，旋转加工表面至水平或竖直位置以方便加工；也可使用万能分度头或万能转台将工件调整安装到适合加工的位置进行铣削，或利用万能铣头将铣刀调整到需要的角度铣削。

斜面是指零件上与基准面呈倾斜角的平面，它们之间相交成任意的角度。

（1）偏转工件铣斜面　工件偏转适当的角度，使斜面转到水平位置，然后就可按铣平面的各种方法来铣斜面。此时安装工件的方法有以下几种：

1）根据划线安装（图 8-21a）。

2）使用倾斜垫铁安装（图 8-21b）。

3）利用分度头安装（图 8-21c）。

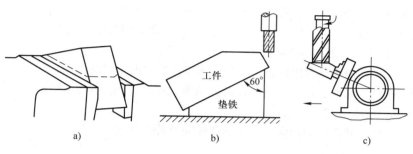

图 8-21　偏转工件角度铣斜面

（2）偏转铣刀铣斜面　这种方法通常在立式铣床或装有万能铣头的卧式铣床上进行。将铣刀轴线倾斜一定角度，工作台采用横向进给进行铣削，如图 8-22 所示。

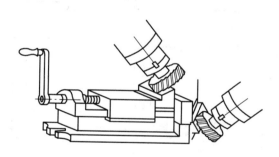

图 8-22　偏转铣刀角度铣斜面

调整铣刀轴线角度时，应注意铣刀轴线偏转角度 θ 值的测量换算方法：用立铣刀圆柱面上的切削刃铣削时，$\theta = 90° - \alpha$（其中 α 为工件加工面与水平面所夹锐角）；用面铣刀铣削时，$\theta = \alpha$，如图 8-23 所示。

（3）用角度铣刀铣斜面　铣小斜面的工件时，可采用角度铣刀进行加工，如图 8-24 所示。

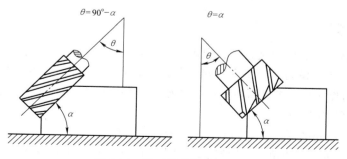

图 8-23　铣刀轴线转动的角度

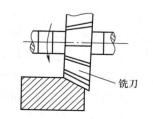

图 8-24　用角度铣刀铣斜面

8.7　铣削加工安全操作规程

在铣床上工作，必须严格遵守操作规程，文明生产。规范如下：

1）应穿工作服，袖口扎紧；女同志要戴防护帽；高速铣削时要戴防护镜；铣削铸铁件时应戴口罩；操作时，严禁戴手套，以防将手卷入旋转刀具和工件之间。

2）操作前应检查铣床各部件及安全装置是否安全可靠；检查设备电器部分安全可靠程度是否良好。

3）机床运转时，不得调整、测量工件和改变润滑方式，以防手触及刀具碰伤手指。

4）在铣刀旋转未完全停止前，不能用手去制动。

5）铣削中不要用手清除切屑，也不要用嘴吹，以防切屑损伤皮肤和眼睛。

6）装卸工件时，应将工作台退到安全位置，使用扳手紧固工件时，用力方向应避开铣刀，以防扳手打滑时撞到刀具。

7）装拆铣刀时要用专用衬垫垫好，不要用手直接握住铣刀。

8）在机动快速进给时，要把手轮离合器打开，以防手轮快速旋转伤人。

9）两人或两人以上在同一台机床上工作时，只准一人操作，其他人不能触碰机床，以免发生危险。

【思考与练习】

8-1　叙述铣床常用附件及工件的安装方法。

8-2　叙述铣削加工的主要特点。

8-3　叙述铣床加工达到的经济精度、表面粗糙度值及铣床的加工范围。

8-4　简述顺铣、逆铣以及选用方法。

8-5　叙述常用铣床及主要区别。

8-6　解释什么是分度。

8-7　简述铣削矩形零件的操作步骤。

第9章

磨削加工

【教学基本要求】

1）了解磨削加工的原理，掌握磨削加工的种类。

2）了解砂轮的特性、砂轮的选择和使用方法。

3）了解磨削加工常见缺陷及其原因。

4）会用平面磨床和外圆磨床进行平面磨削加工。

5）掌握磨削加工的安全操作规程。

【本章内容提要】

本章主要讲解磨削加工的原理、磨削加工的种类及方法，并详细阐述磨具的特征要素和选择原则、磨削加工常见的缺陷与产生原因，以及其他磨削加工工艺和磨削加工的安全操作规程。

9.1 磨削加工概述

在磨床上用砂轮加工工件的工艺方法称为磨削。磨削不但可以对外圆面、内圆面和平面进行精加工，而且还能加工各种成形面及刃磨刀具等，磨削的加工范围如图 9-1 所示。随着磨削工艺的不断发展、成熟，磨削已能经济、高效地切削大量的金属，可以部分代替车削、铣削、刨削，进行粗加工和半精加工，而且可以代替气割、锯削来切断钢锭，以及清理铸件、锻件的硬皮和飞边等。

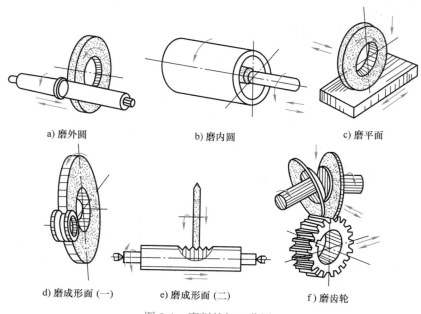

a) 磨外圆　　　　　　　b) 磨内圆　　　　　　　c) 磨平面

d) 磨成形面（一）　　　e) 磨成形面（二）　　　f) 磨齿轮

图 9-1　磨削的加工范围

磨削砂轮是将粒状或粉状的磨料用结合剂加工而成，有圆盘形或圆筒形。磨削加工时，砂轮以 1000~3000r/min 的速度旋转，微量切削工件表面。

磨削加工与多个切削刃的铣刀加工工件相似，一个磨粒就相当于一个切削刃，当它切入工件表面后，随着砂轮的转动产生切屑。每个小切削刃切削下的金属屑极小，加工面非常光洁。在砂轮圆周上有无数个作为切削刃的磨粒，故加工精度和加工效率较高。

9.2　磨削加工的种类及方法

9.2.1　平面磨削

平面磨削是用平行砂轮的端面或外圆周面或用杯形砂轮、碗形砂轮进行平面磨削加工的方法。平面磨削的尺寸精度可达 IT6~IT5 级，平面度小于 0.1/100，表面粗糙度值一般达 Ra 0.4~0.2μm，精密磨削可达 Ra 0.1~0.01μm。

常用平面磨削方法分为端磨法、周边磨法及导轨磨法。端磨（砂轮主轴立式布置）分为端面纵向磨削（可加工长平面及垂直平面）、端面切入磨削（可加工环形平面、短圆柱形零件的双端面平行平面、大尺寸平行平面和复杂形工件的平行平面）。双端面磨削是一种高效磨削方法。周边磨（砂轮轴水平布置）分为周边纵向磨削及切入磨削。周边纵向磨削可以加工大平面、环形平面、薄片平面、斜面、直角面、圆弧端面、多边形平面和大余量平面。周边切入磨削可加工窄槽、窄形平面。周边磨和端面磨按所使用的工作台分为圆形工作台及矩形工作台两种。导轨磨可加工平导轨、V 形导轨。采用组合磨削法可提高导轨磨削的效率。

平面磨削的砂轮速度：端磨铸铁时，粗磨 15~18m/s，精磨 18~20m/s；端磨钢件时，粗磨 18~20m/s，精磨 20~25m/s；周磨铸铁时，粗磨 20~24m/s，精磨 22~26m/s；周磨钢件时，粗磨 22~25m/s，精磨 25~30m/s。缓进磨削在平面磨削中得到了推广，它是提高磨削效率的有效工艺方法。

M7120A 型平面磨床是较为常见的平面磨削设备，如图 9-2 所示。该机床适用于机械制造业、小批量生产车间及其他机修或工具车间对零件的平面、侧面等的磨削。M7120A 型平面磨床最大磨削宽度为 200mm，最大磨削长度为 630mm，最大磨削高度为 320mm，最大工件质量为 158kg，工作精度可达 5μm/300mm，表面粗糙度值可达 Ra 0.63μm。

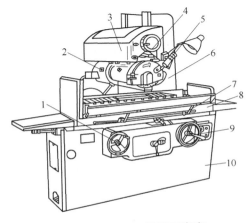

图 9-2　M7120A 型平面磨床

1、4、9—手轮　2—磨头　3—拖板　5—砂轮修整器　6—立柱　7—撞块　8—工作台　10—床身

M7120A 型平面磨床由床身、工作台、磨头和砂轮修整器等部件组成。装在床身水平纵向导轨上的长方形工作台由液压传动做直线往复运动，既可利用液压无级驱动，也可利用手轮移动。磨头横向移动可利用液压控制连续进给或断续进给，也可利用手动进给。磨头由手动进行垂直进给。工件可吸附于电磁工作台或直接固定于工作台上。

9.2.2 外圆磨削

外圆磨削是磨削最基本的工作内容之一，也是应用最广的磨削工作，一般在外圆磨床上和无心外圆磨床上磨削轴、套筒等零件上的外圆柱面、圆锥面、轴上台阶的端面等，磨削的外圆表面尺寸精度可达 IT7~IT6 级，表面粗糙度值达 Ra 0.8~0.2μm。

常用外圆磨削方法分纵磨法、横磨法和深磨法 3 种。

（1）纵磨法　如图 9-3a 所示，磨削时砂轮高速旋转为主运动，零件旋转为圆周进给运动，零件随磨床工作台的往复直线运动为纵向进给运动。每次往复行程终了时，砂轮做周期性的横向进给（磨削深度）。每次磨削深度很小，多次横向进给磨去全部磨削余量。由于每次磨削量小，所以磨削力小，产生的热量小，散热条件较好。同时，还可以利用最后几次无横向进给的光磨行程进行精磨，因此加工精度和表面质量较高。此外，纵磨法具有较大的适应性，可以用一个砂轮加工不同长度的零件。但是，它的生产效率较低，广泛用于单件、小批量生产及精磨，特别适用于细长轴的磨削。

（2）横磨法　如图 9-3b 所示，横磨法又称切入磨法，零件不做纵向往复运动，而由砂轮做慢速连续的横向进给运动，直至磨去全部磨削余量。横磨法生产率高，但由于砂轮与零件接触面积大，磨削力较大，发热量多，磨削温度高，零件易发生变形和烧伤。同时，砂轮的修正精度以及磨钝情况，均直接影响零件的尺寸精度和形状精度。所以，横磨法适用于成批及大量生产中，加工精度较低、刚性较好的零件。尤其是零件上的成形表面，只要将砂轮修整成形，就可直接磨出，较为简便。

（3）深磨法　如图 9-3c 所示，磨削时用较小的纵向进给量（一般取 1~2mm/r）、较大的背吃刀量（一般为 0.35~0.1mm），在一次行程中磨去全部余量，生产率较高。该法需要把砂轮前端修整成锥面进行粗磨，直径大的圆柱部分起精磨和修光作用，应修整得精细些。深磨法只适用于大批大量生产中加工刚度较大的短轴。

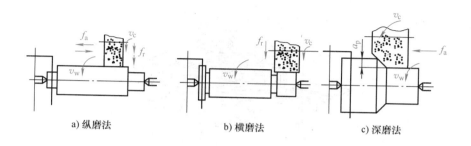

a) 纵磨法　　　　　b) 横磨法　　　　　c) 深磨法

图 9-3　外圆磨削方法

M1432A 型万能外圆磨床是较常见的外圆磨削设备，如图 9-4 所示。

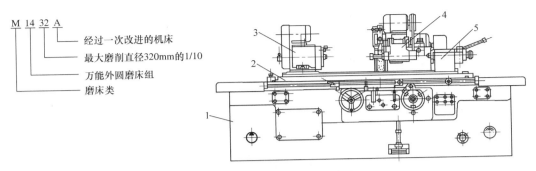

图 9-4　M1432A 型万能外圆磨床

1—床身　2—工作台　3—头架　4—砂轮架　5—尾座

9.2.3　内圆磨削

内圆磨削主要磨削零件上的通孔、不通孔、台阶孔和端面等。内圆磨削表面可达到的尺寸精度为 IT7~IT6 级，表面粗糙度值达 Ra 0.8~0.2μm。

与外圆磨削类似，内圆磨削也可以分为纵磨法和横磨法。横磨法仅适用于磨削短孔及内成形面。鉴于磨内孔时受孔径限制，砂轮轴比较细，刚性较差，所以多数情况下采用纵磨法。

在内圆磨床上，可磨通孔（图 9-5a）、磨不通孔（图 9-5b），还可在一次装夹中同时磨孔内端面（图 9-5c），以保证孔与端面的垂直度和轴向圆跳动公差的要求。在外圆磨床上，除可磨孔、端面外，还可在一次装夹中磨出外圆，以保证孔与外圆的同轴度公差的要求。

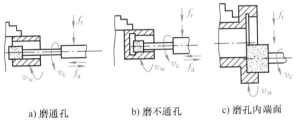

a) 磨通孔　　　b) 磨不通孔　　　c) 磨孔内端面

图 9-5　内圆磨削方法

M2120 型内圆磨床是较常见的内圆磨削设备，如图 9-6 所示。

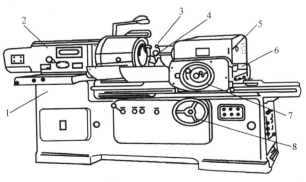

图 9-6　M2120 型内圆磨床

1—床身　2—头架　3—砂轮修整器　4—砂轮

5—磨具架　6—工作台　7—操纵磨具架手轮　8—操纵手轮

头架固定在工作台上，其主轴前端的卡盘或夹具用于装夹工件，实现圆周进给运动。头架可在水平面内偏转一定角度以磨锥孔。工作台带动头架沿床身的导轨做直线往复运动，实现纵向进给。砂轮架主轴由电动机经传动带直接带动旋转做主运动。工作台往复一次，砂轮架沿滑鞍可横向进给一次（液动或手动）。

9.3 磨具

磨具是由许多细小的磨粒用结合剂固结成一定尺寸的磨削工具，如砂轮、磨头、油石、砂瓦等。磨具由磨粒、结合剂和空隙（气孔）三要素组成。

砂轮是由一定比例、硬度很高的粒状磨料和结合剂压制烧结而成的多孔物体。磨削时能否取得较高的加工质量和生产率，与砂轮的选择合理与否关系密切。砂轮的性能主要取决于砂轮的磨料、粒度、结合剂、硬度、组织及形状尺寸等因素，这些因素称为砂轮的特征要素。

1. 磨料

磨料应具有很高的硬度、耐热性，适当的韧性和强度及边刃。常用磨粒主要有：

（1）刚玉类（Al_2O_3）　棕刚玉（A）、白刚玉（WA）适用于磨削各种钢材，如不锈钢、高强度合金钢、退火的可锻铸铁和硬青铜。

（2）碳化硅类（SiC）　黑碳化硅（C）、绿碳化硅（GC）适用于磨削铸铁、冷硬铸铁、黄铜、软青铜、铝、硬表层合金和硬质合金。

（3）高硬磨料类　如氮化硼（CBN）、人造金刚石。高硬磨料类具有高强度、高硬度，适用于磨削高速钢、硬质合金、宝石等。

各种磨料的性能、代号和用途见表9-1。

表9-1　各种磨料的性能、代号和用途

磨料名称		代号	主要成分	颜色	力学性能	热稳定性	适合磨削范围
刚玉类	棕刚玉	A	$w(Al_2O_3)=95\%$ $w(TiO_2)=2\%\sim3\%$	褐色	韧性好、硬度大	2100℃熔融	碳钢，合金钢，铸铁
	白刚玉	WA	$w(Al_2O_3)>99\%$	白色			淬火钢，高速钢
碳化硅类	黑碳化硅	C	$w(SiC)>95\%$	黑色		>1500℃氧化	铸铁，黄铜，非金属材料
	绿碳化硅	GC	$w(SiC)>99\%$	绿色			硬质合金钢
高硬磨料类	氮化硼	CBN	立方氮化硼	黑色	高硬度、高强度	<1300℃稳定	硬质合金钢，高速钢
	人造金刚石	—	碳结晶体	乳白色		>700℃石墨化	硬质合金，宝石

2. 粒度

粒度表示磨粒的大小程度，其表示方法有两种。以磨粒所能通过的筛网上每英寸长度上的孔数作为粒度。粒度号为12~280号，粒度号越大，则磨料的颗粒越细。粒度号比280号还要细的磨粒称为微粉。微粉的粒度用实测的实际最大尺寸，并在前冠以字母"W"来表示。粒度号为W40~W0.5，如W40表示此种微粉的最大尺寸为40~28μm。粒度号越小，微粉颗粒越细。

粒度主要影响加工表面的表面粗糙度和生产率。一般来说，粒度号越大，则加工表面的表面粗糙度值越小，生产率越低。所以，粗加工宜选粒度号小（颗粒较粗）的砂轮，精加工则选用粒度号大（颗粒较细）的砂轮，而微粉则用于精磨、超精磨等加工。

此外，粒度的选择还与零件的材料、磨削接触面积的大小等因素有关。通常情况下，磨软的材料应选颗粒较粗的砂轮。

3. 结合剂

结合剂的作用是将磨料粘结成具有各种形状及尺寸的砂轮，并使砂轮具有一定的强度、硬度、气孔和耐蚀、耐潮湿等性能。砂轮的强度、耐热性和耐磨性等重要指标，在很大程度上取决于结合剂的特性。

砂轮结合剂应具有的基本性能：与磨粒不发生化学作用，能持久地保持其对磨粒的粘结强度，并保证所制砂轮在磨削时安全可靠。目前砂轮常用的结合剂有陶瓷、树脂、橡胶等。陶瓷应用最广泛，它能耐热、耐水、耐酸、价廉，但脆性高，不能承受较大冲击和振动；树脂和橡胶弹性好，能制成很薄的砂轮，但耐热性差，易受酸、碱切削液的侵蚀。常用结合剂的性能及适用范围见表 9-2。

表 9-2 常用结合剂的性能及适用范围

结合剂	代号	性　能	使用范围
陶瓷	V	耐热耐蚀，气孔率大，易保持轮廓形状，弹性差	最常用，适用于各类磨削加工
树脂	B	强度比陶瓷高，弹性好，耐热性差	用于高速磨削、切削、开槽等
橡胶	R	强度比树脂高，更有弹性，气孔率小，耐热性差	用于切断和开槽

4. 硬度

砂轮的硬度是指结合剂对磨料粘结能力的大小。砂轮的硬度由结合剂的粘结强度决定，而不是靠磨料的硬度。在同样的条件和一定外力作用下，若磨粒很容易从砂轮上脱落，砂轮的硬度就比较低（或称为软）；反之，砂轮的硬度就比较高（或称为硬）。

砂轮上的磨粒钝化后，作用于磨粒上的磨削力增大，从而促使砂轮表层磨粒自动脱落，里层新磨粒锋利的切削刃则投入切削，砂轮又恢复原有的切削性能。砂轮的此种能力称为"自锐性"。

砂轮硬度的选择合理与否，对磨削加工质量和生产率影响很大。一般来说，零件材料越硬，则应选用越软的砂轮。这是因为零件硬度高，磨粒磨损快，选择较软的砂轮利于磨钝砂轮的"自锐"。但硬度选得过低，则砂轮磨损快，也难以保证正确的砂轮轮廓形状。若选用砂轮硬度过高，则难以实现砂轮的"自锐"，不仅生产率低，而且易产生零件表面的高温烧伤。

在机械加工中，经常选用的砂轮硬度范围一般为 H~N（软 2~ 中 2）。砂轮的硬度等级及其代号见表 9-3。

表 9-3 砂轮的硬度等级及其代号

大级名称	超软		软			中软		中		中硬			硬		超硬
小级名称	超软		软1	软2	软3	中软1	中软2	中1	中2	中硬1	中硬2	中硬3	硬1	硬2	超硬
代号	D	E	F	G	H	J	K	L	M	N	P	Q	R	S	T	Y

5. 组织

砂轮的组织是指砂轮中磨料、结合剂和气孔三者体积的比例关系。磨料在砂轮总体积中所占的比例越大，则砂轮的组织越紧密；反之，则组织越疏松。砂轮组织分为紧密、中等、疏松三大类，细分为 0~14 共 15 个组织号。组织号为 0 者，组织最紧密；组织号为 14 者，组织最疏松。

砂轮组织疏松，有利于排屑、冷却，但容易磨损和失去正确的轮廓形状；组织紧密，则情况与之相反，并且可以获得较小的表面粗糙度值。一般情况下，采用中等组织的砂轮。精磨和成形磨用组织紧密的砂轮。磨削接触面积大和薄壁零件时，用组织疏松的砂轮。

6. 砂轮的形状与尺寸

为了适应不同的加工要求，将砂轮制成不同的形状。同样形状的砂轮，还可以制成多种不同的尺寸。常用的砂轮形状、代号及用途见表 9-4。

表 9-4　常用的砂轮形状、代号及用途

砂轮名称	代号	断面形状	主要用途
行砂轮	1		外圆磨，内圆磨，平面磨，无心磨，工具磨
片砂轮	41		切断，切槽
形砂轮	2		端磨平面
碗形砂轮	11		刃磨刀具，磨导轨
碟形 1 号砂轮	12a		磨齿轮，磨铣刀，磨铰刀，磨拉刀
双斜边砂轮	4		磨齿轮，磨螺纹
杯形砂轮	6		磨平面，磨内圆，刃磨刀具

7. 砂轮的特性要素及规格尺寸标志

砂轮端面一般印有砂轮的标志。标志的顺序是：形状代号，尺寸，磨料，粒度号，硬度，组织号，结合剂，线速度。例如，一砂轮标记为"砂轮 1-400×60×75-WA60-L5V-35m/s"，则表示外径为 400mm，厚度为 60mm，孔径为 75mm，磨料为白刚玉（WA），粒度号为 60，硬度为 L（中软 2），组织号为 5，结合剂为陶瓷（V），最高工作线速度为 35m/s 的砂轮。

8. 磨削过程

从本质上讲，磨削也是一种切削，砂轮表面上的每个磨粒可以近似地看成一个微小刀齿，凸出的磨粒尖棱可以认为是微小的切削刃。由于砂轮上的磨粒形状各异并具有分布的随机性，导致了它们在加工过程中均以负前角切削，且它们各自的几何形状和切削角度差异很大，工作情况相差很远。砂轮表面的磨粒在切入零件时，其作用大致可分为滑擦、刻划和切削 3 个阶段，如图 9-7 所示。

9. 砂轮的检验、平衡、安装和修整

砂轮在安装前一般通过外观检查和敲击响声来判断是否存在裂纹，以防止高速旋转时破裂。安装砂轮时，一定要保证牢固可靠，以使砂轮工作平稳。一般直径大于 125mm 的砂轮都要进行平衡检查，使砂轮的重心与其旋转轴线相重合。砂轮在工作一定时间以后，磨粒会逐渐变钝，砂轮工作表面的空隙会被堵塞，这时必须进行修整，使已磨钝的磨粒脱落，以恢复砂轮的切削能力和外形精度。砂轮的修整常用金刚石进行。

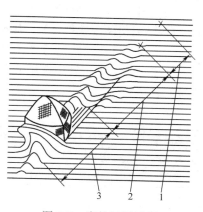

图 9-7　磨粒切削过程
1—滑擦　2—刻划　3—切削

9.4　磨削加工案例

磨削加工中的机床主轴（图 9-8），材料为 38CrMoAlA，渗氮处理，硬度为 900HV。机床主轴磨削工艺见表 9-5，磨削用量参考值见表 9-6。

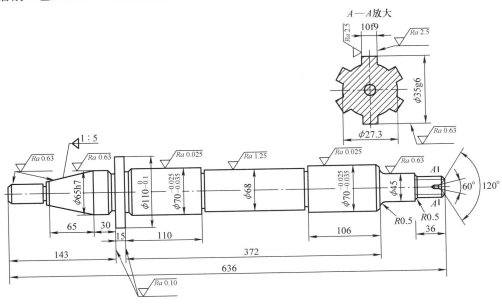

图 9-8　机床主轴

表 9-5　机床主轴磨削工艺

工序	工步	工艺内容	砂轮	机床	基准
1		除应力，研中心孔：$Ra\,0.63\mu m$，接触面大于 70%			
2	1	粗磨外圆，留余量 0.07~0.09mm	PA40K	M131W	中心孔
	2	磨 $\phi 65h7$			
	3	磨 $\phi 70^{-0.025}_{-0.035}$mm 尺寸到 $\phi 70^{+0.455}_{+0.08}$mm			
	4	磨 $\phi 68$mm			
	5	磨 $\phi 45$mm			
	6	磨 $\phi 110^{\ 0}_{-0.1}$mm，且磨出肩面			
	7	磨 $\phi 35g6$			
3		粗磨 1:5 锥度，留余量 0.07~0.09mm		M1432A	中心孔
4		半精磨各外圆，留余量 0.05mm	PA60K	M1432A	中心孔
5		渗氮，探伤，研中心孔：$Ra\,0.2\mu m$，接触面大于 75%			
6		精磨外圆 $\phi 68$mm、$\phi 45$mm、$\phi 35g6$、$\phi 110^{\ 0}_{-0.1}$mm 至尺寸，$\phi 65h7$、$\phi 70^{-0.025}_{-0.035}$mm，留余量 0.025~0.04mm	PA100L	M1432A	中心孔
7		磨光键至尺寸	WA80L	M8612A	中心孔
8		研中心孔：$Ra\,0.10\mu m$，接触面大于 90%			
9		精密磨 1:5 锥度尺寸	WA100K	MMB1420	中心孔
10	1	精密磨 $\phi 70^{-0.025}_{-0.035}$mm 至 $\phi 70^{-0.015}_{-0.035}$mm	WA100K	MMB1420	中心孔
	2	磨出 $\phi 100$mm 肩面			
11		超精密磨 $\phi 70^{-0.025}_{-0.035}$mm 至尺寸，表面粗糙度为 $Ra\,0.025\mu m$	WA240L	MG1432A	中心孔

磨削用量	粗、精磨	超精磨
砂轮速度/（m/s）	17~35	15~20
工件速度/（m/min）	10~15	10~15
纵向进给速度/（m/min）	0.2~0.6	0.05~0.15
背吃刀量/mm	0.01~0.03	0.0025
光磨次数	1~2	4~6

9.5　其他磨削工艺

（1）高速磨削　当砂轮圆周速度达45m/s以上时，称为高速磨削。在一定金属切除率下，砂轮速度提高，磨粒的切削厚度变薄。因此，磨粒负荷减轻，法向磨削力减小，砂轮的寿命提高，工件加工精度较高。

（2）珩磨　珩磨是精密加工圆柱内表面的方法，如珩磨内燃机的气缸体或液压缸内表面等。使用的机床称为珩磨床。将粒度细、砂轮硬度低的数个珩磨条安装在珩磨头上。珩磨时，珩磨头以较低的转速旋转，并以较小的力将珩磨条压向工件内表面，同时在轴线方向做较慢的往复直线运动，对工件内表面进行微量切削。

（3）研磨　研磨是利用涂敷或压嵌在研具上的游离磨料，在一定压力下通过研具与工件的相对运动，对工件表面进行精磨的一种磨削方法。研磨的方法很多，一般按研磨剂使用情况，分为干研磨、湿研磨和半干研磨。

（4）抛光　抛光是对零件表面进行的光饰加工，去除上道工序的加工痕迹，如刀痕、划印、麻点、尖棱、毛刺等；改善零件表面粗糙度；使表面光亮、光滑、美观，作为中间工序，为油漆、电镀等后道工序提供涂膜、镀层附着能力强的表面等。抛光的表面粗糙度值可以达到 Ra 0.8~0.012μm。抛光不提高零件的尺寸精度和位置精度。抛光主要方法有柔性机械抛光、机械化学抛光、电化学抛光和磁力抛光等。

9.6　磨削加工安全操作规程

1）严格遵守着装方面的要求，不得穿凉鞋、拖鞋、高跟鞋、短裤、裙子、丝袜、打底裤等进入实践操作场地。

2）严格按要求穿戴好工作服、工作帽及其他必需的安全防护用品。

3）严禁戴手套、围巾、戒指、挂坠等进行机床操作，留长发的须将头发全部塞入工作帽内。

4）操作设备前应先认真检查设备状况，无故障后再开动设备。

5）严禁移动或损坏安装在机床上的警告牌。

6）应根据工件材料、硬度及磨削要求合理选择砂轮。新砂轮要用木锤轻敲检查是否有裂纹，严禁使用有裂纹的砂轮。

7）安装砂轮时，在砂轮与法兰盘之间要垫衬纸。砂轮安装后要做砂轮静平衡。

8）高速工作砂轮应符合所用机床的使用要求。高速磨床特别要注意校核，以防发生砂轮破裂事故。

9）开机前应检查磨床的机械、砂轮罩壳等是否坚固，防护装置是否齐全。起动砂轮时，人不允许正对砂轮站立。

10）砂轮应经过 2min 空运转试验，确定砂轮运转正常时才能开始磨削。

11）无切削液磨削的磨床在修整砂轮时要戴口罩并开启吸尘器。

12）不得在加工中测量。测量工件时要将砂轮退离工件。

13）外圆磨床纵向挡铁的位置要调整得当，要防止砂轮与顶尖、卡盘、轴肩等部位发生撞击。

14）使用卡盘装夹工件时，要将工件夹紧，以防脱落。卡盘钥匙用后应立即取下。

15）在头架和工作台上不得放置工、量具及其他杂物。

16）在平面磨床上磨削高而窄的工件时，应在工件的两侧放置挡块。

17）使用切削液的磨床，使用结束后应让砂轮空转 1~2min 脱水。

18）注意安全用电，不得随意打开电气箱。操作时如发现电气故障应请电工维修。

19）注意文明操作，爱护工具、量具、夹具，保持其清洁和精度完好；要爱护图样和工艺文件。

20）注意实习环境文明，做到实习现场清洁、整齐、安全、舒畅。

【思考与练习】

9-1 磨削加工的特点是什么？

9-2 磨削加工适用于加工哪类零件？有哪些基本磨削方法？

9-3 平面磨削的方法有哪几种？各有什么特点？

9-4 磨硬材料应选用什么样的砂轮？磨较软材料应选用什么样的砂轮？

9-5 对图 9-9 所示的柴油机连杆的大头孔端面进行磨削加工（材料为 40Cr；热处理工艺为调质；硬度为 20~28HRC）。

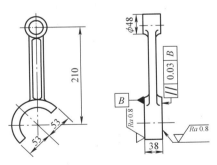

图 9-9 连杆

用双端面磨床磨削连杆大头孔的两端面时，用圆盘夹具，PK750×60×50A 46KB 大气孔砂轮，总余量为 0.02mm。双砂轮调整的主要参数为：砂轮进口尺寸为 38.067mm，砂轮出口尺寸为 38mm，砂轮速度为 30m/s，纵向进给速度为 2m/min。

理论讲解

第 10 章　钳　工

【教学基本要求】

1）熟悉钳工在机械制造及维修中的作用。

2）掌握划线、锯削、锉削、钻孔、攻螺纹和套螺纹的方法和应用。

3）了解钻床的组成和用途，了解扩孔、铰孔和锪孔的方法。

4）了解刮削的方法和应用。

5）了解钳工生产安全技术、环境保护。

【本章内容提要】

本章介绍了钳工所要了解和掌握的各种常用工具、技能操作要点等内容，具体结合加工工艺详细讲解了划线、锯削、锉削、錾削、孔加工操作、内螺纹与外螺纹的加工方法，以及刮削、研磨等内容，阐述了钳工工种的基础理论与实践操作。

10.1　划线

根据图样的尺寸要求，用划线工具在毛坯或半成品工件上划出待加工部位的轮廓线或作为基准的点、线的操作，称为划线。可以借助划线检查毛坯或工件的尺寸和形状，并合理分配各加工表面的余量，及早剔除不合格品，避免造成后续加工工时的浪费；在板料上划线下料，可做到正确排料，使材料得到合理使用。划线是一项复杂、细致的重要工作，要求尺寸准确、位置正确、线条清晰、冲眼均匀。划线精度一般为 0.25~0.5mm，划线精度直接关系到产品质量。

10.1.1　划线工具及使用

划线工具按用途可分为基准工具、量具、直接绘划工具。

（1）基准工具　划线平台是划线的主要基准工具，如图 10-1 所示。其安放要平稳、牢固，上平面应保持水平。划线平台的平面各处要均匀使用，以免局部磨凹，其表面不准碰撞也不准敲击，且要经常保持清洁。划线平台长期不用时，应涂油防锈，并加盖保护罩。

（2）量具　量具有钢直尺、直角尺、高度尺等。普通高度尺（图 10-2a）又称为量高尺，由钢直尺和底座组成，使用时配合划针盘量取高度尺寸。游标高度卡尺（图 10-2b）能直接表示出高度尺寸，其读数精度一般为 0.02mm，可作为精密划线工具。

（3）直接绘划工具　主要有划针、划规、划卡、划线盘和样冲等。

1）划针。划针（图 10-3a、b）是在工件表面划线用的工具，常用 $\phi3~\phi3.6$mm 的工具钢或弹簧钢丝制成，其尖端磨成 15°~20° 的尖角，并经淬火处理。有的划针在尖端部位焊有硬质合金材料，这样划针就更锐利，耐磨性更好。划线时，划针要依靠钢直尺或直角尺等导向工具移动，并向外侧倾斜 15°~20°，向划线方向倾斜 45°~75°（图 10-3c）。划线时，要做到尽可能一次划成，使线条清晰、准确。

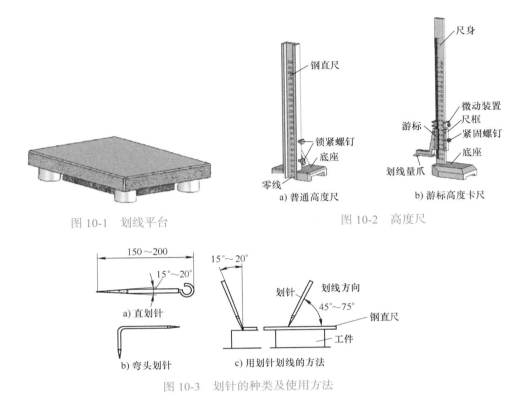

图 10-1　划线平台

图 10-2　高度尺

a) 普通高度尺　　b) 游标高度卡尺

a) 直划针

b) 弯头划针

c) 用划针划线的方法

图 10-3　划针的种类及使用方法

2）划规。它是划圆、划弧线、等分线段及量取尺寸等操作使用的工具，如图 10-4 所示，其用法与制图中的圆规相同。

3）划卡。它（单脚划规）主要用于确定轴和孔的中心位置，其使用方法如图 10-5 所示。操作时应先划出 4 条圆弧线，然后根据圆弧线确定中心位置并打样冲点。

4）划线盘。它主要用于立体划线和校正工件位置，如图 10-6 所示。用划线盘划线时，要注意划针装夹应牢固，伸出长度要短，以免抖动。其底座要保持与划线平台贴紧，不要摇晃和跳动。

5）样冲。它是在划好的线上冲眼时使用的工具，如图 10-7 所示。冲眼是为了强化显示用划针划出的加工界线，也为了使划出的线条具有永久性的位置标记。另外，它也可用作圆弧线中心点位置的确定。样冲用工具钢制成，尖端处磨成 45°~60° 并淬火硬化。

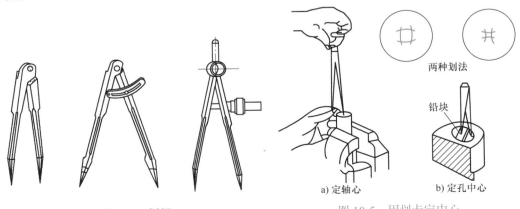

两种划法

a) 定轴心　　b) 定孔中心

图 10-4　划规　　　　　　　图 10-5　用划卡定中心

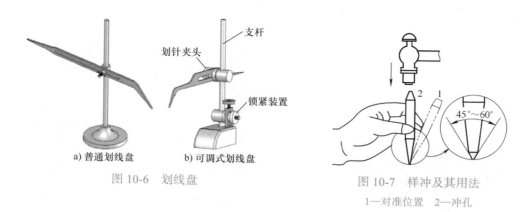

a) 普通划线盘　　　　b) 可调式划线盘

图 10-6　划线盘

图 10-7　样冲及其用法

1—对准位置　2—冲孔

10.1.2　划线操作

1. 划线基准的选择原则

一般选择重要孔的轴线为划线基准（图 10-8a）；若工件上个别平面已加工过，则应以加工过的平面为划线基准（图 10-8b）。

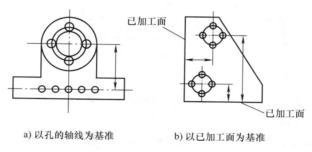

a) 以孔的轴线为基准　　　　b) 以已加工面为基准

图 10-8　划线基准

常见的划线基准有以下 3 种类型：

1）以两个互相垂直的平面（或线）为基准，如图 10-9a 所示。

2）以一个平面与一对称平面（或线）为基准，如图 10-9b 所示。

3）以两互相垂直的中心平面（或线）为基准，如图 10-9c 所示。

2. 划线找正和借料

在对零件毛坯进行划线之前，一般都要先进行安放和找正工作。找正就是利用划线工具（如划线盘、直角尺等）使毛坯表面处于合适的位置，即需要找正的点、线或面与划线平板平行或垂直。另外，当铸、锻件毛坯在形状、尺寸和位置上有缺陷，且用找正划线的方法不能满足加工要求时，还要用借料的方法进行调正，然后重新划线加以补救。

（1）划线找正　在对毛坯进行划线之前，首先要分析清楚各个基准的位置，即明确尺寸基准、安放基准和找正基准的位置。具体划线时，不论平面划线还是立体划线，找正的方法一般都有以下两种：

1）找正基准。如图 10-10 所示，为保证 $R40$mm 外缘与 $\phi40$mm 内孔之间壁厚均匀以及底座厚度均匀，选 $R40$mm 外缘两端面中心连线 Ⅰ-Ⅰ 和底座上缘 A、B 两面为找正基准。找正时也应首先将其找正，即用划线盘将 $R40$mm 两端面中心连线 Ⅰ-Ⅰ 和 A、B 两面找正与划线平板平行，这样才能使上述两处加工后壁厚均匀。

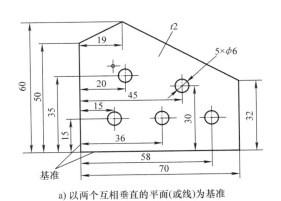

a) 以两个互相垂直的平面(或线)为基准

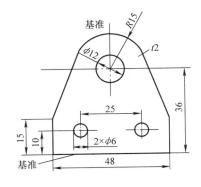

b) 以一个平面与一对称平面(或线)为基准

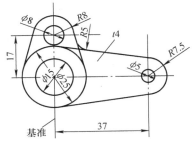

c) 以两互相垂直的中心平面(或线)为基准

图 10-9　划线基准种类

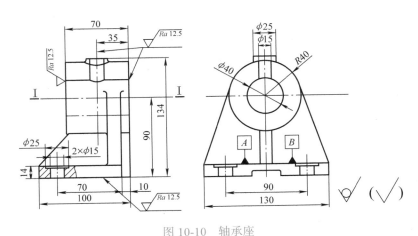

图 10-10　轴承座

2) 找正尺寸基准。如图 10-11 所示, 所有加工部位的尺寸基准在两个方向上均为对称中心, 所以划线找正时, 应将水平和垂直两个方向的对称中心在两个方向找成与划线平板平行, 以保证所有部位尺寸对称。

（2）借料　铸、锻件毛坯因形状复杂, 制作毛坯时经常会产生尺寸、形状和位置方面的缺陷。当按找正基准进行划线时, 就会出现某些部位加工余量不够的问题, 这时就要用借料的方法进行补救。

如图 10-12 所示的齿轮箱体毛坯，由于铸造误差，使 A 孔向右偏移 6mm，毛坯孔距减小为 144mm。若按找正基准划线（图 10-12a），应以 ϕ125mm 凸台外圆的中心连线为划线基准和找正基准，并保证两孔中心距为 150mm，然后再划出两孔的 ϕ75mm 圆周线，但这样划线会使 A 孔的右边没有加工余量。这时就要用借料的方法（图 10-12b），即将 A 孔毛坯中心向左借过 3mm，用借过料的中心再划两孔的圆周线，就可使两孔都能分配到加工余量，从而使毛坯得以利用。

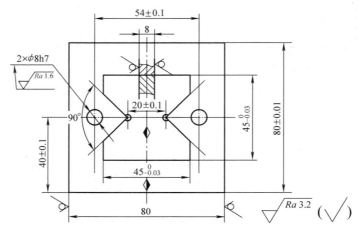

图 10-11　双 V 形冲模

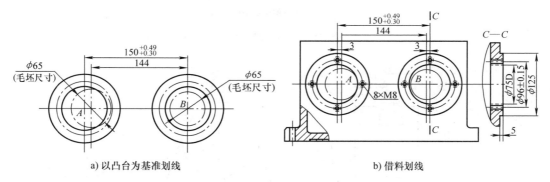

a) 以凸台为基准划线　　　　　　　　　　b) 借料划线

图 10-12　齿轮箱体

借料实际上就是将毛坯重要部位的误差转移到非重要部位的方法。本例是将 A、B 两孔中心距的铸造误差转移到了两孔凸台外圆的壁厚上，由于偏心程度不大，所以，对外观质量的影响也不大。

3. 平面划线和立体划线

划线分为平面划线和立体划线两种。平面划线是在工件的一个平面上划线，如图 10-13a 所示；立体划线是平面划线的复合，是在工件的几个表面上划线，即在长、宽、高 3 个方向划线，如图 10-13b 所示。平面划线与平面作图方法类似，即用划针、划规、直角尺和钢直尺等在工件表面上划出几何图形的线条。

平面划线步骤如下：①分析图样，查明要划哪些线，选定划线基准；②划基准线和加工时在机床上安装找正所用的辅助线；③划其他直线；④划圆和连接圆弧及斜线等；⑤检查核对尺寸；⑥打样冲眼。

立体划线是平面划线的复合运用，它与平面划线有许多相同之处，其不同之处是在两个以上的面上划线，划线基准一经确定，其后的划线步骤与平面划线大致相同。立体划线的常用方法有两种：一种是工件固定不动，该方法适用于大型工件，其划线精度较高，但生产率较低；另一种是工件翻转移动，该方法适用于中、小工件，其划线精度较低，而生产率较高。在实际工作中，特别是中、小工件的划线，有时也采用中间方法，即将工件固定在可以翻转的方箱上，这样便可兼得两种划线方法的优点。

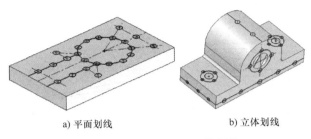

a) 平面划线　　　　　　　　　　b) 立体划线

图 10-13　平面划线和立体划线

10.2　锯削、锉削、錾削

10.2.1　锯削

钳工（锯削）

锯削是用手锯对工件或材料进行分割的一种切削加工，是钳工需要掌握的基本功。

1. 锯削工具

锯弓分固定式和可调节式两种。固定式锯弓的弓架是整体的，只能装一种长度规格的锯条，如图 10-14a 所示；可调式锯弓的弓架分成前后两段，由于前段在后段套内可以伸缩，因此可以安装几种长度规格的锯条，如图 10-14b 所示。

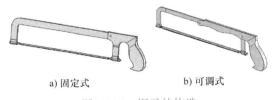

a) 固定式　　　　　　　b) 可调式

图 10-14　锯弓的构造

锯条用工具钢制成，并经热处理淬硬。锯条规格以锯条两端安装孔间的距离表示，常用的手工锯条长 300mm、宽 12mm、厚 0.8mm。锯条的切削部分是由许多锯齿组成的，每个齿相当于一把錾子，起切削作用。常用的锯条后角 α 为 40°~45°，楔角 β 为 45°~50°，前角 γ 约为 0°，如图 10-15 所示。

手锯是在向前推时进行切削的，向后返回时不起切削作用，因此安装锯条时要保证齿尖的方向朝前。锯条的松紧要适当，太紧会失去应有的弹性，锯条易崩断；太松会使锯条扭曲，锯缝歪斜，锯条也容易折断。

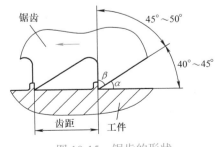

图 10-15　锯齿的形状

2. 锯削的姿势

锯削时的站立姿势与錾削相似，人体质量均分在两腿上，右手握稳锯柄，左手扶在锯弓前端，锯削时推力和压力主要由右手控制，如图 10-16 所示。

推锯时，锯弓运动方式有两种：一种是直线运动，适用于锯缝底面要求平直的槽和薄壁工件的锯削；另一种是锯弓做上、下轻微摆动，这样操作自然，两手不易疲劳。手锯在回程中因不进行切削故无须施加压力，以免锯齿磨损。锯削过程中锯齿崩落后，应将邻近几个齿都磨成圆弧状（图 10-17），才可继续使用；否则会连续崩齿直至锯条报废。

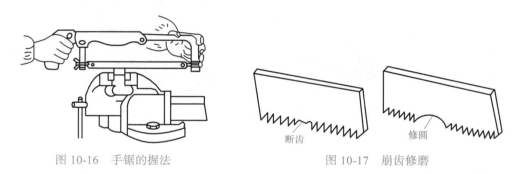

图 10-16　手锯的握法　　　　　　　　　图 10-17　崩齿修磨

3. 锯削操作方法

起锯是锯削工作的开始，起锯的好坏会直接影响锯削质量。起锯有远边起锯和近边起锯两种。一般情况下采用远边起锯，如图 10-18a 所示，因为此时锯齿是逐步切入材料的，所以不易被卡住，起锯比较方便；如采用近边起锯，如图 10-18b 所示，掌握不好时，锯齿由于突然锯入且较深，容易被工件棱边卡住，甚至出现崩断或崩齿。无论采用哪种起锯方法，起锯角 α 均以 15° 为宜，若起锯角太大，则锯齿易被工件棱边卡住；若起锯角太小，则不易切入材料，锯条还可能打滑，把工件表面锯坏，如图 10-18c 所示。为了使起锯的位置准确而平稳，可用左手拇指挡住锯条来定位，起锯时压力要小，往返行程要短，速度要慢，这样可使起锯平稳。

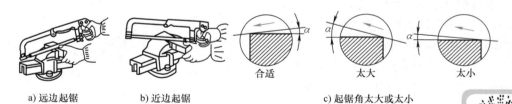

a) 远边起锯　　　b) 近边起锯　　　c) 起锯角太大或太小

图 10-18　起锯方法

10.2.2　锉削

用锉刀对工件表面进行切削加工的方法称为锉削。锉削加工比较灵活，可以加工工件的内外平面、内外曲面、内外沟槽以及各种复杂形状的表面，加工精度也较高。在现代化工业生产的条件下，对某些零部件的加工广泛采用锉削方法来完成。例如，单件或小批量生产条件下某些复杂形状的零件加工、样板和模具等的加工，以及装配过程中对个别零件的修整等都需要用锉削加工。所以，锉削是钳工最重要的基本操作之一。

1. 锉削工具

锉刀是锉削的主要工具，常用碳素工具钢 T12、T13 制成，并经热处理淬硬至 62~67HRC。

钳工（锉削）

锉刀由锉刀面、锉刀边、锉刀舌、锉刀尾、锉柄等部分组成，如图 10-19 所示。按用途，锉刀可分为钳工锉、特种锉和整形锉三类。

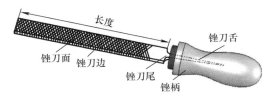

图 10-19 锉刀各部分的名称

合理选用锉刀对保证加工质量、提高工作效率和延长锉刀寿命有很大的作用。锉刀的一般选择原则是：根据工件表面形状和加工面的大小选择锉刀的断面形状和规格，根据材料软硬、加工余量、精度和表面粗糙度值的要求选择锉刀齿纹的粗细。

粗齿锉刀由于齿距较大、不易堵塞，一般用于锉削铜、铝等软金属，以及加工余量大、精度低和表面粗糙工件的粗加工；中齿锉刀齿距适中，适于粗锉后的加工；细齿锉刀可用于锉削钢、铸铁（较硬材料），以及加工余量小、精度要求高和表面粗糙度值低的工件；油光锉用于最后修光工件表面。

2. 锉削操作

正确握持锉刀有助于提高锉削质量，可根据锉刀大小和形状的不同，采用相应的握法。

1) 大锉刀的握法。右手心抵着锉柄的端头，拇指放在锉柄的上面，其余四指弯在下面，配合拇指捏住锉柄；左手则根据锉刀大小和用力的轻重，可选择多种姿势，如图 10-20 所示。

2) 中锉刀的握法。右手握法与大锉刀握法相同，而左手则需用拇指和食指捏住锉刀前端，如图 10-21a 所示。

3) 小锉刀的握法。右手食指伸直，拇指放在锉柄上面，食指靠在锉刀的刀边上，左手几个手指压在锉刀中部，如图 10-21b 所示。

4) 更小锉刀（整形锉）的握法。一般只用右手拿着锉刀，食指放在锉刀上面，拇指放在锉刀的左侧，如图 10-21c 所示。

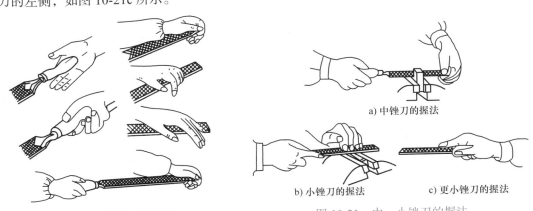

图 10-20 大锉刀的握法

a) 中锉刀的握法

b) 小锉刀的握法　　c) 更小锉刀的握法

图 10-21 中、小锉刀的握法

正确的锉削姿势，能够减轻疲劳，提高锉削质量和效率。人站立的位置与錾削时基本相同，即左腿弯曲，右腿伸直，身体向前倾斜，重心落在左腿上。锉削时，两脚站稳不动，靠左膝的屈伸使身体做往复运动，手臂和身体的运动要互相配合，并要充分利用锉刀的全长。开始锉削时身体要向前倾斜 10° 左右，左肘弯曲，右肘向后，如图 10-22a 所示。锉刀推出 1/3 行程时，身体要向前倾斜 15° 左右，如图 10-22b 所示，这时左腿稍弯曲，左肘稍直，右臂向前推。锉刀推到 2/3 行程时，身体逐渐倾斜到 18° 左右，如图 10-22c 所示，最后左腿继续弯曲，左肘渐直，右臂向前使锉刀继续推进，直到推尽，身体随着锉刀的反作用方向退回到 15° 位置，如图 10-22d 所示。行程结束后，把锉刀略微抬起，使身体与手恢复到开始时的姿势，如此反复。

锉削速度一般为 30~60 次 /min。太快容易疲劳且锉齿易磨钝，太慢则切削效率低。

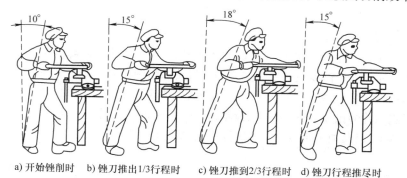

a) 开始锉削时   b) 锉刀推出1/3行程时   c) 锉刀推到2/3行程时   d) 锉刀行程推尽时

图 10-22　锉削动作

3. 锉削质量与质量检查

锉削中常见质量问题如下：

1）平面出现凸、塌边和塌角。该问题是由于操作不熟练，锉削力运用不当或锉刀选用不当造成的。

2）形状、尺寸不准确。该问题是由于划线错误或锉削过程中没有及时检查工件尺寸造成的。

3）表面较粗糙。该问题是由于锉刀粗细选择不当或锉屑卡在锉齿间造成的。

4）锉掉了不该锉的部分。该问题是由于锉削时锉刀打滑，或者是没有注意带锉齿工作边和不带锉齿的光边造成的。

5）工件夹坏。该问题是由于工件在台虎钳上装夹不当造成的。

锉削质量检查方法如下：

1）检查直线度。用钢直尺和直角尺以透光法来检查工件的直线度，如图 10-23a 所示。

2）检查垂直度。用直角尺采用透光法检查。其方法是：先选择基准面，然后对其他各面进行检查，如图 10-23b 所示。

3）检查尺寸。用游标卡尺

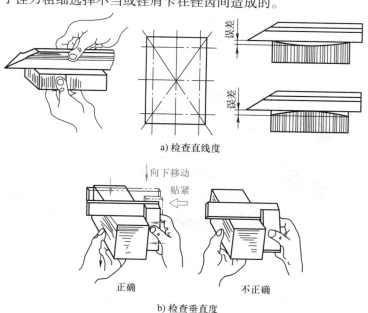

a) 检查直线度

b) 检查垂直度

图 10-23　用直角尺检查直线度和垂直度

在工件全长不同的位置进行数次测量。

4）检查表面粗糙度。一般用眼睛观察即可。如要求准确，可用表面粗糙度样板对照进行检查。

10.2.3 錾削

錾削是用锤子敲击錾子对金属工件进行切削加工的一种方法。它主要用于对不便进行机械加工的零件的某些部位进行切削加工，如去除毛坯上的毛刺、凸缘，錾削异形油槽、板材等。錾削是钳工工作中的一项重要的基本技能，其中的锤击技能是装拆机械设备必不可少的基本功。

1. 錾削工具

錾削用的工具主要是各种錾子和锤子。

（1）錾子 錾子由锋口（切削刃）、斜面、柄部和头部4个部分组成，如图10-24所示。其柄部一般制成菱形，全长170mm左右，直径为$\phi18$~$\phi20$mm。根据工件加工的需要，一般常用的錾子有以下几种：

1）平口錾。又称扁錾，如图10-25a所示，有较宽的切削刃，刃宽一般为15~20mm，可用于錾削大平面、较薄的板料、直径较小的棒料，以及清理焊件边缘和铸件与锻件上的毛刺、飞边等。

2）窄錾。如图10-25b所示，其切削刃较窄，一般为2~10mm，用于錾槽和配合扁錾錾削宽的平面。

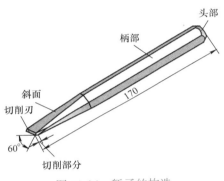

图 10-24 錾子的构造

3）油槽錾。如图10-25c所示，油槽錾的切削刃很短，并呈圆弧状，其斜面做成弯曲形状，可用于錾削轴瓦和机床润滑面上的油槽等。

a) 扁錾　　　　b) 窄錾　　　　c) 油槽錾

图 10-25 錾子的种类

在制造模具或其他特殊场合，还需要特殊形状的錾子，可根据实际需要锻制。錾子的材料通常采用碳素工具钢T7、T8，锻造并做热处理，其硬度要求是：切削部分52~57HRC，头部32~42HRC。

錾子的切削部分呈楔形，由两个平面与一个切削刃组成。其两个面之间的夹角称为楔角β。錾子的楔角越大，切削部分的强度越高。錾削阻力加大，不但会使切削困难，而且会将材料的被切面挤切不平，所以应在保证錾具有足够强度的前提下尽量选取小的楔角值。一般来说，錾子楔角要根据工件材料的硬度来选择：錾削硬材料（如碳素工具钢）时，楔角取60°~70°；錾削碳素钢和中等硬度的材料时，楔角取50°~60°；錾削软材料（铜、铝）时，楔角取30°~50°。

（2）锤子 锤子是錾削工作中不可缺少的工具。锤子（图10-26）由锤头和木柄两部分组成。锤头用碳素工具钢制成，两端经淬火硬化、磨光等处理，顶面稍稍凸起。锤头的另一端形状可根据需要制成圆头、扁头、鸭嘴或其他形状。锤子的规格以锤头的质量的大小来表示，其规格有 0.25kg、0.5kg、0.75kg、1kg 等几种。木柄需用坚韧的木质材料制成，其截面形状一般呈椭圆形。木柄长度要合适，过长则操作不方便，过短则不能发挥锤击力量。木柄长度一般以操作者手握锤头，手柄与肘长相等为宜。木柄装入锤孔中必须打入楔子（图 10-27），以防锤头脱落伤人。

图 10-26　钳工用锤子

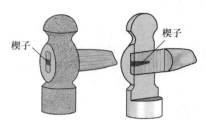

图 10-27　锤柄端部打入楔子

2. 錾削操作方法

握錾的方法随工作条件的不同而不同，其常用的方法有以下几种：

1）正握法。如图 10-28a 所示，这种握法是手心向下，用虎口夹住錾身，拇指与食指自然伸开，其余三指自然弯曲靠拢并握住錾身。这种握法适用于在平面上进行錾削。

2）反握法。如图 10-28b 所示，这种握法是手心向上，手指自然捏住錾柄，手心悬空。这种握法适用于小的平面或侧面錾削。

3）立握法。如图 10-28c 所示，这种握法是虎口向上，拇指放在錾子一侧，其余四指在另一侧捏住錾子。这种握法适用于垂直錾削工件，如在铁砧上錾断材料等。

a) 正握法　　　　　b) 反握法　　　　　c) 立握法

图 10-28　錾子的握法

10.3　钻孔、扩孔、铰孔、锪孔

各种零件上的孔加工，除去一部分由车、镗、铣等机床完成外，很大一部分是由钳工利用各种钻床和钻孔工具完成的。钳工加工孔的方法一般是指钻孔、扩孔、铰孔和锪孔。

钻孔

10.3.1　钻孔加工设备

1. 钻床

常用的钻床有台式钻床、立式钻床和摇臂钻床 3 种，手电钻也是常用的钻孔工具。

（1）台式钻床　如图 10-29 所示，台式钻床简称台钻，是一种放在工作台上使用的小型钻床。台钻质量轻，移动方便，转速高（最低转速在 400r/min 以上），适于加工小型零件上的小孔（直径不大于 13mm），其主轴进给是手动的。

（2）立式钻床 如图 10-30 所示，立式钻床简称立钻，其规格用最大钻孔直径表示。常用的立钻规格有 25mm、35mm、40mm 和 50mm 等几种。与台钻相比，立钻刚性好，功率大，因而允许采用较高的切削用量，生产率较高，加工精度也较高。立钻主轴的转速和进给量变化范围大，而且可以自动进给，因此可适应不同的刀具进行钻孔、扩孔、铰孔、锪孔、攻螺纹等多种加工。立钻适用于单件、小批量生产中的中、小型零件的加工。

（3）摇臂钻床 如图 10-31 所示，这类钻床机构完善，它有一个能绕立柱旋转的摇臂，摇臂带动主轴箱可沿立柱垂直移动，同时主轴箱还能在摇臂上横向移动。由于结构上的这些特点，操作时能很方便地调整刀具位置以对准被加工孔的中心，而无须移动工件来进行加工。此外，摇臂钻床的主轴转速范围和进给量范围很大，因此适用于笨重、大工件及多孔工件的加工。

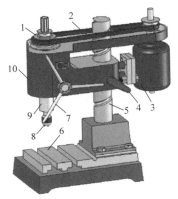

图 10-29 台式钻床

1—塔轮 2—V 带 3—电动机 4—锁紧手柄 5—立柱 6—工作台 7—进给手柄 8—钻夹头 9—主轴 10—头架

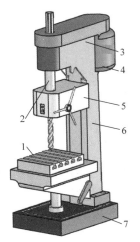

图 10-30 立式钻床

1—工作台 2—主轴 3—主轴变速箱
4—电动机 5—进给箱 6—立柱 7—机座

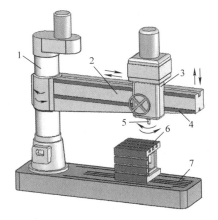

图 10-31 摇臂钻床

1—立柱 2—摇臂 3—主轴箱
4—摇臂导轨 5—主轴 6—工作台 7—机座

2. 钻头与夹具

麻花钻是钻孔用的主要刀具，用高速钢制造，其工作部分经热处理淬硬至 62~65HRC。钻头由柄部、空刀及工作部分组成，如图 10-32 所示。

1）柄部。柄部是钻头的夹持部分，起传递动力的作用。按形状可分为直柄和锥柄两种。直柄传递转矩较小，一般用于直径小于 12mm 的钻头；锥柄可传递较大转矩，用于直径大于 12mm 的钻头。锥柄顶部是扁尾，起传递转矩作用。

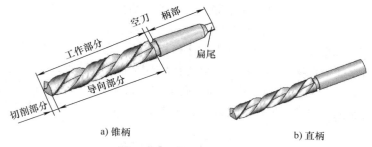

图 10-32　麻花钻头的构造

2）空刀。空刀在制造钻头时起砂轮磨削退刀作用。钻头直径、材料、厂标一般刻在空刀处。

3）工作部分。工作部分包括导向部分与切削部分。导向部分有两条狭长的、螺旋形的、高出齿背 0.5~1mm 的棱边（刃带），其直径前大后小，略有倒锥度，这样可以减少钻头与孔壁间的摩擦。两条对称的螺旋槽，可用于排出切屑并输送切削液，同时整个导向部分也是切削部分的后备部分。切削部分（图 10-33）有 3 条切削刃：前面和后面相交形成两条主切削刃，担负主要切削作用；两后面相交形成的两条棱刃（副切削刃），起修光孔壁的作用；修磨横刃是为了减少钻削轴向力和挤刮现象，并提高钻头的定心能力和切削稳定性。

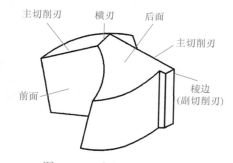

图 10-33　麻花钻的切削部分

切削部分的几何角度主要有前角 γ、后角 α、顶角 2ψ、螺旋角 ω 和横刃角 ψ，其中顶角 2ψ 是两个主切削刃之间的夹角，一般取 $120°\pm2°$。

夹具主要包括钻头夹具和工件夹具两种。

（1）钻头夹具　常用的钻头夹具有钻夹头和钻套，如图 10-34 所示。

1）钻夹头。钻夹头适用于装夹直柄钻头，其柄部是圆锥面，可以与钻床主轴内锥孔配合安装，而在其头部的 3 个夹爪可以同时张开或合拢，这使钻头的装夹与拆卸都很方便。

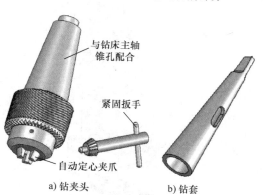

图 10-34　钻夹头和钻套

2）钻套。钻套又称过渡套筒，用于装夹锥柄钻头。由于锥柄钻头柄部的锥度与钻床主轴内锥孔的锥度不一致，为使其配合安装，故把钻套作为锥体过渡件。钻套的一端为锥孔，可内接钻头锥柄，其另一端的外锥面接钻床主轴的内锥孔。钻套依其内外锥锥度的不同分为 5 个型号（1~5）。例如，2 号钻套其内锥孔为 2 号莫氏锥度，外锥面为 3 号莫氏锥度，使用时可根据钻头锥柄和钻床主轴内锥孔的锥度来选用。

（2）工件夹具　加工工件时，应根据钻孔直径和工件形状来合理使用工件夹具。装夹工件要牢固可靠，但又不能将工件夹得过紧而损伤工件或使工件变形影响钻孔质量。常用的夹具有手虎钳、机用虎钳、V 形架和压板等。

对于薄壁工件和小工件，常用手虎钳夹持，如图 10-35a 所示；机用虎钳用于中小型平整工件的夹持，如图 10-35b 所示；轴或套筒类工件可用 V 形架夹持，如图 10-35c 所示，并和压板配合使用；对不适于用虎钳夹紧的工件或要钻大直径孔的工件，可用压板、螺栓直接固定在钻床工作台上，如图 10-35d 所示。在成批和大量生产中广泛应用钻模夹具，这种方法可提高生产率。例如，应用钻模钻孔时，可免去划线，提高生产率，钻孔精度可提高一级，表面粗糙度值也有所减小。

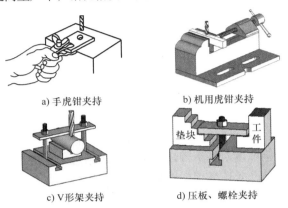

a) 手虎钳夹持　　　　　　　b) 机用虎钳夹持

c) V 形架夹持　　　　　　　d) 压板、螺栓夹持

图 10-35　工件夹持方法

3. 扩孔、铰孔、锪孔使用的刀具

（1）扩孔钻　一般用麻花钻作为扩孔钻。在扩孔精度要求较高或生产批量较大时，还采用专用扩孔钻扩孔。扩孔钻和麻花钻相似，所不同的是它有 3~4 条切削刃，但无横刃，其顶端是平的，螺旋槽较浅，故钻芯粗实、刚性好、不易变形、导向性能好。扩孔钻切削平稳，可提高扩孔后孔的加工质量。图 10-36 所示为扩孔钻。

图 10-36　扩孔钻

（2）铰刀及铰杠　铰刀是多刃切削刀具，有 6~12 个切削刃，铰孔时其导向性好。由于刀齿的齿槽很浅，铰刀的横截面大，因此铰刀的刚性好。铰刀按使用方法可分为手用和机用两种，按所铰孔的形状可分为圆柱形和圆锥形两种，圆柱形手（机）铰刀如图 10-37 所示。

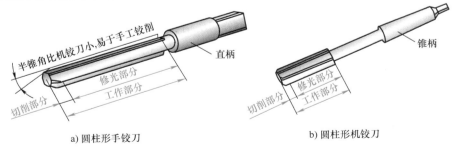

a) 圆柱形手铰刀　　　　　　　b) 圆柱形机铰刀

图 10-37　铰刀

（3）锪钻　常用的锪钻有柱形锪钻（锪柱孔）、锥形锪钻（锪锥孔）和端面锪钻（锪端面）3 种，如图 10-38 所示。

a) 柱形锪钻　　　　b) 锥形锪钻　　　　c) 端面锪钻

图 10-38　锪钻

10.3.2　钻孔与扩孔、铰孔、锪孔操作

1. 钻孔操作

（1）切削用量的选择　钻孔切削用量是钻头的切削速度、进给量和吃刀量的总称。切削用量越大，单位时间内切除金属越多，生产效率越高。由于切削用量受钻床功率、钻头强度、钻头寿命、工件精度等因素的限制不能任意提高，因此，合理选择切削用量就显得十分重要。它将直接关系到钻孔生产率、钻孔质量和钻头寿命。通过分析可知，切削速度和进给量对钻孔生产率的影响是相同的；切削速度对钻头寿命的影响比进给量大；进给量对钻孔粗糙度的影响比切削速度大。综上可知，钻孔时选择切削用量的基本原则是：在允许范围内，尽量先选较大的进给量，当进给量受到孔表面粗糙度和钻头刚度限制时，再考虑较大的切削速度。在钻孔实践中人们已积累了大量的有关选择切削用量的经验，并经过科学总结制成了切削用量表，钻孔时可参考使用。

（2）操作方法　操作方法正确与否，将直接影响钻孔的质量和操作安全。按划线位置钻孔，工件上的孔径圆和检查圆均需打上样冲作为加工界线，中心眼应打大些。钻孔时先用钻头在孔的中心锪一个小窝（约占孔径的 1/4），检查小窝与所划圆是否同心。若稍偏离，可用样冲将中心冲大校正或移动工件校正；若偏离较多，可用窄錾在偏斜相反方向凿几条槽再钻，便可逐渐将偏斜部分校正过来，如图 10-39 所示。

1）钻通孔。在孔将被钻透时，进给量要减小，可将自动进给变为手动进给，以避免钻头在钻穿的瞬间抖动，出现"啃刀"现象，影响加工质量，损坏钻头，甚至发生事故。

2）钻不通孔。钻不通孔时，要注意掌握钻孔深度。控制钻孔深度的方法有调整好钻床上深度标尺挡块、安置控制长度量具或用粉笔做标记。

3）钻深孔。当孔深超过孔径 3 倍时，即为深孔。钻深孔时要经常退出钻头进行排屑和冷却，否则容易造成切屑堵塞或使钻头切削部分过热导致钻头磨损甚至折断，影响孔的加工质量。

4）钻大孔。直径（D）超过 30mm 的孔应分两次钻，即第一次用（0.5~0.7）D 的钻头先钻，然后再用所需直径的钻头将孔扩大到所要求的直径。分两次钻削，既利于钻头的使用（负荷分担），也利于提高钻孔质量。

5）钻削时的冷却润滑。钻削钢件时，为降低表面粗糙度值，一般使用润滑油作切削液，但为提高生产效率则更多地使用乳化液；钻削铝件时，多用乳化液、煤油；钻削铸铁件则用煤油。

2. 扩孔、铰孔和锪孔

（1）扩孔　扩孔用于扩大已加工出的孔（铸出、锻出或钻出的孔），如图 10-40 所示。它可以校正孔的轴线偏差，并使其获得较正确的几何形状和较小的表面粗糙度值，其加工精度一般为 IT10~IT9 级，表面粗糙度值为 Ra 6.3~3.2μm。扩孔可作为要求不高的孔的最终加工，也可作为精加工（如铰孔）前的预加工，扩孔加工余量为 0.5~4mm。

（2）铰孔 铰孔是用铰刀从工件壁上切除微量金属层，以提高其尺寸精度和表面质量的加工方法。铰孔的加工精度可高达 IT7~IT6 级，铰孔的表面粗糙度值可达 Ra 0.8~0.4μm。

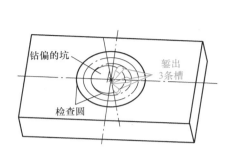

图 10-39 钻偏时的纠正方法

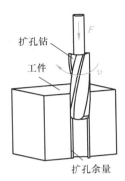

图 10-40 扩孔

铰孔因余量很小，而且切削刃的前角 $\gamma = 0°$，所以铰削实际上是修刮过程。特别是手工铰孔时，由于切削速度很低，不会受到切削热和振动的影响，故铰孔是对孔进行精加工的一种方法。铰孔时铰刀不能倒转，否则，切屑会卡在孔壁和切削刃之间，从而使孔壁划伤或切削刃崩裂。铰削时如采用切削液，孔壁表面粗糙度值将更小，如图 10-41 所示。

钳工常遇到的锥销孔铰削，一般采用相应孔径的圆锥手用铰刀进行。

（3）锪孔 锪孔是用锪钻对工件上的已有孔进行孔口型面的加工，其目的是保证孔端面与孔中心线的垂直度，以便使与孔连接的零件位置正确、连接可靠。常用的锪孔工具有平底锪钻（锪柱孔）、锥面锪钻（锪锥孔）和端面锪钻（锪端面）3 种，如图 10-42 所示。

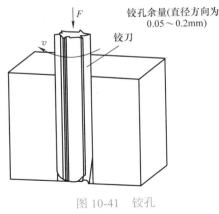

图 10-41 铰孔

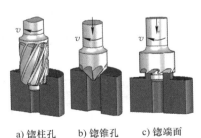

a) 锪柱孔 b) 锪锥孔 c) 锪端面

图 10-42 锪孔

平底埋头锪钻的端刃起切削作用，其周刃作为副切削刃起修光作用，如图 10-42a 所示。为保证原有孔与埋头孔同心，锪钻前端带有导柱与已有孔配合使用起定心作用。导柱和锪钻本体可制成整体也可分开制造，然后装配成一体。

锥面锪钻用于锪圆锥形沉头孔，如图 10-42b 所示。锪钻顶角有 60°、90° 和 120° 三种，其中以顶角为 90° 的锪钻应用最为广泛。

端面锪钻用于锪与孔垂直的孔口端面，如图 10-42c 所示。

10.4　攻螺纹和套螺纹

攻螺纹是用丝锥在工件的光孔内加工出内螺纹的方法。套螺纹是用板牙在工件光轴上加工出外螺纹的方法。

攻螺纹

10.4.1　攻螺纹和套螺纹工具

1. 丝锥和铰杠

丝锥是加工内螺纹的工具。手用丝锥是用合金工具钢 9SiCr 或滚动轴承钢 GCr9 经滚牙（或切牙）、淬火、回火制成的，机用丝锥则都用高速钢制造。丝锥的结构如图 10-43 所示。

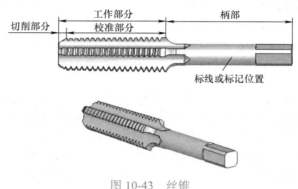

图 10-43　丝锥

丝锥由工作部分和柄部组成。工作部分则由切削部分和校准部分组成，工作部分有 3~4 条轴向容屑槽，可容纳切屑，并形成切削刃和前角。切削部分是圆锥形，切削刃分布在圆锥表面，起主要切削作用。校准部分具有完整的齿形，可校正已切出的螺纹，并起导向作用。柄部末端有方头，以便用铰杠装夹和旋转。

每种型号的丝锥一般由两支或三支组成一套，分别称为头锥、二锥和三锥。成套丝锥分次切削，依次分担切削量，以减轻每支丝锥单齿切削负荷。M6~M24 的丝锥两支一套，小于 M6 和大于 M24 的三支一套。小丝锥强度差，易折断，将切削余量分配在 3 个等径的丝锥上。大丝锥切削的金属量多，应逐渐切除，切除量分配在 3 个不等径的丝锥上。图 10-44 所示为成套丝锥的切削用量分布。

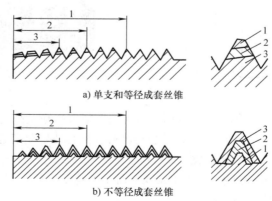

a) 单支和等径成套丝锥

b) 不等径成套丝锥

图 10-44　成套丝锥的切削用量分布

1—初锥或第一粗锥（头攻）　2—中锥或第二粗锥（二攻）　3—底锥或精锥（三攻）

铰杠是用来夹持丝锥和转动丝锥的手用工具。图 10-45 所示为丁字铰杠。丁字铰杠主要用于攻工件凸台旁边的螺纹或机体内部的螺纹。铰杠又有固定式和活动式两种。

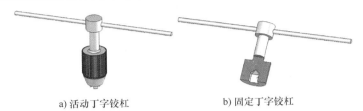

a) 活动丁字铰杠　　　　　　　b) 固定丁字铰杠

图 10-45　丁字铰杠

2. 板牙和板牙架

板牙是加工外螺纹的工具，是用合金工具钢 9SiCr、9Mn2V 或高速钢并经淬火、回火制成的。板牙的构造如图 10-46 所示，由切削部分、校准部分和容屑孔组成。它本身就像一个圆螺母，只是在它上面钻有 3~5 个容屑孔，并形成切削刃。

切削部分是板牙两端带有切削锥角 2φ 的部分，经铲、磨起主要的切削作用。板牙的中间是校准部分，也是套螺纹的导向部分，起修正和导向作用。板牙的外圆有 1 条 V 形槽和 4 个 90° 的顶尖坑。其中两个顶尖坑供螺钉紧固板牙用，另外两个和介于其间的 V 形槽是调整板牙工作尺寸用的，当板牙因磨损而尺寸扩大后，可用砂轮边沿 V 形槽切开，用螺钉顶紧 V 形槽旁的尖坑，以缩小板牙的工作尺寸。

板牙架是夹持板牙和传递转矩的工具，如图 10-47 所示。

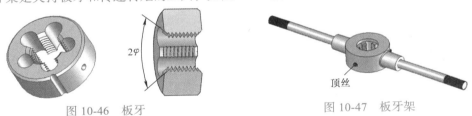

图 10-46　板牙　　　　　　　　　　图 10-47　板牙架

10.4.2　攻螺纹和套螺纹操作

1. 攻螺纹前螺纹底孔的确定

攻螺纹时，丝锥主要是切削金属，但也伴随有严重的挤压作用，因此会产生金属凸起并挤压牙尖，使攻螺纹后的螺纹孔内径小于原底孔直径。因此，攻螺纹的底孔直径应稍大于螺纹内径；否则攻螺纹时因挤压作用，使螺纹牙顶与丝锥牙底之间没有足够的容屑空间，将丝锥箍住，甚至折断，此现象在攻塑性材料时更为严重。但螺纹底孔过大，又会使螺纹牙型高度不够，降低强度。底孔直径的大小，要根据工件的塑性高低及钻孔扩张量来考虑。

1）加工钢和塑性较好的材料，在中等扩张量的条件下，钻头直径可按下式选取，即

$$D = d - P$$

式中，D 为攻螺纹前钻螺纹底孔用钻头直径（mm）；d 为螺纹直径（mm）；P 为螺距（mm），对于 M8，$P = 1.25$mm，对于 M10，$P = 1.5$mm。

2）加工铸铁和塑性较差的材料时，在较小扩张量的条件下，钻头直径可按下式选取，即

$$D = d - (1.05 \sim 1.1) P$$

2. 攻螺纹操作

先将头锥垂直放入已倒好角的工件孔内，先旋转 1~2 圈，用目测或直角尺在相互垂直的两

个方向上检查，如图 10-48 所示，然后用铰杠轻压旋入。当丝锥的切削部分已经切入工件后，可只转动而不加压。每转一圈应反转 1/4 圈，以便切屑断落，如图 10-49 所示。攻完头锥后继续攻二锥、三锥。攻二锥、三锥时先把丝锥放入孔内，旋入几扣后，再用铰杠转动，旋转铰杠时不需加压。

不通孔攻螺纹时，由于丝锥切削部分不能切出完整的螺纹，所以光孔深度（h）至少要等于螺纹长度（L）与丝锥切削部分长度之和，丝锥切削部分长度大致等于内螺纹大径的 0.7 倍，即

$$h = L + 0.7D$$

同时，要注意丝锥顶端快碰到底孔时，更应及时清除积屑。

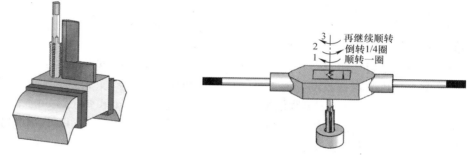

图 10-48　用直角尺检查丝锥的位置　　　　　图 10-49　攻螺纹操作

攻普通碳钢工件时，常加注 N46 机械润滑油；攻不锈钢工件时可用极压润滑油润滑，以减少刀具磨损、改善工件加工质量。

攻铸铁工件时，采用手攻可不必加注润滑油，采用机攻时应加注煤油，以清洗切屑。

3. 套螺纹前圆杆直径的确定

套螺纹前应检查圆杆直径，太大难以套入，太小则套出的螺纹不完整。圆杆直径可用下面的经验公式计算，即

$$d' \approx d - 0.13P$$

式中，d' 为圆杆直径（mm）；d 为外螺纹大径，即螺栓公称直径（mm）；P 为螺纹螺距（mm）。圆杆端部应做成 $2\psi \leqslant 60°$ 的锥台，以便于板牙定心切入。

4. 套螺纹操作

套螺纹时，板牙端面与圆杆应严格地保持垂直。工件伸出钳口的长度，在不影响螺纹要求长度的前提下，应尽量短些。套螺纹过程与攻螺纹相似，如图 10-50 所示。

切削过程中，如手感较紧，应及时退出，清理切屑后再进行，并加润滑油润滑。

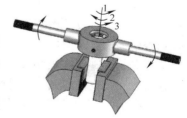

图 10-50　圆杆倒角和套螺纹

10.5　刮削与研磨

用刮刀在工件已加工表面上刮去一层很薄金属的操作叫作刮削。刮削时刮刀对工件既有切削作用，又有压光作用。经刮削的表面可留下微浅刀痕，形成存油空隙，减少摩擦阻力，从而改善表面质量，降低表面粗糙度值，提高工件的耐磨性，还能使工件表面美观。刮削是一种精

加工方法，常用于加工零件上互相配合的重要滑动表面，如机床导轨、滑动轴承等，以使其均匀接触。在机械制造、工具、量具制造和修理工作中，刮削占有重要地位，得到了广泛的应用。刮削的缺点是生产效率低，劳动强度大。

10.5.1 刮削用工具

1. 刮刀

刮刀一般用碳素工具钢 T10A~T12A 或轴承钢锻成，也有的刮刀头部焊上硬质合金用于刮削硬金属。刮刀分为平面刮刀和曲面刮刀两类。

1）平面刮刀。平面刮刀用于刮削平面，有普通刮刀（图 10-51a）和活头刮刀（图 10-51b）两种。活头刮刀除机械夹固外，还可用焊接方法将刀头焊在刀杆上。平面刮刀按所刮表面精度又可分为粗刮刀、细刮刀和精刮刀 3 种，其头部形状（刮削刃的角度）如图 10-52 所示。

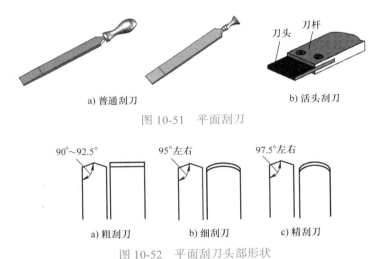

a) 普通刮刀　　　　　　　b) 活头刮刀

图 10-51　平面刮刀

a) 粗刮刀　　　b) 细刮刀　　　c) 精刮刀

图 10-52　平面刮刀头部形状

2）曲面刮刀。曲面刮刀用于刮削内弧面（主要是滑动轴承的轴瓦），其式样很多，如图 10-53 所示，其中以三角刮刀最为常见。

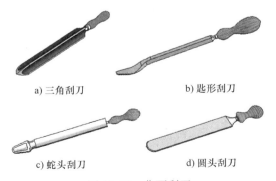

a) 三角刮刀　　　　　　　b) 匙形刮刀

c) 蛇头刮刀　　　　　　　d) 圆头刮刀

图 10-53　曲面刮刀

2. 校准工具

校准工具有两个作用：一是与刮削表面磨合，以接触点子的多少和分布的疏密程度来显示刮削表面的平整程度，提供刮削的依据；二是检验刮削表面的精度。

刮削平面的校准工具有：①校准平板，用于检验和磨合宽平面用的工具；②桥式直尺、"工"字形直尺，用于检验和磨合长而窄平面用的工具；③角度直尺，用于检验和磨合燕尾形或 V 形面的工具。几种校准工具的结构如图 10-54 所示。

刮削内圆弧面时，经常采用与之相配合的轴作为校准工具，如无现成轴，可自制一根标准心轴作为校准工具。

3. 显示剂

显示剂是为了显示被刮削表面与标准表面间贴合程度而涂抹的一种辅助材料，显示剂应具有色泽鲜明、颗粒极细、扩散容易、对工件没有磨损及无腐蚀性等特点，且价廉易得。目前常用的显示剂及用途如下：

1）红丹粉。红丹粉用氧化铁或氧化铝加机油调成，前者呈紫红色，后者呈橘黄色，多用于铸铁和钢的刮削。

2）蓝油。蓝油用普鲁士蓝加蓖麻油调成，多用于铜和铝的刮削。

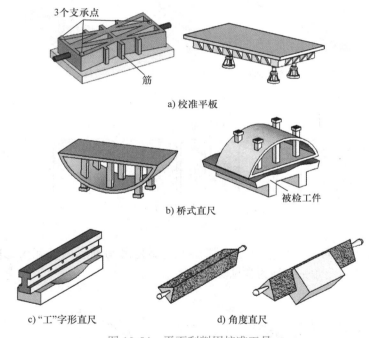

a) 校准平板

b) 桥式直尺

c) "工"字形直尺　　　　　　　d) 角度直尺

图 10-54　平面刮削用校准工具

10.5.2　刮削操作

1. 刮削平面

刮削平面的方式有挺刮式和手刮式两种。

（1）挺刮式　将刮刀柄放在小腹右下侧，在距切削刃 80~100mm 处双手握住刀身，用腿部和臂部的力量使刮刀向前挤刮。当刮刀开始向前挤时，双手加压，在推挤的瞬时，右手引导刮刀方向，左手控制刮削，到需要长度时将刮刀提起，如图 10-55a 所示。

（2）手刮式　右手握刀柄，左手握在距刮刀头部约 50mm 处，刮刀与刮削平面成 25°~30°角。刮削时右臂向前推，左手向下压并引导刮刀方向，双手动作与挺刮式相似，如图 10-55b 所示。

2.刮削曲面

对于要求较高的某些滑动轴承的轴瓦，通过刮削可以得到良好的配合。刮削轴瓦时用三角刮刀，而研点的方法是在轴上涂抹显示剂（常用蓝油），然后与轴瓦配研。曲面刮削的原理和平面刮削一样，只是曲面刮削使用的刀具和握持刀具的方法与平面刮削有所不同，如图 10-56 所示。

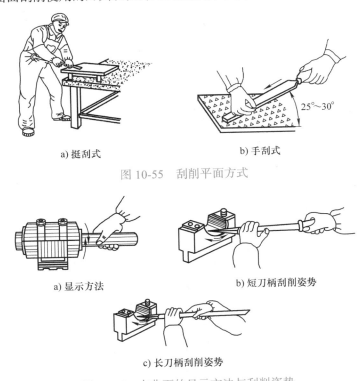

a) 挺刮式　　　　　　　　　　　　b) 手刮式

图 10-55　刮削平面方式

a) 显示方法　　　　　　　　　b) 短刀柄刮削姿势

c) 长刀柄刮削姿势

图 10-56　内曲面的显示方法与刮削姿势

10.5.3　研具与研磨剂

研磨工艺的基本原理是游离的磨料通过辅料和研磨工具（以下简称研具）物理和化学的综合作用，对工件表面进行光整加工。研磨加工中，研具是保证研磨质量和研磨效率的重要因素。因此，对研具的材料、硬度，以及对研具的精度、表面粗糙度值等都有较高的要求。

1.研具材料

研具材料应具备组织结构细致、均匀的特点，有很高的稳定性、耐磨性及抗擦伤能力，有很好的嵌存磨料的性能，工作面的硬度一般应比工件表面的硬度稍低。

（1）铸铁　铸铁研具不仅适用于加工多种材料的工件，而且适用于湿研和干研。其硬度应为 110~190HBW，并在同一工作面上硬度基本一致，应无砂眼等影响精确度的外观缺陷。

用于精研的普通灰铸铁材料，其化学成分（质量分数）为：碳 2.7%~3.0%，硅 1.3%~1.8%，锰 0.6%~0.9%，磷 0.65%~0.70%，硫小于 0.10%。用于粗研的铸铁材料，其化学成分（质量分数）为：碳 3.5%~3.7%，硅 1.5%~2.2%，锰 0.4%~0.7%，磷 0.1%~0.15%，锑 0.45%~0.55%。

用于研磨的铸铁材料除了普通灰铸铁外，还有球墨铸铁和高磷低合金铸铁。近年来出现的一种新型铸铁研具，采用了高 Si/C 比的铸铁，即高强度低应力铸铁，并在高强度低应力铸铁研具工作表面应用接触电阻加热淬火技术或 400W 的 CO_2 激光器淬硬灰铸铁技术，产生了一种高硬度、高强度、低应力的铸铁研具。其抗擦伤能力、耐磨性和降低被研磨表面表面粗糙度的性能都有了很大的提高。

（2）其他材料　低碳钢、铜、巴氏合金、铅和玻璃经常用于制作精研淬硬钢时的研具。

2. 研具的类型

研具的类型很多，按其适用范围可分为通用研具和专用研具两类。通用研具适用于一般工件、计量器具、刃具等的研磨。常用的通用研具有研磨平板、研磨盘等。专用研具是专门研磨某种工件、计量器具、刃具等的研具，如螺纹研具、圆锥孔研具、圆柱孔研具、千分尺研磨器和卡尺研磨器等。

3. 研磨剂

研磨剂中磨料和辅料的种类，主要是根据研磨加工的材料及硬度和研磨方法确定的。

（1）磨料　磨料在研磨中主要起切削作用。研磨加工的效率、精度和表面粗糙度值与磨料有密切关系。常用的磨料有以下4个系列：

1）金刚石磨料。金刚石磨料是目前硬度最高的磨料，分人造金刚石和天然金刚石两种。金刚石磨料的切削能力强，使用效果好，可用于研磨淬硬钢，适用于研磨硬质合金、硬铬、宝石、陶瓷等超硬材料。随着人造金刚石制造成本的不断下降，金刚石磨料的应用越来越广泛。

2）碳化物磨料。碳化物磨料的硬度低于金刚石磨料。在超硬材料的研磨加工中，其研磨效率和质量低于金刚石磨料，可用于研磨硬质合金、陶瓷与硬铬等超硬材料，适用于研磨硬度较高的淬硬钢。

3）氧化铝磨料。氧化铝磨料的硬度低于碳化物磨料，适用于研磨淬硬钢、未淬硬钢和铸铁等材料。

4）软质化学磨料。软质化学磨料质地较软，可以改善被加工表面的表面粗糙度，提高效率，用于精研或抛光。这类磨料有氧化铬、氧化铁、氧化镁和氧化铈等。

（2）辅料　磨料不能单独用于研磨，必须和某些辅料配合制成各种研磨剂来使用。辅料中，常用的液态辅料有煤油、汽油、电容器油、甘油等，用来调和磨料，起冷却润滑作用。另一类是固态辅料，常用的有硬脂。硬脂可起到使被研磨表面金属发生氧化反应及增强研磨中悬浮工件的作用，如图10-57所示。硬脂可使工件与研具在研磨时不直接接触，只利用露出研具表面和硬脂上面的磨料进行切削，从而降低表面粗糙度值。

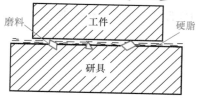

图10-57　硬脂在研磨中的悬浮作用

在研磨工作中，为了使用方便，常将硬脂酸、蜂蜡、无水碳酸钠配制成硬脂。硬脂的成分为：硬脂酸48g，蜂蜡8g，无水碳酸钠0.1g，甘油12滴（用100mL滴瓶的滴管）。制作时，把硬脂酸和蜂蜡放入容器内加热至熔化，再加上无水碳酸钠和甘油，连续搅拌1~2min，停止加热，然后继续搅拌至即将凝固，立刻倒入定形器中，冷却后即可使用。加热时，时间要掌握好。时间过长，硬脂容易板结，涂在研磨平板等上面时打滑，不易涂划；时间过短，硬脂结构松散，涂划时容易掉渣。

10.5.4　平面的研磨方法

1. 研磨运动轨迹

（1）研磨运动　研磨时，研具与工件之间所做的相对运动称为研磨运动。其目的是实现磨料的切削运动。它的运动状况，直接影响研磨质量、研磨效率及研具寿命。因此，研磨运动既要使工件均匀地接触研具的全部表面，又要使工件受到均匀研磨，即被研磨的工件表面上每一点所走的路程相等，且能不断有规律地改变运动方向，避免过早出现重复。

（2）研磨运动轨迹　工件（或研具）上的某一点在研具（或工件）表面所运动的路线，称为研磨运动轨迹。研磨运动轨迹要紧密、排列整齐、互相交错，一般应避免重叠或同方向平行，要均匀地遍布整个研磨表面。

手工研磨平面的运动轨迹形式，常用的有螺旋线式（图 10-58）、"8"字形式（图 10-59）以及直线往复式。直线往复式研磨运动轨迹比较简单，但不能使工件表面上的加工纹路相互交错，因而难以使工件表面获得较好的表面粗糙度，但可获得较高的几何精度，适用于台阶和狭长平面工件的研磨。螺旋线式研磨运动轨迹，能使研具和工件表面保持均匀接触，既有利于提高研磨质量，又可使研具保持均匀磨损，适用于平板及小平面工件的研磨。

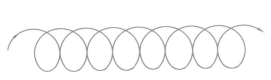

图 10-58　螺旋线式研磨运动轨迹

图 10-59　"8"字形式研磨运动轨迹

2. 研磨速度

研磨速度应根据不同的研磨工艺要求，合理地进行选取。例如，研磨狭长的大尺寸平面工件时，应选取低速研磨；而研磨小尺寸或低精度工件时，则需选取中速或高速研磨。一般研磨速度可取 10~150m/min，精研为 30m/min 以下。一般手工粗研往复为 40~60 次 /min，精研往复为 20~40 次 /min。

3. 研磨压力

研磨压力在一定范围内与研磨效率成正比。但研磨压力过大，摩擦加剧，将产生较高的温度，从而使工件和研具因受热而变形，直接影响研磨质量、研磨效率及研具寿命，一般研磨压力可取 0.01~0.5MPa，手工粗研时为 0.1~0.2MPa，手工精研时为 0.01~0.05MPa。对于机械研磨，当机床开始起动时，可调小些；在研磨进行中，可调到某一定值；研磨终了时，可再减小些，以提高研磨质量。

在一定范围内，工件表面粗糙度值随研磨压力增加而降低。研磨压力为 0.04~0.2MPa 时，改善表面粗糙度的效果显著。

4. 研磨时间

对于粗研，研磨时间可根据磨料的切削性能来确定，以获得较高的研磨效率；对于精研，研磨时间为 1~3min。一般来说，研磨时间越短，则研磨质量越高。当研磨时间超过 3min 时，对研磨质量的提高没有显著效果。

5. 研磨余量的确定

研磨属于表面光整加工方法之一。工件研磨前的预加工直接影响研磨质量和研磨效率。预加工精度低时，研磨消耗工时多，研具磨损快，达不到工艺效果。故大部分工件（尤其是淬硬钢件）在研磨前都经过精磨，其研磨余量视具体情况确定。

生产批量大、研磨效率高时，研磨余量可选 0.04~0.07mm；小批量、单件生产，而且研磨效率低时，研磨余量为0.003~0.03mm。例如，经过精磨的工件轴径，手工研磨的余量为0.003~0.008mm，机械研磨的余量为0.008~0.015mm。再如，经过精磨的工件孔径，手工研磨的余量为0.005~0.01mm。另外，经过精磨的工件平面，手工研磨的余量每面为0.003~0.005mm，机械研磨的余量每面为0.005~0.01 mm。

研磨中，要手工控制研磨运动的方向、压力及速度等。此外，由于手的前部易施力稍大，所以手指作用在工件上的位置和各手指所施压力的大小，对保证尺寸精度和几何形状精度非常重要。研磨中，要不断掉转90°或180°，防止因用力不均而产生质量缺陷。在研磨中还应注意工件的热变形及注意研磨研具整个表面。

10.6　钳工安全操作规程

10.6.1　钻床安全操作规程

1）工作前，对所用钻床和工具、夹具、量具进行全面检查，确认无误后方可操作。

2）工件装夹必须牢固可靠。钻小孔时，应用工具夹持，不准用手拿。工作中严禁戴手套。

3）自动进给时，要选好进给速度，调整好限位块。手动进给时，一般按照逐渐增压和逐渐减压原则进行，以免增压过猛造成事故。

4）钻头上绕有长铁屑时，要停机清除。禁止用嘴吹、手拉，要用刷子或铁钩清除。

5）精铰深孔时，拔取测量用具时不可用力过猛，以免手撞在刀具上。

6）不准在旋转的刀具下翻转、卡压或测量工件；手不准触摸旋转的刀具。

7）摇臂钻的横臂回转范围内不准有障碍物。工作前，横臂必须夹紧。

8）横臂和工作台上不准有浮放的物件。

9）工作结束后，将横臂降到最低位置，主轴箱靠近立柱，并且都要夹紧。

10.6.2　钳工常用工具安全操作规程

1. 钳工台

1）钳工台一般必须紧靠墙壁，人站在一边工作，对面不准站人。当大型钳工台对面有人工作时，钳工台上必须设置密度适当的安全网。钳工台必须安装牢固，不得用作铁砧。

2）钳工台上使用的照明电压不得超过36V。

3）钳工台上的杂物要及时清理，工具和工件要放在指定地方。

2. 锤子

1）锤柄必须用硬质木料做成，大小和长短要适宜，锤柄应有适当的斜度，锤头上必须加铁楔，以免工作时甩掉锤头。

2）两人锤击，站立的位置要错开方向。扶钳、打锤要稳，落锤要准，动作要协调，以免击伤对方。

3）使用前，应检查锤柄与锤头是否松动、是否有裂纹以及锤头上是否有卷边或毛刺。如有缺陷，必须修好后方能使用。

4）手上、锤柄上、锤头上有油污时，必须擦净后才能操作。

5）锤头热处理要适当，不能直接击打硬钢及淬火的零件，以免崩裂伤人。抡大锤时，对面和后面不准站人，要注意周围的安全。

3. 錾子

1）不要用高速钢做扁铲和冲子，以免崩裂伤人。

2）柄上、顶端切勿沾油，以免打滑。不准对着人錾工件，以防铁屑崩出伤人。

3）顶部若有卷边，要及时修磨，消除隐患。有裂纹时，不准使用。

4）工作时，视线应集中在工件上，不要向四周观望或与他人闲谈。

5）不得錾、冲淬火材料。

6）錾子不得短于150mm。刃部淬火要适当，不能过硬。使用时要保持适当的角度。不准用废钻头代替錾子。

4. 锉刀、刮刀

1）木柄须装有金属箍，禁止使用没有上手柄或手柄松动的锉刀和刮刀。

2）锉刀、刮刀杆不准淬火。使用前要仔细检查有无裂纹，以防折断发生事故。

3）推锉要平，压力与速度要适当；回拖要轻，以防事故发生。

4）锉刀、刮刀不能当锤子、撬棒或冲子使用，以防折断。

5）工件或刀具上有油污时，要及时擦净，以防打滑。

6）使用三角刮刀时，应握住木柄进行工作。工作完毕应把刮刀装入套内，并妥善保管。

7）使用半圆刮刀时，刮削方向禁止站人，防止刀滑出伤人。

8）清除铁屑时应使用专用工具，不准用嘴吹或用手擦。

5. 手锯

1）工件必须夹紧，不准松动，以防锯条折断伤人。

2）锯要靠近钳口，方向要正确，压力与速度要适宜。

3）安装锯条时，松紧程度要适当，方向要正确，不准歪斜。

4）工件将要锯断时，要轻轻用力，以防压断锯条或者工件落下伤人。

6. 电钻及一般电动工具

1）使用的电钻，必须装设额定漏电电流不大于15mA，动作时间不大于0.1s的自保式剩余电流断路器（漏电开关）。

2）使用电钻时，要找电工接线，严禁私自乱接。

3）电钻外壳必须有接地线或者接中性线保护。

4）电钻导线要保护好，严禁乱拖，以防轧坏、割破，更不准把电线拖到油水中，以防油水腐蚀电线。

5）使用时一定要戴胶皮手套，穿胶鞋。在潮湿的地方工作时，必须站在橡胶垫或干燥的木板上，以防触电。

6）使用中当发现电钻漏电、振动、高热或有异声时，应立即停止工作，找电工检查修理。

7）电钻未完全停止转动时，不能卸、换钻头。

8）停电、休息或离开工作地时，应立即切断电源。

9）用力压电钻时，必须使电钻垂直于工件表面，固定端要特别牢固。

10）胶皮手套等绝缘用品，不许随便乱放。工作完毕时，应将电钻及绝缘用品一并放到指定地方。

7. 风动砂轮

1）工作前必须穿戴好防护用品。

2）起动前，首先检查砂轮及其防护装置是否完好正常、风管连接处是否牢固。最好先起动一下，马上关上，待确定转子没有问题后再使用。

3）使用砂轮打磨工件时，应待空转正常后，由轻而重拿稳拿妥，均匀使力；压力不能过大或猛力磕碰，以免砂轮破裂伤人。

4）打磨工件时，砂轮转动两侧方向不准站人，以免迸溅伤人。

5）工作完毕后，关掉阀门，把砂轮机摆放到干燥安全的地方，以免砂轮受潮再使用时而破裂伤人。

6）禁止随便开动砂轮或用其他物件敲打砂轮。换砂轮时，要检查砂轮有无裂纹，要垫平、夹牢。不准用不合格的砂轮。砂轮完全停转后，才能用刷子清理。

7）风动砂轮机要由专人负责保管，并需定期检修。

【思考与练习】

10-1　麻花钻各组成部分的名称及作用是什么？钻头有哪几个主要角度？标准顶角是多少度？

10-2　钻孔时，选择转速、进给量的原则是什么？

10-3　钻孔、扩孔与铰孔各有什么区别？

10-4　什么是划线基准？如何选择划线基准？

10-5　锯齿的前角、楔角、后角约为多少度？锯条反装后，这些角度有何变化？对锯削有何影响？

10-6　锉刀的种类有哪些？钳工锉刀如何分类？

10-7　怎样正确采用顺向锉法、交叉锉法和推锉法？

10-8　有几种起锯方式？起锯时应注意哪些问题？

10-9　锉平工件的操作要领是什么？

10-10　攻螺纹前的底孔直径如何计算？

10-11　套螺纹前的圆杆直径怎样确定？

第4篇

现代制造技术

第 11 章 数控加工

1）熟悉数控机床的加工工艺过程、特点及应用范围。

2）掌握数控车削加工的编程方法，能编写一般零件（包括外圆、端面、圆弧、锥面等）的加工程序，并且能将数控程序从计算机上传输到机床上。

3）掌握数控铣削加工的编程方法，能编写一般零件（包括轮廓、内腔等）的加工程序，并且能将数控程序从计算机上传输到机床上。

4）掌握数控车床的操作方法。

5）掌握数控铣床的操作方法。

【本章内容提要】

本章主要讲解数控加工工艺和编程基础，详细阐述数控车削加工和数控铣削加工的基础知识、坐标系、对刀、常用编程指令以及数控加工安全操作规范。

11.1 概述

数控机床技术可从精度、速度、柔韧性和自动化程度等方面来衡量，其具有高精度化、高速度化、高柔性化、高自动化、智能化、复合化等诸多优点。数控机床主要由控制介质、数控装置、伺服系统和机床本体 4 个部分组成，如图 11-1 所示。

图 11-1 数控机床的结构

按伺服系统控制方式可分为开环控制系统、闭环控制系统和半闭环控制系统。闭环控制系统装有直接测量装置，用于执行部件实际位移量的测量；半闭环控制系统一般装有执行部件实际位移量的间接测量装置。按加工类型可分为数控铣削机床、数控车削机床、加工中心、数控线切割和数控电火花加工等多种机床类型。

11.2 数控加工工艺基础

11.2.1 数控加工工艺过程

（1）阅读零件图样 充分了解图样的技术要求，如尺寸精度、几何公差、表面粗糙度值、工件的材料、加工性能以及工件数量等。

（2）工艺分析 根据零件图样要求进行工艺分析，包括零件的结构工艺性分析、材料和设计精度合理性分析、大致工艺步骤等。

（3）制定工艺 根据工艺分析制定出加工所需要的工艺信息，如加工工艺路线、工艺要求、刀具的运动轨迹、位移量、切削用量（切削速度、进给量、吃刀量）以及辅助功能（换刀、主轴正转或反转、切削液开或关）等，并填写加工工序卡和工艺过程卡。

（4）数控编程　根据零件图和制定的工艺内容，按照所用数控系统规定的指令代码及程序格式进行数控编程。

（5）程序传输　将编写好的程序输入数控装置中。调整好机床并调用该程序后，可加工出符合图样要求的零件。

11.2.2　数控加工工艺相关概念

1. 数控加工内容的确定

1）选择数控加工内容时应考虑以下因素：

① 普通机床无法加工的内容。

② 普通机床难加工、质量难以保证的内容。

③ 普通加工效率低，工人劳动强度大的内容。

2）不宜在数控机床上加工的情况如下：

① 需较长时间占机调整的工序内容，如毛坯的粗加工。

② 加工余量不稳定，在数控机床上无法自动调整零件坐标位置的加工内容。

③ 不能一次装夹加工完成的零星分散部位的加工。

2. 零件数控加工工艺性分析

零件在加工前，通过零件设计图样来分析零件的工艺性，这里从数控加工的角度分析零件符合数控加工的必要性、可能性和方便性。总体来看，数控加工工艺性分析就是要看零件结构、技术要求、尺寸标注等是否符合数控加工的特点。

（1）基准可靠性分析　数控加工工艺特别强调定位加工，尤其正反两面都采用数控加工的工件，同一基准定位十分必要，否则很难保证两次定位安装后零件的轮廓位置与尺寸协调，如果零件本身有合适的定位基准，则尽量采用；如果零件本身没有合适的结构作为统一的定位基准，则考虑在零件上设置专门的工艺孔或工艺凸台作为工艺基准，完成加工后再去除。

对于回转体零件，常采用其回转中心作为定位基准，比较多地采用外圆面作为定位基准面，而对于箱体、平板、凸轮等零件常以平面作为定位基准。

（2）加工部位结构分析　零件结构尺寸要保持一致性，以减少加工用刀具数量和换刀次数。

（3）零件变形对加工的影响分析　零件在数控加工时的变形，不仅影响加工质量，而且当变形较大时，将使加工不能正常进行，须考虑必要的预防措施，如安排热处理工序提高零件的刚性。对不能采用热处理的零件，必要时要考虑改变零件结构。

（4）尺寸标注与精度要求分析　数控加工中，刀具的移动是按照一定的坐标位置给定的，而坐标往往是根据零件的设计尺寸和设计基准来设置的；所以数控加工零件的尺寸标注一般采用同一基准标注尺寸或直接给出坐标尺寸。这种标注方法，既便于编程，也便于尺寸之间的相互协调，在保持设计、工艺、检测基准与编程原点设置的一致性方面带来了很大的方便。

数控加工前往往要改变零件图上的局部分散标注为统一集中标注或坐标尺寸标注。由于数控加工精度和重复定位精度高，这种改变不会产生大积累误差而破坏零件的使用特性。

3. 数控加工中工艺制定的原则

（1）保证加工质量的原则　要根据零件的特点和加工要求，采用符合数控加工特点的工艺分析方法，在工艺上保证加工的尺寸、形状和精度及表面质量要求。

一般情况下，数控加工中为了保证零件的加工质量可以采用以下原则：

1）工序集中原则。常常是在一次安装下完成零件的粗精加工，减少安装误差和安装次数。这是数控加工中较多采用的原则，特别是数控车削加工。

2）工序分散原则。为减少热变形和切削变形对工件的尺寸精度、形状精度、位置精度和表面粗糙度的影响，要考虑粗、精加工分开进行，即先安排工件各表面的粗加工，再一起精加工。这种原则较多地在数控铣削和加工中心加工复杂零件时使用。

3）先面后孔原则。对于一些箱体类零件，为保证孔的加工精度，应先加工表面再加工孔，以使孔的加工有明确的基准。还要考虑基准先行、先外后内或者先内后外的通用原则，以及检验、热处理、零件的冷却等都要合理安排，以保证加工质量。

（2）保证加工效率的原则　为了提高加工效率，要考虑尽量减少刀具和工件的安装次数，工艺处理时，尽量在一次安装中加工尽可能多的表面，同时要注意使刀具以最短的工艺路线到达加工部位。

11.2.3　工序划分原则

数控加工工序的划分一般有以下几种方法：

（1）按粗、精加工划分　考虑零件加工精度要求、刚度和变形等因素，一般采用粗、精加工分开的原则，即先粗加工再精加工。一般情况下，零件的加工表面不允许在一次安装中全部加工完成，要粗、精加工分开，即粗加工后要留有加工余量，在精加工时保证零件的精度和质量要求。

（2）按所用刀具划分　根据使用的刀具来划分工序，进行编程。用一把刀具在一次安装中尽可能多地加工出可能加工的表面，然后再换刀加工其他部位。这种划分工序的方法常在需要多把刀具加工的零件上使用，如在加工中心上加工复杂零件。

（3）按零件的装夹定位方式划分　数控加工中要尽量在一次装夹中尽可能多地加工零件表面，以减少装夹次数。

（4）按零件的加工部位划分　要素差异较大，可按照其结构特点将加工部位划分成几个部分，如内表面的加工、外表面的加工、曲面加工、斜平面加工等，以方便选择机床、切削用量、工艺装备等。

11.2.4　进给路线

进给路线就是刀具在整个加工工序中的运动轨迹，它不但反映工步的内容，也反映出工步顺序。进给路线是编写程序的依据之一，确定进给路线时应注意以下几点：

（1）寻求最短加工路线　如加工图 11-2a 所示零件上的孔系，图 11-2b 所示的进给路线为先加工完外圈孔后，再加工内圈孔。若改用图 11-2c 所示的进给路线，减少空刀时间，则可节省定位时间近一半，提高了加工效率。

（2）最终轮廓一次进给完成　为保证工件轮廓表面加工后的表面粗糙度值要求，最终轮廓应安排在最后一次进给中连续加工出来。图 11-3a 所示为用行切方式加工内腔的进给路线，这种进给能切除内腔中的全部余量，不留死角、不伤轮廓。但行切法将在两次进给的起点和终点间留下残留高度，而达不到要求的表面粗糙度。所以如采用图 11-3b 所示的进给路线，先用行切法，最后沿周向环切一刀，光整轮廓表面，获得较好的效果。图 11-3c 所示也是一种较好的进给路线方式。

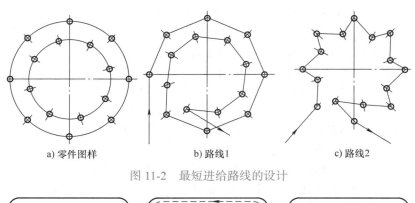

图 11-2　最短进给路线的设计

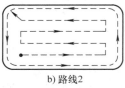 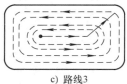

图 11-3　铣削内腔的 3 种进给路线

（3）选择切入切出方向　确定刀具进给路线时，为了保证切削加工过程中，刀具以最短的距离和不损坏刀具的情况下进入和离开加工位置，要合理地考虑刀具的引进和退出。

（4）消除反向间隙对加工的影响　数控机床虽然在机械结构上最大限度地提高了精度，数控系统也具备误差补偿的功能，但是机床的传动中不可避免地存在间隙和磨损后的间隙增大，如果在编程时不考虑丝杠、齿轮传动中的误差和反向运动中间隙的影响，将导致加工精度的降低。所以，编程时要适当地考虑机床传动间隙的影响，减少机床的调整时间和参数设置时间。

（5）选择使工件在加工后变形小的路线　对横截面积小的细长零件或薄板零件应采用分几次进给加工到最后尺寸或对称去除余量法安排进给路线。安排工步时，应先安排对工件刚度破坏较小的工步。

11.2.5　对刀点的选择

对于数控机床，在加工开始时，确定刀具与工件的相对位置很重要，相对位置是通过确认对刀点来实现的。对刀点是指通过对刀确定刀具与工件相对位置的基准点。对刀点可以设置在被加工零件上，也可以设置在夹具上与零件定位基准有一定尺寸联系的某一位置，对刀点往往就选择在零件的加工原点。对刀点的选择原则如下：

1）所选的对刀点应使程序编制简单。

2）对刀点应选择在容易找正、便于确定零件加工原点的位置。

3）对刀点应选在加工时检验方便、可靠的位置。

4）对刀点的选择应利于提高加工精度。

11.2.6　切削用量

对于高效率的金属切削机床加工，被加工材料、切削刀具、切削用量是三大要素。这些条件决定着加工时间、刀具寿命和加工质量。经济、有效的加工方式，要求必须合理地选择切削条件。

编程人员在确定每道工序的切削用量时，应根据刀具寿命和机床说明书中的规定去选择。也可以结合实际经验用类比法确定切削用量。选择切削用量时要充分保证刀具能加工完一个零件，或保证刀具寿命不低于一个工作班，最少不低于半个工作班的工作时间。

背吃刀量主要受机床刚度限制，在机床刚度允许的情况下，尽可能使背吃刀量等于工序的加工余量，这样可以减少进给次数，提高加工效率。对于表面粗糙度和精度要求较高的零件，要留有足够的精加工余量，数控加工的精加工余量可比通用机床加工的余量小些。

编程人员在确定切削用量时，要根据被加工工件材料、硬度、切削状态、背吃刀量、进给量以及刀具寿命，选择合适的切削速度。

11.2.7　技术文件

填写数控加工专用技术文件是数控加工工艺设计的内容之一。这些技术文件既是数控加工、产品验收的依据，也是操作者遵守、执行的规程。技术文件是对数控加工的具体说明，目的是让操作者更明确加工程序的内容、装夹方式、各个加工部位所选用的刀具等。数控加工技术文件主要有数控编程任务书、数控加工工件安装和原点设定卡片、数控加工工序卡片、数控加工进给路线图和数控刀具卡片等。

（1）数控编程任务书　阐明了工艺人员对数控加工工序技术要求和工序说明，以及数控加工前应保证的加工余量。它是编程人员和工艺人员协调工作和编制数控程序的重要依据之一。

（2）数控加工工件安装和原点设定卡片（简称装夹图和零件设定卡）　表示出数控加工原点定位方法和夹紧方法，并应注明加工原点设置位置和坐标方向、使用的夹具名称和编号等。

（3）数控加工工序卡片　数控加工工序卡与普通加工工序卡有许多相似之处，不同的是：工序简图中应注明编程原点与对刀点，要进行简要编程说明（如所用机床型号、程序编号、刀具半径补偿以及镜像对称加工方式等）及切削参数（即程序编入的主轴转速、进给速度、最大背吃刀量或宽度等）的选择。

（4）数控加工进给路线图　在数控加工中，常常要注意并防止刀具在运动过程中与夹具或工件发生意外碰撞，为此必须设法告诉操作者关于编程中的刀具运动路线（如从哪里下刀、在哪里抬刀、哪里是斜下刀等）。为简化进给路线图，一般可采用统一约定的符号来表示。不同的机床可以采用不同的图例与格式。

（5）数控刀具卡片　数控加工时，对刀具的要求十分严格，一般要在机外对刀仪上预先调整刀具的直径和长度。刀具卡反映刀具编号、刀具结构、尾柄规格、组合件名称代号、刀片型号和材料等。

不同的机床或不同的加工目的可能会需要不同形式的数控加工专用技术文件。在工作中，可根据具体情况设计文件格式。

11.2.8　工艺装备的选择

1. 夹具的选择与使用

两个基本要求：一是保证夹具的坐标方向与机床方向相对固定，二是协调零件和机床坐标系的尺寸关系。选择夹具时要考虑以下几个问题：

1）尽量选用通用夹具，以减少费用支出。

2）必要时，如大批量生产，可采用专用夹具，并力求结构简单、操作调整方便。

3）对生产效率要求较高时，可采用自动（液压、气动）或多工位夹具。

4）夹具要开敞，加工部位无障碍，能方便地进行加工。

2. 刀具的选择与使用

数控加工自动化程度高，同时对刀具也提出了更高的要求，尤其在刀具刚度和刀具寿命方面。选择刀具时要注意以下几个问题：

1）刀杆刚性好，变形小，不会出现打刀事故，保证加工顺利进行。

2）刀具寿命长，减少换刀、磨刀次数和机床调整时间，利于发挥数控机床的特点。

3）尺寸稳定，易测量，便于刀具参数的输入，减少调整时间。

4）安装调整方便，一般要求能够自动安装夹紧。

3. 工件的测量

数控加工是按照事先编制好的数控加工程序自动进行的，而且机床精度高，有些机床还具备误差补偿功能，因此加工的工件基本消除了人为误差，系统误差的影响也很小，一般能够按照加工程序的尺寸进行加工；但是在生产过程中有许多不确定因素，如毛坯偏差、温度偏差、冲击振动、刀具磨损等，也会影响加工的精度，为了及时掌握加工质量状况，往往也要进行人工检查，比如在程序执行中安排几次停机检查等。另外，零件加工后也要检验加工质量。数控加工中零件的检查和测量与传统方法基本一致，应尽量选用与工件相匹配的通用量具，对于有特殊要求的特殊结构可以选用专用的特殊测量工具，如超声波、光学仪器等。

目前，已发展到不仅能对加工的实际工艺状况进行在线检测，而且还能根据加工条件选择最佳切削用量，自动调整机床在最佳状态下工作，以弥补编程的不足，使数控机床的功能得到充分发挥。

11.3 数控加工编程基础

编制数控加工程序是使用数控机床的一项重要技术工作，理想的数控程序不仅应该保证加工出符合零件图样要求的合格零件，还应该使数控机床的功能得到合理应用与充分发挥，使数控机床能安全、可靠、高效地工作。

11.3.1 数控程序编制的内容和步骤

数控加工程序的编制过程是一个比较复杂的工艺决策过程。一般来说，数控编程过程主要包括：零件图样分析、工艺处理、数学处理、编写程序单、输入数控程序及程序校验/试切。典型数控编程的内容和步骤如图 11-4 所示。

11.3.2 数控程序格式

一个完整的零件加工程序由若干程序段组成，一

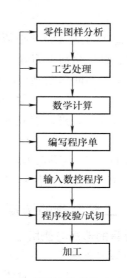

图 11-4　典型数控编程的内容和步骤

个程序段由序号、若干代码字和结束符号组成，每个代码字由字母和数字组成。例如：

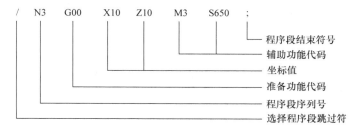

一个程序段包含 3 部分：程序标号字（N 字）+ 程序段主体 + 结束符号。

1）程序标号字（N 字）。也称为程序段号，用以识别和区分程序段的标号。不是所有程序段都要有标号，但有标号便于查找，对于跳转程序，必须有程序段号。程序段号与执行顺序无关。

2）程序段主体。一个完整的加工过程包括各种控制信息和数据，由一个以上功能字组成。功能字包括准备功能字（G）、坐标字（X、Y、Z）、辅助功能字（M）、进给功能字（F）、主轴功能字（S）、刀具功能字（T）等。

3）结束符号。用"；"表示，有些系统用","或"LF"表示，任何程序段都必须有结束符号，否则不予执行（一般情况下，在数控系统中直接编程时，按 Enter 键可自动生成结束符号；但在计算机中编程时，需手工输入结束符号）。

11.3.3　数控程序基本代码

1. 绝对尺寸指令和增量尺寸指令

加工程序中，绝对尺寸指令和增量尺寸指令有两种表达方法。绝对尺寸指机床运动部件的坐标尺寸值相对于坐标原点给出，如图 11-5 所示。增量尺寸指机床运动部件的坐标尺寸值相对于前一位置给出，如图 11-6 所示。

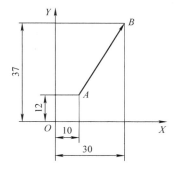

图 11-5　绝对尺寸

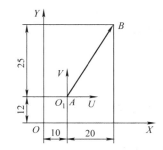

图 11-6　增量尺寸

（1）G 功能字指定　G90 指定尺寸值为绝对尺寸，如 G90 G01 X30 Y37 F0.2；G91 指定尺寸值为增量尺寸，如 G91 G01 X20 Y25 F0.2。这种表达方式的特点是同一程序段中只能用一种，不能混用；同一坐标轴方向的尺寸字的地址符是相同的。

（2）用尺寸字的地址符指定　绝对尺寸的尺寸字的地址符用 X、Y、Z；增量尺寸的尺寸字的地址符用 U、V、W。这种表达方式的特点是同一程序段中绝对尺寸和增量尺寸可以混用，这给编程带来很大方便。

2. 预置寄存指令

G92 预置寄存指令是按照程序规定的尺寸字值，通过当前刀具所在位置来设定加工坐标系的原点。这一指令不产生机床运动。

编程格式：G92 X～　Y～　Z～

式中，X、Y、Z 的值是当前刀具位置相对于加工原点位置的值。

3. 坐标平面选择指令

坐标平面选择指令是选择圆弧插补的平面和刀具补偿平面。

G17 表示选择 XY 平面，G18 表示选择 ZX 平面，G19 表示选择 YZ 平面。

一般情况下，数控车床默认在 ZX 平面内加工，数控铣床默认在 XY 平面内加工。

4. 快速点定位指令

快速点定位指令控制刀具以点位控制的方式快速移动到目标位置，其移动速度由参数来设定。指令执行开始后，刀具沿各个坐标方向同时按参数设定的速度移动，最后减速到达终点，刀具移动轨迹是几条线段的组合，不是一条直线。例如，在 FANUC 系统中，运动总是先沿 45° 角的直线移动，最后再在某一轴单向移动至目标点位置。编程人员应了解所使用数控系统的刀具移动轨迹情况，以避免加工中可能出现的碰撞。

编程格式：G00 X～　Y～　Z～

式中，X、Y、Z 的值是快速点定位的终点坐标值。

5. 直线插补指令

直线插补指令用于产生按指定进给速度 F 实现的空间直线运动。

程序格式：G01 X～　Y～　Z～　F～

式中，X、Y、Z 的值是直线插补的终点坐标值。

6. 圆弧插补指令

G02 为按指定进给速度的顺时针方向圆弧插补。G03 为按指定进给速度的逆时针方向圆弧插补。

圆弧顺逆方向的判别：沿不在圆弧平面内的坐标轴，由正方向向负方向看，顺时针方向为 G02，逆时针方向为 G03，如图 11-7 所示。

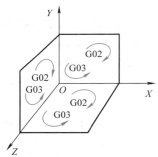

图 11-7　圆弧顺逆方向判别

11.4　数控车削加工

11.4.1　数控车床基本知识

理论讲解

数控车床是数控机床中应用最为广泛的一种机床。在结构及其加工工艺上，数控车床都与普通车床类似，但由于数控车床是由电子计算机数字信号控制的机床，其加工是通过事先编制好的加工程序来控制的，所以在工艺特点上又与普通车床有所不同。

1. 数控车床的分类

（1）按车床主轴位置分类　按车床主轴位置分类，数控车床可分为立式数控车床和卧式数控车床等。

1）立式数控车床。立式数控车床简称为数控立车，其车床主轴垂直于水平面，并有一个直径很大的圆形工作台，供装夹工件用。这类车床主要用于加工径向尺寸大、轴向尺寸相对较小的大型复杂零件。

2）卧式数控车床。卧式数控车床又分为数控水平导轨卧式车床和数控倾斜导轨卧式车床。其倾斜导轨结构可以使车床具有更大的刚性，并易于排除切屑。

（2）按加工零件的基本类型分类　按加工零件的基本类型，可分为卡盘式和顶尖式数控车床等。

1）卡盘式数控车床。这类车床未设置尾座，适合车削盘类（含短轴类）零件，其夹紧方式多为电动或液动控制，卡盘结构多具有可调卡爪或不淬火卡爪（即软卡爪）。

2）顶尖式数控车床。这类数控车床配置有普通尾座或数控尾座，适合车削较长的轴类零件及直径不太大的盘、套类零件。

（3）按刀架数量分类　按刀架数量，可分为单刀架数控车床和双刀架数控车床等。

1）单刀架数控车床。普通数控车床一般都配置有各种形式的单刀架。常见单刀架有四工位卧式自动转位刀架和多工位转塔式自动转位刀架。

2）双刀架数控车床。这类数控车床刀架的配置形式有平行交错双刀架、垂直交错双刀架和同轨双刀架等。

（4）按数控系统的技术水平分类　按技术水平分类，可分为经济型数控车床和全功能型数控车床、车削中心和 FMC 车床等。

1）经济型数控车床。经济型数控车床一般是以普通车床的机械结构为基础，经过改进设计而成的，也有对普通车床直接进行改造而成的。一般采用由步进电动机驱动的开环伺服系统，其控制部分采用单板机或单片机实现。也有一些采用较为简单的成品数控系统的经济型数控车床。此类车床的特点是结构简单、价格低廉，但缺少一些诸如刀尖圆弧半径自动补偿和恒线速度切削等功能，一般只能进行两坐标联动，如图 11-8 所示。

2）全功能型数控车床。全功能型数控车床就是日常所说的数控车床。它的控制系统是全功能型的，带有高分辨率的 CRT 和通信、网络接口，有各种显示、图像仿真、刀具和位置补偿等功能。一般采用闭环或半闭环控制的数控系统，可以进行多坐标联动。这类数控车床具有高精度、高刚度和高效率等特点，如图 11-9 所示。

图 11-8　经济型数控车床

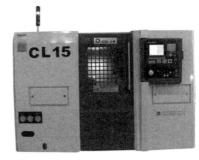

图 11-9　全功能型数控车床

3）车削中心。车削中心是以全功能型数控车床为主体，配备刀库、自动换刀装置、分度装置和机械手等部件，实现多工序复合加工的机床。车削中心上，工件一次装夹后，可以完成回转类零件的车、铣、钻、铰、螺纹加工等多种工序的加工。车削中心的功能全面，加工质量和速度很高，但价格也很高。

4）FMC 车床。FMC（Flexible Manufacturing Cell，柔性加工单元）车床实际就是一个由数控车床、机器人等构成的加工系统，它能实现工件搬运、装卸的自动化和加工调整准备的自动化操作，如图 11-10 所示。

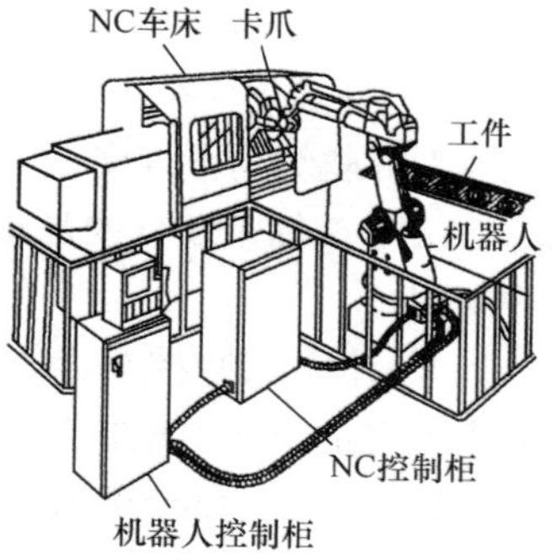

2. 数控车床所用刀具

（1）常用车刀的种类和用途　数控车削常用的车刀一般分为 3 类，即尖形车刀、圆弧形车刀和成形车刀。

1）尖形车刀。以直线形切削刃为特征的车刀一般称为尖形车刀。这类车刀的刀尖（同时也为其刀位点）由直线形的主、副切削刃构成，如 90° 内外圆车刀、左右端面车刀、切断（车槽）车刀及刀尖倒棱很小的各种外圆和内孔车刀。用这类车刀加工零件时，其零件的轮廓形状主要由一个独立的刀尖或一条直线形主切削刃位移后得到。

图 11-10　FMC 车床

2）圆弧形车刀。这是较为特殊的数控加工用车刀。其特征是，构成主切削刃的切削刃形状为圆度误差或线轮廓误差很小的圆弧，该圆弧刃每一点都是圆弧形车刀的刀尖，因此，刀位点不在圆弧上，而在该圆弧的圆心上；车刀圆弧半径理论上与被加工零件的形状无关，并可按需要灵活确定或经测定后确认。当某些尖形车刀或成形车刀（如螺纹车刀）的刀尖具有一定的圆弧形状时，也可作为这类车刀使用。圆弧形车刀可以车削内、外表面，特别适宜于车削各种光滑连接（凹形）的成形面。

3）成形车刀。成形车刀俗称样板车刀，其加工零件的轮廓形状完全由车刀切削刃的形状和尺寸决定。图 11-11 所示为常用车刀的种类、形状和用途。数控车削加工中，常见的成形车刀有小半径圆弧车刀、非矩形车槽刀和螺纹车刀等。数控加工中，应尽量少用或不用成形车刀，当确有必要选用时，则应在工艺准备文件或加工程序单上进行详细说明。

（2）机夹可转位车刀的选用　为了减少换刀时间和方便对刀，便于实现机械加工的标准化，数控车削加工时，应尽量采用机夹车刀和机夹刀片。数控车床常用的机夹刀具形式如图 11-12 所示。

从刀具的材料应用方面看，数控机床用刀具材料主要是各类硬质合金。从刀具的结构应用方面看，数控机床主要采用镶块式机夹可转位刀片的刀具。因此，对硬质合金可转位刀片的应用是数控机床操作者必须了解的内容之一。

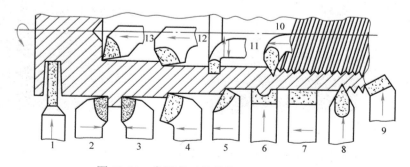

图 11-11　常用车刀的种类、形状和用途

1—切断车刀　2—90° 左偏刀　3—90° 右偏刀　4—弯头车刀　5—直头车刀　6—成形车刀
7—宽刃精车刀　8—外螺纹车刀　9—端面车刀　10—内螺纹车刀　11—内槽车刀　12—通孔车刀　13—不通孔车刀

a) 陶瓷机夹刀具　　　　b) 陶瓷机夹车刀　　　　c) 陶瓷机夹镗刀

图 11-12　常用的机夹刀具形式

选用机夹式可转位刀片，首先要了解的关键是各类型的机夹式可转位刀片的代码（code）。按国际标准 ISO 1832—2017 的可转位刀片的代码方法，代码由 10 位字符串组成的，其排列如下：

$$\underset{①}{×}\ \underset{②}{×}\ \underset{③}{×}\ \underset{④}{×}\ \underset{⑤}{×}\ \underset{⑥}{×}\ \underset{⑦}{×}\ \underset{⑧}{×}—\underset{⑨}{×}\ \underset{⑩}{×}$$

其中每一位字符串代表刀片某种参数的意义，现分别叙述如下：①刀片的几何形状及其夹角；②刀片主切削刃后角（法后角）；③刀片内接圆直径 d 与厚度 s 的精度级别；④刀片形式、紧固方法或断屑槽；⑤刀片边长、切削刃长度；⑥刀片厚度；⑦刀尖圆角半径 r_ε、主偏角 κ_r 或修光刃后角 α_n；⑧切削刃状态，刀尖切削刃或倒棱切削刃；⑨进给方向或倒刃宽度；⑩厂商的补充符号或倒刃角度。

11.4.2　数控车床坐标系

数控车床坐标系统分为机床坐标系和工件坐标系（编程坐标系）。

（1）机床坐标系　以机床原点为坐标系原点建立起来的 X、Z 轴直角坐标系，称为机床坐标系。车床的机床原点为主轴旋转中心与卡盘后端面的交点。机床坐标系是制造和调整机床的基础，也是设置工件坐标系的基础，一般不允许随意变动。机床坐标系如图 11-13 所示。

参考点是机床上的一个固定点。该点是刀具退离到的一个固定不变的极限点，如图 11-13 中的点 O 即为参考点，其位置由机械挡块或行程开关确定。以参考点为原点，坐标方向与机床坐标方向相同建立的坐标系叫作参考坐标系，实际使用中，通常以参考坐标系计算坐标值。

（2）工件坐标系（编程坐标系）　数控编程时应该首先确定工件坐标系和工件原点。零件在设计中有设计基准，在加工过程中有工艺基准，应尽量将工艺基准与设计基准统一，该基准点通常称为工件原点。以工件原点为坐标原点建立起来的 X、Z 轴直角坐标系，称为工件坐标系。在车床上工件原点可以选择在工件的左或右端面上。工件坐标系如图 11-14 所示。

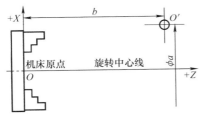

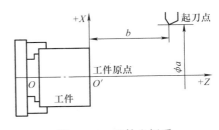

图 11-13　机床坐标系　　　　　　　　图 11-14　工件坐标系

11.4.3　数控车削加工中的装刀与对刀

装刀与对刀是数控机床加工中极其重要并十分棘手的一项基本工作。对刀的好与差，将直接影响加工程序的编制及零件的尺寸精度。通过对刀或刀具预调，还可同时测定各号刀的刀位偏差，有利于设定刀具补偿量。

1. 车刀的安装

实际切削中，车刀安装的高低，车刀刀杆轴线是否垂直，对车刀角度有很大影响。以车削外圆（或横车）为例，当车刀刀尖高于工件轴线时，因其车削平面与基面的位置发生变化，使前角增大，后角减小；反之，则前角减小，后角增大。车刀安装的歪斜，对主偏角、副偏角影响较大，特别是在车螺纹时，会使牙型半角产生误差。因此，正确地安装车刀，是保证加工质量、减小刀具磨损、提高刀具寿命的重要步骤。图 11-15 所示为车刀安装角度。当车刀安装成负前角时，会增大切削力；安装成正前角时，则会减小切削力。

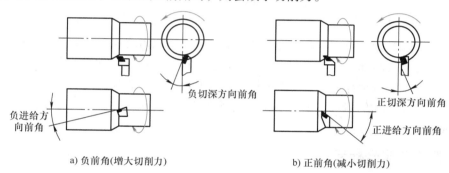

a) 负前角（增大切削力）　　　　b) 正前角（减小切削力）

图 11-15　车刀安装角度

2. 刀位点

刀位点是指在加工程序编制中，用于表示刀具特征的点，也是对刀和加工的基准点。对于车刀，各类车刀的刀位点如图 11-16 所示。

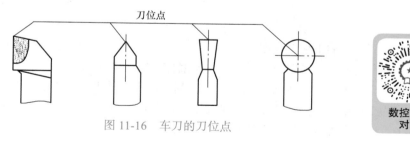

图 11-16　车刀的刀位点

数控车床
对刀

3. 对刀

加工程序执行前，调整每把刀的刀位点，使其尽量重合于某一理想基准点，这一过程称为对刀。理想基准点可以设在基准刀的刀尖，也可以设定在对刀仪的定位中心（如光学对刀镜内的十字刻线交点）上。

对刀一般分为手动对刀和自动对刀两大类。目前，绝大多数的数控机床（特别是数控车床）采用手动对刀，其基本方法有定位对刀法、光学对刀法、ATC 对刀法和试切对刀法。在前3 种手动对刀方法中，均因可能受到手动和目测等多种误差的影响，对刀精度十分有限，往往通过试切对刀，以得到更加准确和可靠的结果。数控车床常用的试切对刀方法如图 11-17 所示。

4.换刀点位置的确定

换刀点是指在编制加工中心、数控车床等多刀加工的各种数控机床所需加工程序时，相对于机床固定原点而设置的一个自动换刀或换工作台的位置。换刀的位置可设定在程序原点、机床固定原点或浮动原点上，具体的位置应根据工序内容而定。为了防止在换（转）刀时碰撞到被加工零件或夹具，除特殊情况外，其换刀点都设置在被加工零件的外面，并留有一定的安全区。

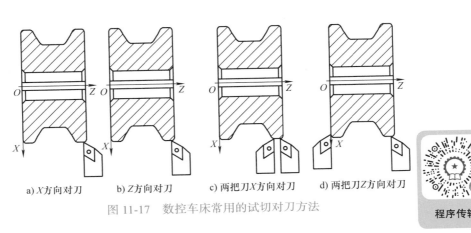

a) X方向对刀　　b) Z方向对刀　　c) 两把刀X方向对刀　　d) 两把刀Z方向对刀

图 11-17　数控车床常用的试切对刀方法

程序传输

11.4.4　数控车削加工编程指令

数控机床加工中的动作在加工程序中用指令的方式事先予以规定，这类指令有准备功能 G、辅助功能 M、刀具功能 T、主轴转速功能 S 和进给功能 F。FANUC 系统常用的 G 功能指令及其他辅助功能指令见表 11-1 和表 11-2。

表 11-1　辅助功能及其他常用功能指令

编　码	功　能	说　明	编　码	功　能	说　明
O	代码编号	代码编号	S	主轴	定义主轴转速
N	行号	行号	T	刀具	定义刀具号码
G	主代码	操作码	M	辅助功能	辅助功能开 / 关
X、Y、Z	坐标	移动位置	H、D	补偿号码	长度或直径补偿
R	半径	圆弧半径	P、X	延时	定义延时
I、J、K	圆心	从圆心到起点的距离	P	调用子程序	子程序号码
F	进给量	定义进给量	P、Q、R	参数	固定循环参数

表 11-2　FANUC 系统常用的准备功能

G 代码	组	功　能	G 代码	组	功　能
G00	01	定位（快速移动）	G04	00	驻留（暂停）
G01		线性切削	G09		精确位置停止
G02		圆弧插补（顺时针方向）	G20	06	寸制输入
G03		圆弧插补（逆时针方向）	G21		米制输入

（续）

G 代码	组	功　能	G 代码	组	功　能
G22	04	限程开关（开）	G70		精车复合循环
G23		限程开关（关）	G71		外圆或内孔粗车复合循环
G27	00	返回参考点检查	G72		端面粗车复合循环
G28		返回参考点	G73	00	仿形粗车复合循环
G29		从参考点返回	G74		端面切槽复合循环
G30		返回到第二个参考点	G75		外圆或内孔切槽复合循环
G32	01	螺纹切削	G76		螺纹复合循环
G40	07	取消刀尖半径偏移	G90		外圆或内孔切削固定循环
G41		刀尖半径偏移（左边）	G92	01	螺纹固定循环
G42		刀尖半径偏移（右边）	G94		端面固定循环
G50	00	工件坐标修改，设置主轴最大转速（r/min）	G96	12	表面速度稳定控制
G52		局部坐标框架设置	G97		取消表面速度稳定控制
G53		机床坐标框架设置	G98	05	每分钟移动指派
			G99		每转移动指派

11.4.5　数控车削加工案例分析

数控车床
加工

用数控车削编程加工图 11-18 所示的零件（材料：6063 铝合金。毛坯尺寸：ϕ50mm×77mm。完成时间 180min。手工编程，单件生产）。

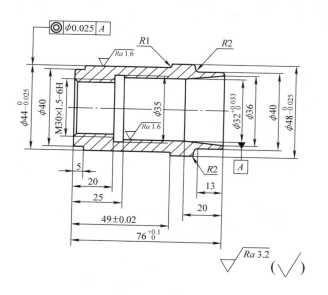

技术要求：
1. 螺纹要用塞规检测合格。
2. 备料尺寸 ϕ50mm×77mm。
3. 未注倒角C1。
4. 未注尺寸公差按IT14加工。
5. 锐边倒钝，不允许使用锉刀。

图 11-18　零件图

参考程序及说明见表 11-3。

表 11-3　参考程序及说明

程 序 内 容	说 明
O0001 ; G99 T0101 M3 S800 ; G42 G0 X50 Z2 ; / G71 U2 R1 ; / G71 P1 Q2 U0.5 W0 F0.2 ; N1 G1 X34 F0.1 ; X40 Z-1 ; Z-5 ; X42 ; X44 Z-6 ; Z-48 ; G2 X46 Z-49 R1 ; N2 G1 X50 ; / G70 P1 Q2 S1200 ; G40 G0 X80 Z100 ; M30 ;	程序名 调用外圆车刀，主轴正转，800r/min 加刀尖半径补偿，快速定位至循环起点 设置粗车循环参数 循环起始段 循环结束段 调用精车循环 取消刀尖半径补偿，快速退刀 程序结束
O0002 ; G99 T0202 M3 S800 ; G41 G0 X26 Z2 ; G1 X34.5 F0.2 ; X28.5 Z-1 ; Z-25 ; X26 ; G0 G40 Z2 ; Z150 ; M30 ;	内孔粗精车加工程序
O0003 ; G99 T0303 M3 S500 ; G0 X27 Z2 ; Z-23 ; G1 X31 F0.05 ; X27 F0.5 ; Z-25 ; X31 F0.05 ; X27 F0.5 ; X34.8 F0.05 ; X27 F0.5 ; Z-23 ; X35 F0.05 ; Z-25 ; X27 F0.5 ; G0 Z2 ; Z150 ; M30 ;	内螺纹退刀槽加工程序 3mm 宽内槽刀

（续）

程 序 内 容	说 明
O0004 ; T0404 M3 S600 ; G0 X27 Z2 ; G92 X29.2 Z-23 F1.5 ; X29.7 ; X30 ; X30.1 ; X30.15 ; G0 X26 Z150 ; M30 ;	车内螺纹
O0005 ; G99 T0101 M3 S800 ; G42 G0 X50 Z2 ; / G71 U2 R1 ; / G71 P1 Q2 U0.5 W0 F0.2 ; N1 G1 X34 F0.1 ; X40 Z-1 ; Z-13 ; G2 X44 Z-15 R2 ;	外圆粗、精车削加工程序
G3 X48 Z-17 R2 ; G1 Z-28 ; N2 X50 ; / G70 P1 Q2 S1200 ; G40 G0 X80 Z100 ; M30 ;	外圆粗、精车削加工程序
O0006 ; G99 T0202 M3 S800 ; G41 G0 X26 Z2 ; / G71 U1.5 R0.5 ; / G71 P1 Q2 U-0.3 W0 F0.2 ; N1 G1 X40 F0.1 ; X36 Z0 ; X32 Z-20 ; Z-52 ; N2 X27 ; / G70 P1 Q2 S1200 ; G40 G0 X26 Z150 ; M30 ;	右端内孔粗、精车削程序

11.5　数控铣削加工

理论讲解

11.5.1　数控铣床基本知识

数控铣床在数控机床中所占的比例很大，在航空航天、汽车制造、一般机械加工和模具制造业中应用非常广泛。数控铣床至少有 3 个控制轴，即 X、Y、Z 轴，可同时控制其中任意两个坐标轴联动，也能控制 3 个甚至更多个坐标轴联动。它主要用于各类较复杂的平面、曲面和壳体类零件的加工。

1. 数控铣床的分类及加工对象

（1）立式数控铣床　立式数控铣床一般适宜加工盘、套、板类零件。一次装夹后，可对上表面进行钻、扩、镗、铣、铰等加工以及侧面的轮廓加工。

（2）卧式数控铣床　卧式数控铣床一般均带回转工作台。一次装夹后可完成除安装面和顶面以外的其余 4 个面的各种工序加工，因此它适宜箱类零件的加工。

（3）龙门式数控铣床　龙门式数控铣床属于大型数控机床，主要用于大型或形状复杂零件的各种平面、曲面及孔的加工。

（4）加工中心　加工中心就是具有自动换刀功能的复合型数控机床。它往往集数控铣床、数控镗床、数控钻床的功能于一身，且增设有自动换刀装置和刀库，一次安装工件后，能按数控指令自动选择和更换刀具，依次完成各种复杂的加工，如平面、孔系、内外倒角、环形槽及攻螺纹等。根据加工专业化的需要，又出现了车削加工中心、磨削加工中心、电加工中心等。加工中心是为满足省力、省时和节能的时代要求而迅速发展起来的新型数控加工设备。

2. 数控铣床所用刀具

数控铣床上一般采用具有较高定心精度和刚性较好的 7∶24 工具圆锥刀柄，大都使用标准的通用刀具（如钻头、可转位面铣刀等）。随着切削技术的迅速发展，近年来，数控铣床不断普及高效刀具的应用，如机夹硬质合金单刃铰刀、硬质合金螺旋齿立铣刀、波形刃立铣刀、复合刀具等。

3. 数控铣削加工的特点

1）对零件加工的适应性强、灵活性好，能加工轮廓形状特别复杂或难以控制尺寸的零件，如模具类、壳体类零件等。

2）能加工普通机床无法（或很难）加工的零件，如用数学模型描述的复杂曲线类零件以及三维空间曲面类零件。

3）能加工一次装夹定位后需进行多道工序加工的零件。

4）加工精度高，加工质量稳定、可靠。

11.5.2　数控铣床坐标系

编写数控加工程序过程中，为了确定刀具与工件的相对位置，必须通过机床参考点和坐标系描述刀具的运动轨迹。

1. 机床坐标轴

为简化编程和保证程序的通用性，对数控机床的坐标轴和方向命名制定了统一的标准，规定直线进给坐标轴用 X、Y、Z 表示，常称基本坐标轴。X、Y、Z 坐标轴的相互关系用右手定则确定，如图 11-19 所示。图 11-19 中拇指的指向为 X 轴的正方向，食指指向为 Y 轴的正方向，中指指向为 Z 轴的正方向。

围绕 X、Y、Z 轴旋转的圆周进给坐标轴分别用 A、B、C 表示，根据右手螺旋定则，如图 11-19 所示，以拇指指向 $+X$、$+Y$、$+Z$ 方向，则食指、中指等的指向是圆周进给运动的 $+A$、$+B$、$+C$ 方向。数控机床的进给运动有的由主轴带动刀具运动来实现，有的由工作台带着工件运动来实现。通常坐标轴正方向是假定工件不动，刀具相对于工件做进给运动的方向。

Z 轴表示传递切削动力的主轴，X 轴平行于工件的装夹平面，一般取水平位置，根据右手直角坐标系的规定，确定了 X、Z 坐标轴的方向，自然能确定 Y 轴的方向。

机床坐标轴的方向取决于机床的类型和各组成部分的布局，对于铣床，Z 坐标轴与立式铣床的直立主轴同轴线，刀具远离工件的方向为正方向（$+Z$）。面对主轴，向右为 X 坐标轴的正方向，根据右手直角坐标系的规定确定 Y 坐标轴的方向朝前，如图 11-20 所示。

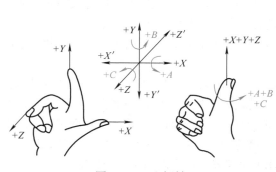

图 11-19　坐标轴

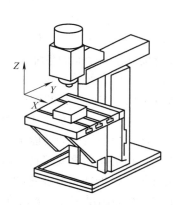

图 11-20　立式铣床坐标图

2. 机床原点的设置

机床原点是指在机床上设置的一个固定点，即机床坐标系的原点。它在机床装配、调试时就已确定下来，是数控机床进行加工运动的基准参考点。在数控铣床上，机床原点一般取在 X、Y、Z 坐标的正方向极限位置上，如图 11-21 所示。

3. 机床参考点

机床参考点是用于对机床运动进行检测和控制的固定位置点。机床参考点的位置是由机床制造厂家在每个进给轴上用限位开关精确调整好的，坐标值已输入数控系统中。因此，参考点对机床原点的坐标是一个已知数。通常在数控铣床上机床原点和机床参考点是重合的。

数控机床开机时，必须先确定机床原点，而确定机床原点的运动就是刀架返回参考点的操作，这样通过确认参考点，就确定了机床原点。只有机床参考点被确认后，刀具（或工作台）移动才有基准。

4. 编程坐标系

编程坐标系又称工件坐标系，是编程人员根据零件图样及加工工艺等建立的坐标系。编程坐标系一般供编程使用，确定编程坐标系时不必考虑工件毛坯在机床上的实际装夹位置，如图 11-22 所示，其中 O_2 即为编程坐标系的原点。

工件坐标系原点的选择要尽量满足编程简单、尺寸换算少、引起的加工误差小等条件，一般情况下，程序原点应选在零件尺寸标注的基准点；对称零件或以同心圆为主的零件，程序原点应选在对称中心线或圆心上；Z 轴的程序原点通常选在工件的上表面。

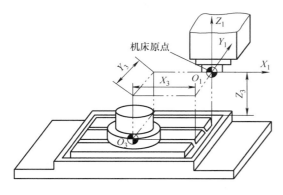

图 11-21　数控铣床的机床原点

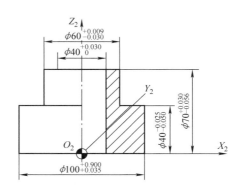

图 11-22　数控铣床编程坐标系

11.5.3　数控铣削加工对刀点

对刀点是确定程序原点在机床坐标系中位置的点，在机床上，工件坐标系的确定是通过对刀来实现的。对刀点的确定方法如图 11-23 所示，对刀点可以设在工件上，也可以设在与工件的定位基准有一定关系的夹具某一位置上。其选择原则是对刀方便，对刀点在机床上容易找正，加工过程中检查方便、引起的加工误差小等。对刀点与工件坐标系原点如果不重合（在确定编程坐标系时，最好考虑到使对刀点与工件坐标系重合），在设置机床零点偏置时（G54 对应的值），应当考虑到两者的差值。

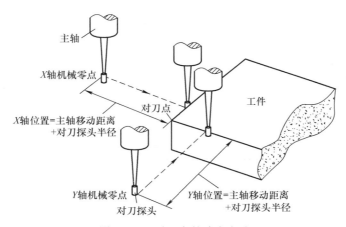

图 11-23　对刀点的确定方法

数控加工过程中需要换刀时应该设定换刀点。换刀点应设在零件和夹具的外面，避免换刀时撞伤工件或刀具，引起事故。

11.5.4　数控铣削加工编程指令

1. 准备功能指令

FANUC 系统常用的准备功能表见表 11-4。

表 11-4　FANUC 系统常用的准备功能表

G 代码	组 别	说 明	G 代码	组 别	说 明
G00		定位（快速移动）	G74		左螺旋切削循环
G01	01	直线切削	G76		精镗孔循环
G02		顺时针方向切圆弧	*G80		取消固定循环
G03		逆时针方向切圆弧	G81		中心钻循环
G04	00	暂停	G82		反镗孔循环
G17		XY 面赋值	G83	09	深孔钻削循环
G18	02	XZ 面赋值	G84		右螺旋切削循环
G19		YZ 面赋值	G85		镗孔循环
G28	00	机床返回原点	G86		镗孔循环
G30		机床返回第 2、3 原点	G87		反向镗孔循环
*G40		取消刀具直径偏移	G88		镗孔循环
G41	07	刀具直径左偏移	G89		镗孔循环
G42		刀具直径右偏移	*G90	03	使用绝对值命令
*G43		刀具直径 + 方向偏移	G91		使用增量值命令
*G44	08	刀具直径 – 方向偏移	G92	00	设置工件坐标系
*G49		取消刀具长度偏移	*G98	10	固定循环返回起始点
G73	09	高速深孔钻削循环	*G99		返回固定循环 R 点

2. 辅助功能及其他常用功能指令

辅助功能指令也称"M"指令，由字母 M 和其后的两位数字组成，从 M00 到 M99 共 100 种。这类指令主要是机床加工操作时的工艺性指令，常用的 M 指令如下：

1）M00——程序停止。

2）M01——计划程序停止。

3）M02——程序结束。

4）M03、M04、M05——分别为主轴顺时针方向旋转、主轴逆时针方向旋转及主轴停止。

5）M06——换刀。

6）M08——切削液开。

7）M09——切削液关。

8）M30——程序结束并返回。

其他常用功能指令见表 11-5。

表 11-5　其他常用功能指令

编 码	功 能	解 释
O	代码编号	代码编号
N	行号	行号
G	主代码	操作码
X、Y、Z	坐标	移动位置
R	半径	圆弧半径
I、J、K	圆弧中心	距圆弧中心的距离
F	进给量	定义进给量
S	主轴转速	定义主轴转速
T	刀号	定义刀号
M	辅助代码	辅助功能开关
H、D	补偿	刀具长度、半径补偿
P、X	延时	定义延时
P	子程序调用	子程序编号
P、Q、R	参数	固定循环参数

11.5.5　数控铣削加工案例分析

用数控铣削编程加工图 11-24 所示的零件（材料：6063 铝合金。毛坯尺寸：81mm×81mm×30mm，对磨两平面。完成时间 180min。手工编程，单件生产）。

数控铣削加工

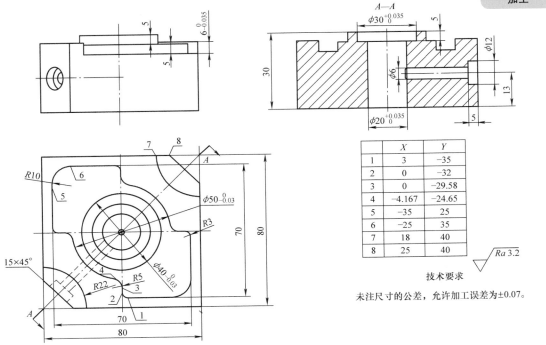

	X	Y
1	3	−35
2	0	−32
3	0	−29.58
4	−4.167	−24.65
5	−35	25
6	−25	35
7	18	40
8	25	40

$\sqrt{Ra\ 3.2}$

技术要求

未注尺寸的公差，允许加工误差为±0.07。

图 11-24　零件图

参考程序及说明见表 11-6。

表 11-6　参考程序及说明

程序段号	程　　序	程序说明
	O0001	ϕ5mm 底孔加工
N10	%0001	设置加工前的准备参数
N20	G90 G54 G40 G69 M03 S1500	
N30	G00 Z100	刀具快速移动到循环起点
N40	X0 Y0	
N50	Z10 M08	
N60	G98 G81 X0 Y0 Z-35 R5 F50	钻孔加工
N70	G00 Z100 M09	刀具退至安全点，主轴停转，程序加工结束
N80	M05	
N90	M30	
	O0002	外形 80mm×80mm 加工
N10	%0001	设置加工前的准备参数
N20	G90 G54 G40 G69 M03 S1500	

（续）

程序段号	程 序	程序说明
N30	G00 Z100	
N40	X0 Y0	刀具快速移动到循环起点
N50	X0 Y-50	
N60	Z10 M08	
N70	G1 Z-30 F100	
N80	G41 X10 D01 F200	
N90	G03 X0 Y-40 R10	
N100	G01 X-25	
N110	X-40 Y-25	
N120	Y40	外形 80mm×80mm 加工
N130	X25	
N140	X40 Y25	
N150	Y-40	
N160	X0	
N170	G3 X-10 Y-50 R10	
N180	G1 G40 X0	
N190	G00 Z100 M09	
N200	M05	刀具退至安全点，主轴停转，程序加工结束
N210	M30	
	O0003	$\phi 50_{-0.03}^{0}$ mm 基本形状加工
N10	%0001	设置加工前准备参数
N20	G90 G54 G40 G69 M03 S1500	
N30	G00 Z100	刀具快速移动到循环起点
N40	X0 Y0	
N50	X15 Y-45	刀具快速移动到循环起点
N60	Z10 M08	
N70	G01 Z-9.8 F100	
N80	G41 X25 D01 F200	
N90	G03 X15 Y-35 R10	
N100	G01 X3	
N110	G02 X0 Y-32 R3	
N120	G01Y-29.58	
N130	G03 X-4.167 Y-24.650 R5	$\phi 50_{-0.03}^{0}$ mm 基本形状加工
N140	G02 X-24.65 Y-4.167 R25	
N150	G03 X-29.58 Y0 R5	
N160	G01 X-32	
N170	G02 X-35 Y3 R3	
N180	G01 Y25	
N190	G02 X-25 Y35 R10	

（续）

程序段号	程　序	程序说明
N200	G01 X-3	
N210	G02 X0 Y32 R3	
N220	G01 Y29.58	
N230	G03 X4.167 Y24.650 R5	
N240	G02 X24.650 Y4.167 R25	
N250	G03 X29.580 Y0 R5	$\phi 50_{-0.03}^{0}$ mm 基本形状加工
N260	G01 X32	
N270	G02 X35 Y-3 R3	
N280	G01 Y-25	
N290	G02 X25 Y-35 R10	
N300	G01 X15	
N310	G03 X5 Y-45 R10	
N320	G01 G40 X15	
N330	G00 Z100 M09	
N340	M05	刀具退至安全点，主轴停转，程序加工结束
N350	M30	
	O0004	2×R22 圆弧加工
N10	%0001	设置加工前准备参数
N20	G90 G54 G40 G69 M03 S800	
N30	G00 Z100	
N40	X0 Y0	刀具快速移动到循环起点
N60	Z10 M08	
N70	M98 P2	调用子程序
N80	G68 X0 Y0 P180	调用子程序
N90	M98 P2	
N170	G00 Z100 M09	
N180	M05	刀具退至安全点，主轴停转，程序加工结束
N190	M30	
	%2	子程序
N210	G00 X-60 Y-10	
N220	G1 Z1 F500	
N230	G1 Z-9.8 F50	
N240	G41 X-50 Y-18 D01 F200	
N250	X-40	
N260	G2 X-18 Y-40 R22	2×R22 圆弧加工
N270	G1 Y-50	
N280	G40 X-10 Y-60	
N290	G0 Z10	
N300	X0 Y0	

（续）

程序段号	程　序	程序说明
N310	M99	子程序结束
	O0005	$\phi40^{\ 0}_{-0.03}$ mm 圆加工
N10	%0001	设置加工前的准备参数
N20	G90 G54 G40 G69 M03 S1500	
N30	G00 Z100	刀具快速移动到循环起点
N40	X0 Y-30	
N60	Z10 M08	
N70	G1 Z-4.8 F100	$\phi40^{\ 0}_{-0.03}$ mm 圆加工
N80	G41 X10 D01 F200	
N90	G3 X0 Y-20 R10	
N100	G2 J20	
N110	G3 X-10 Y-30 R10	
N120	G1 G40 X0	
N130	G00 Z100 M09	刀具退至安全点，主轴停转，程序加工结束
N140	M05	
N150	M30	
	O0006	$\phi30^{+0.035}_{\ 0}$ mm 圆加工
N10	%0001	设置加工前的准备参数
N20	G90 G54 G40 G69 M03 S1500	
N30	G00 Z100	刀具快速移动到循环起点
N40	X0 Y0	
N60	Z10 M08	
N70	G1 Z-4.8 F100	$\phi30^{+0.035}_{\ 0}$ mm 圆加工
N80	G41 X10 Y5 D01 F200	
N90	G3 X0 Y15 R10	
N100	G3 J-15	
N110	G3 X-10 Y5 R10	
N120	G1 G40 X0 Y0	
N130	G00 Z100 M09	刀具退至安全点，主轴停转，程序加工结束
N140	M05	
N150	M30	
	O0007	$\phi20^{+0.035}_{\ 0}$ mm 圆加工
N10	%0001	设置加工前的准备参数
N20	G90 G54 G40 G69 M03 S1500	
N30	G00 Z100	刀具快速移动到循环起点
N40	X0 Y0	
N60	Z10 M08	
N70	G1 Z-30 F100	$\phi20^{+0.035}_{\ 0}$ mm 圆加工

（续）

程序段号	程 序	程序说明
N80	G41 X9 Y1 D01 F200	
N90	G3 X0 Y10 R9	
N100	G3 J-10	$\phi20^{+0.035}_{0}$ mm 圆加工
N110	G3 X-9 Y1 R9	
N120	G1 G40 X0 Y0	
N130	G00 Z100 M09	
N140	M05	刀具退至安全点，主轴停转，程序加工结束
N150	M30	
	O0008	ϕ12mm 孔加工
N10	%0001	设置加工前的准备参数
N20	G90 G54 G40 G69 M03 S1500	
N30	G00 Z100	
N40	X0 Y0	刀具快速移动到循环起点
N50	Z10 M08	
N60	G98 G81 X0 Y0 Z-5 R5 F50	ϕ12mm 孔加工
N70	G00 Z100 M09	
N80	M05	刀具退至安全点，主轴停转，程序加工结束
N90	M30	
	O0009	ϕ6mm 孔加工
N10	%0001	设置加工前的准备参数
N20	G90 G54 G40 G69 M03 S1500	
N30	G00 Z100	刀具快速移动到循环起点
N40	X0 Y0	刀具快速移动到循环起点
N50	Z10 M08	
N60	G98 G81 X0 Y0 Z-35 R5 F50	ϕ6mm 孔加工
N70	G00 Z100 M09	
N80	M05	刀具退至安全点，主轴停转，程序加工结束
N90	M30	

11.6　数控加工安全操作规程

11.6.1　数控车削加工安全操作规程

1）严格遵守着装方面的要求，不得穿凉鞋、拖鞋、高跟鞋、短裤、裙子、丝袜、打底裤等进入实践操作场地。

2）严格按要求穿戴好工作服、工作帽及其他必需的安全防护用品。

3）严禁戴手套、围巾、戒指、挂坠等进行机床操作，留长发的须将头发全部塞入工作帽内。

4）操作设备前应先认真检查设备状况，无故障后再开动设备。

安全规程

5）刀具及工件等必须装夹牢固。

6）卡盘扳手应随手取下，不要遗忘在卡盘上。

7）机床开动前要观察周围动态，机床开动后要站在安全位置处，避免机床运动部件部位和切屑飞溅伤人。

8）机床开动后，不准接触运动着的工件、刀具和传动部分，严禁隔着机床转动部分传递或拿取工具等物品。

9）装夹工件和刀具以及调试机床时都要停机进行。

10）禁止用手或其他任何方式接触正在旋转的主轴、工件或其他运动部位。

11）加工过程中禁止测量工件、用棉纱擦拭工件及清扫机床。

12）必须在操作步骤完全清楚时才进行操作，禁止在不知道规程的情况下进行尝试性操作，如机床出现异常，必须立即向指导教师报告。

13）加工过程中认真观察切削及冷却情况，确保机床、刀具的运行及工件的质量，防止切屑、润滑油飞溅。

14）加工过程中需测量工件尺寸时，要待机床完全停止、主轴停转后方可进行测量，以免发生人身伤害事故。

15）机床轨道上、工作台上禁止放工具或其他东西。

16）不准用手或嘴清除切屑，应使用专门工具清扫。

17）重物及起重机下不得站人。

18）凡两人或两人以上在同一台机床上工作时，必须有一人负责安全，统一指挥，防止事故发生。

19）发生异常情况，应立即停机并向指导教师报告。

20）不准在机床运动时离开，因故离开时，必须停机切断电源。

21）关机前，应使刀具处于安全位置，把工作台上的切屑清理干净，把机床擦拭干净。

22）关机时，先关闭系统电源，再关闭电器总开关。

11.6.2 数控铣削加工安全操作规程

1）严格遵守着装方面的要求，不得穿凉鞋、拖鞋、高跟鞋、短裤、裙子、丝袜、打底裤等进入实践操作场地。

2）严格按要求穿戴好工作服、工作帽及其他必需的安全防护用品。

3）严禁戴手套、围巾、戒指、挂坠等进行机床操作，留长发的须将头发全部塞入工作帽内。

4）操作设备前应先认真检查设备状况，无故障后再开动设备。

5）手动返回数控铣床参考点。首先返回 +Z 方向，然后返回 +X 和 +Y 方向。

6）手动操作时，在 X、Y 移动前，必须使 Z 轴处于安全位置，以免撞刀。

7）装夹工件、更换刀具以及调试机床时都要停机进行，装入刀具时应将刀柄和刀具擦拭干净，刀具及工件等必须装夹牢固。

8）机床开动前要观察周围动态，机床开动后，要站在安全位置上，避免机床运动部件部位和切屑飞溅伤人。

9）机床开动后，不准接触运动着的工件、刀具和传动部分。

10）禁止用手或其他任何方式接触正在旋转的主轴、工件或其他运动部位。

11）加工过程中禁止测量工件、用棉纱擦拭工件及清扫机床。

12）必须在操作步骤完全清楚时进行操作，禁止在不知道规程的情况下进行尝试性操作，如机床出现异常，必须立即向指导教师报告。

13）加工过程中认真观察切削及冷却情况，确保机床、刀具的运行及工件的质量，防止切屑、润滑油飞溅。

14）加工过程中需测量工件尺寸时，要待机床完全停止，主轴停转后方可进行测量，以免发生人身伤害事故。

15）机床轨道上、工作台上禁止放置工具或其他东西。

16）不准用手或嘴清除切屑，应使用专门工具清扫。

17）重物及起重机下不得站人。

18）凡两人或两人以上在同一台机床上工作时，必须有一人负责安全，统一指挥，防止事故发生。

19）发生异常情况，应立即停机并向指导教师报告。

20）不准在机床运行时离开，因故离开时，必须停机切断电源。

21）关机前，应使刀具处于安全位置，把工作台上的切屑清理干净，把机床擦拭干净。

22）关机时，先关闭系统电源，再关闭电器总开关。

23）指导教师告知的其他实践操作安全守则。

【思考与练习】

11-1　简述数控机床的机床坐标系与工件坐标系的区别与联系。

11-2　功能指令中模态代码与非模态代码有何差异？

11-3　数控机床为何要进行回参考点或回原点操作？

11-4　试编写出图 11-25 所示的数控车削加工的程序。材料为 6063 铝合金，单件生产。

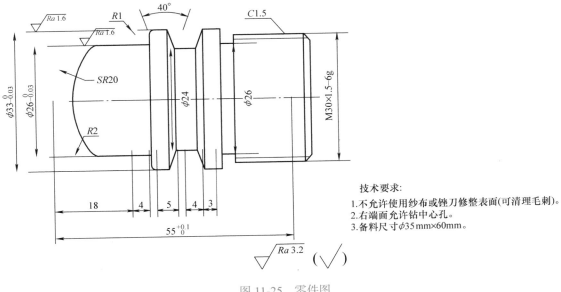

技术要求:
1.不允许使用纱布或锉刀修整表面(可清理毛刺)。
2.右端面允许钻中心孔。
3.备料尺寸ϕ35mm×60mm。

图 11-25　零件图

11-5 试编写出图 11-26 所示的数控铣削加工的程序。材料为 6063 铝合金，单件生产。

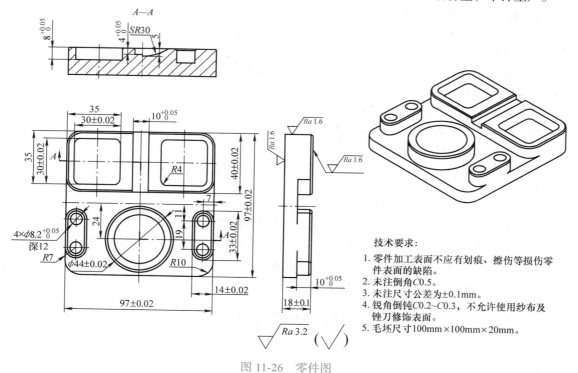

技术要求：
1. 零件加工表面不应有划痕、擦伤等损伤零件表面的缺陷。
2. 未注倒角C0.5。
3. 未注尺寸公差为±0.1mm。
4. 锐角倒钝C0.2~C0.3，不允许使用纱布及锉刀修饰表面。
5. 毛坯尺寸100mm×100mm×20mm。

图 11-26　零件图

第 12 章 特种加工

【教学基本要求】

1）了解特种加工的特点和分类。

2）熟悉电火花线切割机床和电火花成形机床的结构和基本操作。

3）掌握电火花加工的原理和加工条件。

4）掌握电火花线切割典型零件的编程方法，独立完成线切割简单零件的编程。

5）了解其他特种加工方法的原理和应用。

6）能独立操作电火花线切割机床和电火花成形机床加工工件。

【本章内容提要】

本章主要讲述特种加工的概念、特点、分类与应用，重点介绍了电火花线切割和电火花成形的工作原理、编程方法和机床使用方法，同时介绍了激光加工、增材制造（3D 打印）、电解加工、超声加工、电子束和离子束加工等特种加工方法的工作原理和应用。

12.1 概述

12.1.1 特种加工的特点及应用

特种加工是指那些不属于传统加工范畴的加工工艺方法，与传统切削加工（指用刀具依靠机械能对工件进行切削加工）的不同之处在于：它是直接利用电能、光能、声能、磁能、热能、化学能等一种能量或几种能量的复合形式进行加工的方法。

特种加工主要具有以下特点：①主要借助电、光、声、化学等能量来去除材料；②工具的硬度可低于工件的硬度；③工具与工件间不存在明显的机械切削力；④可加工复杂型面、微细表面以及柔性零件。

特种加工目前主要用于以下几个方面：

（1）难切削材料的加工 它能对高硬度、高强度、高韧性、高脆性、高熔点等用一般刀具难以切削的金属及非金属材料进行加工，如淬火钢、硬质合金、钛合金、耐热不锈钢、金刚石、宝石、石英和陶瓷等。

（2）精密及形状复杂零件的加工 适宜各种断面形状复杂的模具型腔、炮管内腔线，以及外形轮廓形状复杂的叶片、蜗轮等零件的加工。

（3）有特殊技术要求零件的加工 表面质量和加工精度要求高，刚性差，难装夹零件，如细长零件的内孔、薄壁零件及弹性元件等的加工。

12.1.2 特种加工的分类

特种加工一般按能量形式和作用原理进行划分，常用特种加工方法见表 12-1。

表 12-1　常用特种加工方法

加工方法		能量形式	作用机理	可加工材料
电火花加工	电火花线切割	电、热能	熔化、汽化	导电金属材料
	电火花成形加工	电、热能	熔化、汽化	
高能束加工	激光加工	光、热能	熔化、汽化	任何材料
	电子束加工	电、热能	熔化、汽化	
	离子束加工	电、机械能	切蚀	
电化学加工	电解加工	电化学能	离子转移	导电金属材料
	电铸加工			
	涂镀加工			
物料切蚀加工	超声加工	声、机械能	切蚀	脆性材料
	磨料流加工	机械能	切蚀	任何材料
	液体喷射加工	机械能	切蚀	
化学加工	化学铣切加工	化学能	腐蚀	任何材料
	照相制版加工	光、化学能	腐蚀	
	光刻加工	光、化学能	光化学、腐蚀	
	光电成形电镀	光、化学能	光化学、腐蚀	
复合加工	电化学电弧加工	电化学能	熔化、汽化、腐蚀	导电金属材料
	电解电火花机械磨削	电、热能	离子转移、熔化、切削	
	电化学腐蚀加工	电化学、热能	熔化、汽化、腐蚀	
	超声放电加工	声、热、电能	熔化、切蚀	
	复合电解加工	电化学、机械能	切蚀	
	复合切削加工	声、磁、机械能	切削	

12.2　电火花加工

电火花加工（Electrical Discharge Machining，EDM）是在一定的液体介质中，利用脉冲放电对导电材料的电蚀作用来蚀除材料，从而使零件的尺寸、形状和表面质量达到预定技术要求的一种加工方法，它在模具制造业、航空航天等领域有着广泛的应用。

12.2.1　电火花加工原理

电火花加工基本原理如图 12-1 所示。加工时，脉冲电源的一极接工具电极（常用纯铜或石墨），另一极接工件电极。两极均浸入具有一定绝缘强度（$10^3 \sim 10^7 \Omega \cdot m$）的液体介质（常用煤油、矿物油、皂化液或去离子水）中。工具电极由自动进给调节装置控制，以保证工具和工件在正常加工时维持很小的放电间隙（0.01~0.05mm）。工具电极慢慢向工件电极进给，当工具电极与工件电极的距离小到一定程度时，在脉冲电压的作用下，两极间最近点处的液体介质被击穿，工具电极与工件电极之间形成瞬时放电通道，产生瞬时高温，使表层金属局部熔化甚至汽化而被蚀除，形成电蚀凹坑。第一次脉冲放电结束之后，经过很短的时间，第二个脉冲又在另一极间最近点击穿放电。如此周而复始高频率地循环下去，工具电极不断地向工件进给，就可以将工具电极的形状复制到工件上，形成所需的型面。电火花加工放电微观过程如图 12-2 所示。两极间加上无负荷电压 U_0，如图 12-2a 所示；两极间距 G 小到一定值时，工作液被电离击穿，两极间最近点产生火花放电。放电间隙 G 的大小，在精加工时为数微米到数十微米，粗加工时为数十到数百微米，如图 12-2b 所示；电源通过放电柱释放能量。放电时间为数微秒到 1ms，放电温度在 6000℃以上，如图 12-2c 所示；放电后，局部金属熔化、汽化并被抛出，形成放电痕迹，如图 12-2d 所示；两极间恢复绝缘状态，经多次脉冲放电后，工具电极的轮廓和截面形状将被复印在工件上，如图 12-2e 所示。

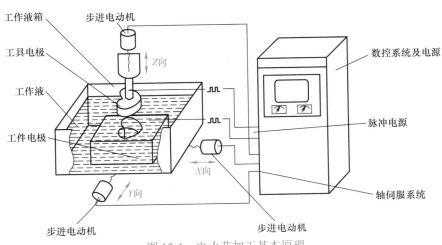

图 12-1　电火花加工基本原理

在电火花加工过程中，不仅工件电极被蚀除，工具电极也同样被蚀除。但工具电极和工件电极的蚀除速度不一样，这种现象叫"极效应"。为了减少工具电极的损耗，提高加工精度和生产效率，电火花加工的电源应选择直流脉冲电源。因为若采用交流脉冲电源，工件与工具的极性不断改变，则总的极效应等于零。极效应通常与脉冲宽度、电极材料及单个脉冲能量等因素有关。

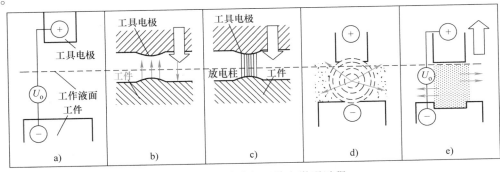

图 12-2　电火花加工放电微观过程

可以看出，电火花加工必须具备以下 4 个条件：

1）工具与工件间必须保持一定的放电间隙。间隙过大，介质不能被击穿，无法形成火花放电；间隙过小，会导致积炭，甚至发生电弧放电，无法继续加工。

2）放电形式应为瞬时的脉冲性火花放电。一般放电时间为 1μs~1ms，相邻脉冲之间有间隔，使得热量从局部加工区传导扩散到非加工区，保持火花放电的冷极特性。

3）放电应在具有一定绝缘强度的液体介质中进行，使加工过程中产生的电蚀产物从电极间隙中悬浮排出，使重复性放电能顺利进行，同时能冷却电极和工件表面。

4）脉冲放电点必须具有足够的脉冲放电强度。一般局部集中电流密度高达 $10^4 \sim 10^9 A/cm^2$，以实现金属局部熔化和汽化。

12.2.2　电火花加工的特点、应用及分类

1. 电火花加工的特点

1）适合于高硬度、高脆性的难切削导电材料的加工。

2）加工时无明显机械力，适用于低刚度工件和微细结构的加工。

3）加工速度较慢，生产效率低于切削加工。

4）放电过程有部分能量消耗在工具电极上，导致电极损耗，影响成形精度。

5）脉冲参数可依据需要调节，可在同一台机床上进行粗加工、半精加工和精加工。

2. 电火花加工的应用

电火花加工的主要应用实例如图 12-3 所示。

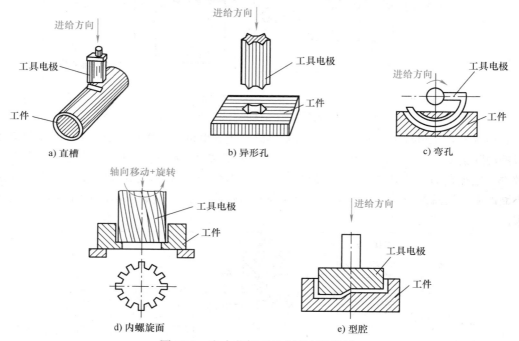

a) 直槽　　　　　　b) 异形孔　　　　　　c) 弯孔

d) 内螺旋面　　　　　　e) 型腔

图 12-3　电火花加工的主要应用实例

电火花加工的主要应用包括：模具加工，难加工材料的加工，精密微细加工，各种成形刀具、样板及量具等的加工，以及高速小孔加工，电火花表面强化与刻字等。

3. 电火花加工的分类

按工具与工件相对运动方式和用途不同，可分为电火花成形穿孔加工、电火花线切割、电火花同步共轭回转加工、电火花磨削、高速小孔加工、电火花表面强化与刻字等。

12.2.3　电火花成形加工机床

1. 机床组成

电火花成形加工机床由机床本体、脉冲电源、轴伺服系统（ X 、 Y 、 Z 轴）、工作液循环过滤系统和软件操作系统等组成，其外形如图 12-4 所示。

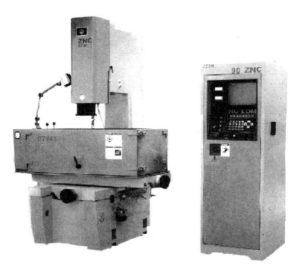

图 12-4 电火花成形加工机床外形

（1）机床本体 机床本体由底座、床身、工作台、滑枕、主轴箱组成。其中，底座用于支承滑枕做 Y 向往复运动；床身用于支承和连接工作台等部件，安放工作液箱等；工作台用于安装夹具和工件，并带动工件做 X 向往复运动；滑枕用于支承主轴箱，并带动主轴箱做 Y 向往复运动；主轴箱用于装夹工具电极，并带动工具电极做 Z 向往复运动。

（2）脉冲电源 其作用是把 50Hz 工频交流电转换成高频率的单向脉冲电流。加工时，工具电极接电源正极，工件电极接负极。

（3）轴伺服系统 其作用是控制 X、Y、Z 三轴的伺服运动。

（4）工作液循环过滤系统 工作液循环过滤系统由工作液、工作液箱、工作液泵、滤芯和导管组成。工作液起绝缘、排屑、冷却和改善加工质量的作用。每次脉冲放电后，工件电极和工具电极之间必须迅速恢复绝缘状态；否则脉冲放电就会转变为持续的电弧放电，影响加工质量。在加工过程中，工作液可把加工过程中产生的金属屑末迅速从电极之间冲走，使加工顺利进行。工作液还可冷却受热的电极和工件，防止工件变形。

（5）软件操作系统 可以将工具电极和工件电极的各种参数输入并生成程序，可以动态观察加工过程中加工深度的变化情况，还可进行手动操作加工等。

2. 工具电极与电规准

（1）工具电极

1）工具电极材料应具备的性能。

① 具有良好的电火花加工工艺性能，即熔点高、沸点高、导电性好、导热性好、机械强度高等。

② 制造工艺性好，易于加工达到要求的精度和表面质量。

③ 来源丰富，价格便宜。

常用工具电极材料性价比见表 12-2。

2）工具电极的结构形式。根据电火花加工的区域大小与复杂程度、工具电极的加工工艺性等实际情况，工具电极常采用整体电极、镶拼式电极、组合电极（又称多电极）、标准电极等几种结构形式。

表 12-2　常用工具电极材料性价比

材　料	损　耗	稳定性	生产率	机加工性能	价　格
纯铜	小	好	高	差	较贵
黄铜	较小	较好	高	较好	中等
石墨	小	较好	高	差	中等
铸铁	较大	较差	中等	好	低
钢	稍大	较差	较低	好	较低

（2）电规准　电规准就是电火花加工过程中的一组电参数，如脉冲电压、电流、频率、脉宽、极性等。电规准一般可分为粗、中、精3种，每种又可分为几挡。

粗规准用于粗加工，蚀除量大、生产率高、电极损耗小，一般采用大电流（数十至上百安培）、大脉宽（20~300μs），加工表面粗糙度值在 Ra 6.3μm 以上。

中规准用于过渡加工，采用电流一般在 20A 以下，脉宽为 4~20μs，加工表面粗糙度值在 Ra 3.2μm 以上。

精规准用于最终的精加工，多采用高频率、小电流（1~4A）、短脉宽（2~6μs），加工表面粗糙度值在 Ra 0.8μm 以下。

12.2.4　电火花成形加工机床的操作

以 DM71 型电火花成形加工机床为例，简述操作方法。

1. 电极和工件的安装

（1）电极和工件的装夹　电极一般采用通用夹具或专用夹具装夹在机床主轴上。常用的装夹方法有用标准套筒装夹、用钻夹头装夹、用标准螺钉夹头装夹、用定位块装夹、用连接板装夹等几种，如图 12-5 所示。

工件一般直接安装在工作台上，与电极相互定位后，用螺栓、压板压紧。

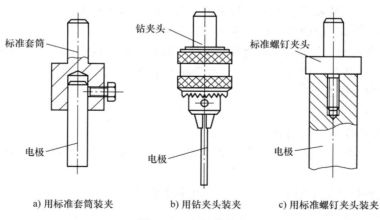

a) 用标准套筒装夹　　b) 用钻夹头装夹　　c) 用标准螺钉夹头装夹

图 12-5　电极的装夹

（2）电极的校正　电极在装夹后必须进行校正，使其轴线与机床主轴的进给轴线保持一致。常用的校正方法有按电极固定板基准面校正、按电极端面校正、用直角尺或百分表按电极侧面校正等几种，如图 12-6 所示。

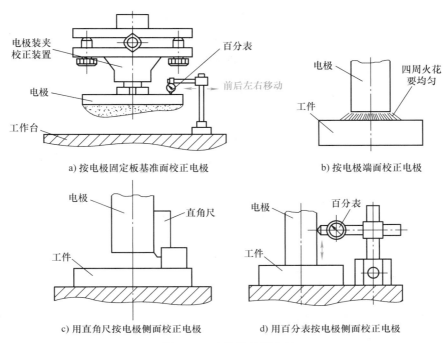

a) 按电极固定板基准面校正电极　　　b) 按电极端面校正电极

c) 用直角尺按电极侧面校正电极　　　d) 用百分表按电极侧面校正电极

图 12-6　电极的校正方法

（3）电极与工件的相互定位　电极校正后，还需进行定位，即确定电极与工件之间的相互位置，以找准加工位置，达到一定的精度要求。常用的定位方法有坐标定位法、划线定位法、十字线定位法、定位板定位法、块规直角尺或深度尺定位法等几种，如图 12-7 所示。

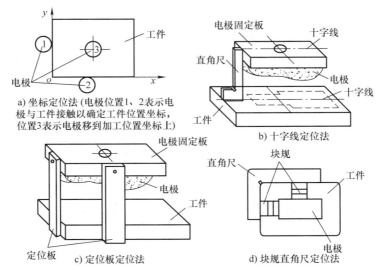

a) 坐标定位法（电极位置1、2表示电极与工件接触以确定工件位置坐标，位置3表示电极移到加工位置坐标上）

b) 十字线定位法

c) 定位板定位法

d) 块规直角尺定位法

图 12-7　电极的定位方法

2. 电火花成形加工机床的操作

电火花成形加工机床的型号有多种，它们的基本操作方法大致相同。现以 DM71 型数控电火花成形加工机床为例，介绍成形加工的操作步骤：

1）各项安全及技术准备工作做好后，即可接通电源，起动控制系统。将电开关合上，顺时针方向旋开急停按钮，按起动按钮，系统即通电。在主画面显示状态下按任意键进入主菜单，此时机床处于加工待命状态。通过按钮可控制主轴升降及工作台纵横向移动。

2）将准备好的电极装夹到主轴上，工件置于工作台上，然后进行电极校正，电极与工件定位完成，并设定加工深度。

3）注入工作液，工作液面的高度和冲液压力可用相应的开关进行调整。

4）设定液面、液温、火警保护功能，使液面、液温、火花监视器处于工作状态。

5）根据实际加工情况，设定合理的加工参数，如粗、中、精加工的各挡规准、加工量等。若需平动头加工，则可选择输入相应的平动参数。此外，机床的控制系统中有加工参数数据库，可直接从中选取。

6）以上各项工作准备就序后，即可进行放电加工。

7）根据加工过程的情况，调整伺服进给，保证放电加工的稳定进行。此项工作也可编入程序，由系统控制。

12.3 电火花线切割加工

线切割 加工

12.3.1 电火花线切割加工概述

1. 电火花线切割加工原理

电火花线切割加工是在电火花成形加工的基础上发展起来的。它是利用细金属丝作为工具电极，电极由数控装置控制按预定轨迹对工件进行切割，故称线切割加工（WEDM）。其基本原理如图12-8所示，电极丝接脉冲电源的负极，工件接脉冲电源的正极，脉冲电源发出一连串的脉冲电压，加到工具电极和工件电极上，电极丝与工件之间施加足够的具有一定绝缘性能的工作液，当电极丝与工件的距离小到一定程度时（大约为0.01mm），在脉冲电压的作用下，工作液被击穿，电极丝与工件之间形成瞬间放电通道，产生瞬时高温，其温度可高达8000℃以上，高温使工件局部熔化甚至汽化而被蚀除，工作台带动工件不断进给，就切割出所需的形状。线切割时，电极丝不断移动，其损耗很小，可以使用较长的时间，因而加工精度较高。

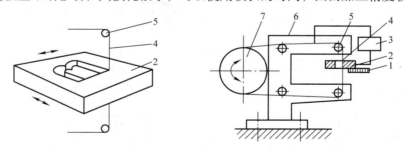

图12-8 电火花线切割加工原理示意图

1—绝缘底板 2—工件 3—脉冲电源 4—电极丝 5—导向轮 6—支架 7—储丝筒

2. 电火花线切割机床分类

电火花线切割机床依运丝速度不同可分为两大类：一类是高速走丝线切割机床，也称快走丝机床，这类机床的电极丝做高速往复运动，一般速度为8~10m/s，线电极多采用直径为$\phi0.02\sim\phi0.3$mm的高强度钼丝，这是我国生产和使用的主要机型；另一类是低速走丝线切割机床，也称慢走丝机床，这类机床的电极丝做低速单向运动，一般速度低于0.2m/s，线电极多采用铜丝，这是国外生产和使用的主要机型。

3. 电火花线切割加工的特点和应用

1）可用于加工一般切削方法难以加工或者无法加工的形状复杂的工件，如冲模、凸轮、样板、外形复杂的精密零件及窄缝等，加工精度可达 0.01~0.02mm，表面粗糙度值可达 Ra 1.6μm 或更小。

2）电极丝在加工中不接触工件，两者之间的作用力很小，故对电极丝、工件及夹具的刚度要求较低。

3）电极丝材料不必比工件材料硬，可用于加工一般切削方法难以加工或者无法加工的金属和半导体等导电材料，如淬火钢、硬质合金、人造金刚石及导电性陶瓷等。

4）直接利用电、热能进行加工，通过对加工参数（如脉冲宽度、脉冲间隔、加工电流等）的调整，提高线切割加工精度，便于实现加工过程的自动化控制。

5）由于省掉了成形电极或模具，缩短了生产周期，对新产品的试制有重要意义；由于去除量小，对贵重金属的加工有特别意义。

6）与一般切削加工相比，线切割加工效率较低，成本较高，不适合形状简单的大批零件的加工。另外，加工表面有变质层，不锈钢和硬质合金表面的变质层不利于使用，需要处理掉。

12.3.2　电火花线切割加工设备

1. 线切割加工机床型号及技术参数

我国机床型号的编制是根据《金属切削机床　型号编制方法》（GB/T 15375—2008）的规定进行的，机床型号由汉语拼音字母和阿拉伯数字组成。

型号示例：机床型号 DK7740 的含义如下：

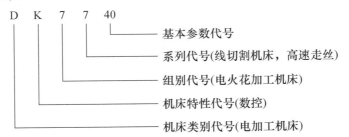

电火花线切割机床的主要技术参数包括工作台行程（纵向行程 × 横向行程）、最大切割厚度、加工表面粗糙度值、切割速度以及数控系统的控制功能等。DK77 系列电火花线切割机床的主要型号和技术参数见表 12-3。

表 12-3　DK77 系列电火花线切割机床的主要型号和技术参数

机床型号	DK7720	DK7725	DK7732	DK7740	DK7750	DK7763
工作台行程	250×200	320×250	500×320	500×400	800×500	800×630
最大切割厚度 /mm	200	140	300（可调）	400（可调）	300（可调）	150（可调）
加工表面粗糙度值 Ra/μm	2.5	2.5	2.5	2.5	2.5	2.5
切割速度 /（mm²/min）	80	80	100	120	120	120
加工锥度	3°~60°					
控制方式	各种型号均由单板（或单片）机或者计算机控制					
备　注	各厂家机床的切割速度有所不同					

2.机床基本结构

电火花线切割机床的结构示意图如图 12-9 所示，由机床本体、脉冲电源和数控装置三部分组成。

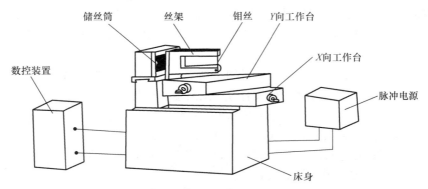

图 12-9　电火花线切割机床的结构示意图

（1）机床本体　机床本体由床身、工作台、运丝机构、工作液系统等组成。

1）床身。用于支承和连接工作台、运丝机构、机床电器及存放工作液系统。

2）工作台。用于安装并带动工件在工作台平面内做 X、Y 两个方向的移动。工作台分上、下两层，分别与 X、Y 向丝杠相连，由两个步进电动机分别驱动。步进电动机每接收到数控装置发出的一个脉冲信号，其输出轴就旋转一个步距角，通过一对齿轮变速带动丝杠转动，从而使工作台在相应的方向上移动 0.01mm。

3）运丝机构。电动机驱动储丝筒交替做正、反向转动，电极丝整齐地排列在储丝筒上，经过丝架做往复高速移动。

4）工作液系统。工作液系统由工作液、工作液箱、工作液泵和循环导管组成。工作液起绝缘、排屑、冷却的作用。工作液一般采用 7%~10% 的植物性皂化液或 DX-1 油酸钾乳化油水溶液。

（2）脉冲电源　脉冲电源又称高频电源，其作用是把普通的交流电转化为高频率的单向脉冲电压，其特点是脉宽窄、平均电流小。脉冲电源的形式主要有晶体管矩形波脉冲电源、高频分组脉冲电源等。加工时，电极丝接脉冲电源的负极，工件接正极。

（3）数控装置　数控装置以计算机为核心，配备其他一些硬件及控制软件。其控制精度为 ±0.001mm，加工精度为 ±0.01mm。

12.3.3　电火花线切割机床控制系统

控制系统的主要作用是使工件相对于电极丝按理想的加工速度走出所需的加工形状和尺寸。YH 线切割控制系统是采用先进的计算机图形和数控技术，集控制、编程于一体的快走丝线切割高级编程控制系统。其系统界面如图 12-10 所示，其中包括机床在加工中所需要的操作按钮和实时加工显示，界面上各按键功能如下。

（1）YH 窗口切换　单击该标志或按 Esc 键，系统转换成绘图编程屏幕。在加工进行的同时进行编程操作，不影响机床正常加工的控制。

（2）显示窗口　可显示加工工件的图形、加工轨迹、相对坐标和加工代码。

（3）计时牌　单击该按钮清零，在加工状态下开始计时。

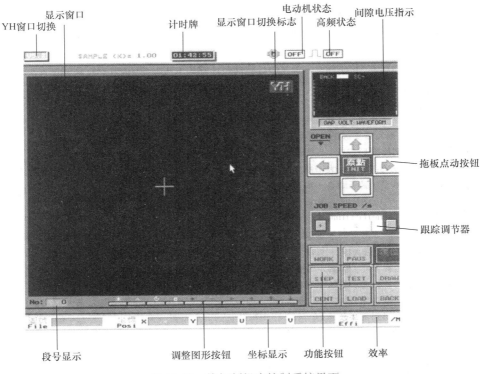

图 12-10　线切割机床控制系统界面

（4）显示窗口切换标志　单击该标志，可改变窗口显示的内容。系统首先显示图形，每单击一次该标志，依次转换为相对坐标、加工代码等。

（5）电动机状态　在电动机标志右侧有电动机状态按钮 ON 或 OFF，ON 表示电动机通电锁定，OFF 表示电动机未通电未锁定。单击该按钮即可改变电动机 ON/OFF 状态。

（6）高频状态　在脉冲波形图符的右侧有高频状态按钮 ON 或 OFF，ON 表示高频开关处于打开状态，OFF 表示高频开关处于未被打开状态。单击该按钮即可改变高频 ON/OFF 状态。

（7）拖板点动按钮　拖板点动按钮由位于系统界面右中部的上、下、左、右向 4 个箭标按钮组成，在电动机为 ON 的状态下，单击以上 4 个按钮，可控制机床工作台的点动运行。

（8）间隙电压指示　显示加工中放电间隙的平均电压波形，该波形反映了工件与电极丝之间的放电状态。波形显示上方的"BACK"窗口，正常加工时该窗口显示为黄色，短路时该窗口显示为红色。

（9）段号显示　显示当前加工的代码段号，可单击该处，在弹出的屏幕小键盘上输入需要起割的段号。

（10）调整图形按钮　在图形显示状态下，几个按钮的功能如下：

1）"＋"。单击一下，图形放大一次。

2）"－"。单击一下，图形缩小一次。

3）"←"。单击一下，图形向左移动一次。

4）"→"。单击一下，图形向右移动一次。

5）"↑"。单击一下，图形向上移动一次。

6）"↓"。单击一下，图形向下移动一次。

（11）坐标显示　界面下方显示 X、Y、U、V 的绝对坐标值。

（12）功能按钮　各按钮分述如下：

1）原点。单击该按钮（或按 I 键）进入回原点功能。若电动机为 ON 状态，系统将控制工作台和丝架回到加工起点（包括 U-V 坐标），且返回时取最短路径；若电动机为 OFF 状态，光标返回坐标系原点，图形重画。

2）加工。单击该按钮（或按 W 键）进入加工方式（自动），首先自动打开电动机和高频电源，然后进行插补加工。

3）暂停。单击该按钮（或按 P 键），系统将中止当前的操作。

4）复位。单击该按钮（或按 R 键）将中止当前的一切工作，清除数据，关闭高频和电动机（注：加工状态下，复位功能无效）。

5）单段。单击该按钮（或按 S 键），系统自动打开电动机、高频，进入插补工作状态，加工至当前代码段结束时，自动停止运行，关闭高频。

6）检查。单击该按钮（或按 T 键），系统以插补方式运行一步，若电动机处于 ON 状态，机床拖板将做相应的一步动作。

7）模拟。单击该按钮（或按 D 键），系统以插补方式运行当前的有效代码，显示窗口绘出运行轨迹；若电动机为 ON 状态，机床拖板将随之运动。

8）定位。单击该按钮（或按 C 键），系统可做对中心、定端面的操作。

9）读盘。单击该按钮（或按 L 键），可读入数据盘上的 ISO 或 3B 代码文件，快速画出图形。

10）回退。单击该按钮（或按 B 键），系统做回退运行，至当前段退完时停止；若再单击该按钮，继续前一段的回退。该功能不自动开启电动机和高频，可根据需要由用户事先设置。

11）跟踪调节器。用来调节加工进给时的跟踪速度和稳定性。调节器中间红色指针指示调节量大小，指针向左移动为跟踪加强（加速），向右移动为跟踪减弱（减速），指示表两侧有两个按钮，"＋"按钮加速，"－"按钮减速；英文字母 JOB SPEED/S 后面的数字量表示加工的瞬时速度，单位：步数 /s。

12）效率。显示加工的效率，单位为 mm/s。系统每加工完一条代码，即自动统计所用时间，并求出效率。

12.3.4　电火花线切割加工编程

我国生产的高速（往复）走丝线切割机床的数控程序多采用 3B 代码或 ISO 代码编制；国外的低速（单向）走丝线切割机床的数控程序多采用 ISO 代码或 EIA（美国电子工业协会）代码编制。

1. 3B 代码编制

（1）3B 代码格式　B X B Y B J G Z。其中，B 是间隔符，用来区分、隔离 X、Y 和 J 等数码，B 后面的数字若为零，此零可省略不写；X、Y 表示坐标值；J 是计数长度；G 是计数方向；Z 是加工指令。

1）坐标系和坐标值 X、Y 的确定。平面坐标系是这样规定的：面对机床操作台，工作台平面为坐标平面，左右方向为 X 轴，且右方为正；前后方向为 Y 轴，且前方为正。坐标系的原点规定为：加工直线时，以该直线的起点作为坐标系的原点，X、Y 取该直线终点的坐标值的绝对值；加工圆弧时，以该圆弧的圆心作为坐标系的原点，X、Y 取该圆弧起点坐标值的绝对值。坐标值单位均为 μm。编程时采用相对坐标系，即坐标系的原点随程序段的不同而变化。

2）计数方向 G 的确定。无论加工直线还是圆弧，计数方向均按终点的位置来确定，具体确定原则如下：

加工直线时，计数方向取直线终点靠近的那一坐标轴。例如，在图 12-11 中，加工直线 OA，计数方向取 X 轴，记为 GX；加工 OB，计数方向取 Y 轴，记为 GY；加工 OC，计数方向取 X 轴、Y 轴均可，记为 GX 或 GY。

加工圆弧时，终点靠近哪个轴，则计数方向取另一轴。例如，在图 12-12 中，加工圆弧 AB，计数方向取 X 轴，记为 GX；加工圆弧 MN，计数方向取 Y 轴，记为 GY；加工圆弧 PQ，计数方向取 X 轴、Y 轴均可，记为 GX 或 GY。

3）计数长度 J 的确定。计数长度是在计数方向的基础上确定的，是被加工的直线或圆弧在计数方向的坐标轴上投影的绝对值的总和，单位为 μm。

例如，在图 12-13 中，加工直线 OA，计数方向为 X 轴，计数长度为 OB，数值等于 A 点的 X 坐标值。在图 12-14 中，加工半径为 1mm 的圆弧 MN，计数方向为 X 轴，计数长度为 1000μm × 3 = 3000μm，即 MN 中 3 段 90° 圆弧在 X 轴上投影的绝对值的总和，而不是 1000μm×2 = 2000μm。

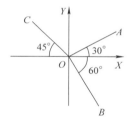
图 12-11　直线计数方向的确定

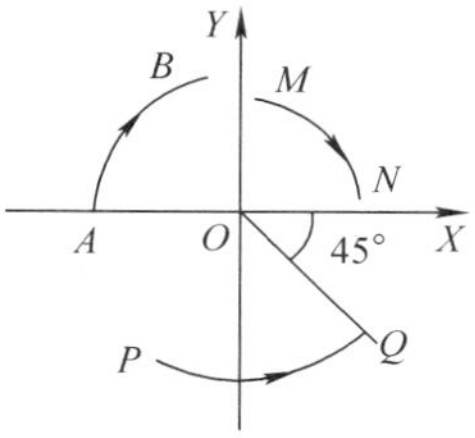

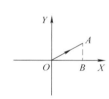
图 12-12　圆弧计数方向的确定

图 12-13　直线计数长度的确定

4）加工指令 Z 的确定。加工指令 Z 是表达被加工图形的形状、所在象限和加工方向等信息的。

加工直线有 4 种加工指令，即 L1、L2、L3、L4。如图 12-15 所示，当直线处于第一象限（包括 X 轴而不包括 Y 轴）时，加工指令记为 L1；当处于第二象限（包括 Y 轴而不包括 X 轴）时，记为 L2；L3、L4 依此类推。

加工顺圆弧有 4 种加工指令，即 SR1、SR2、SR3、SR4。如图 12-16 所示，当圆弧的起点在第一象限（包括 Y 轴而不包括 X 轴）时，加工指令记为 SR1；当起点在第二象限（包括 X 轴而不包括 Y 轴）时，记为 SR2；SR3、SR4 依此类推。

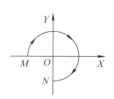
图 12-14　圆弧计数长度的确定

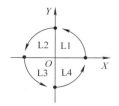
图 12-15　直线指令的确定

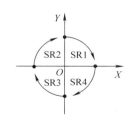
图 12-16　顺圆弧指令的确定

加工逆圆弧有 4 种加工指令，即 NR1、NR2、NR3、NR4。如图 12-17 所示，当圆弧的起点在第一象限（包括 X 轴而不包括 Y 轴）时，加工指令记为 NR1；当起点在第二象限（包括 Y 轴而不包括 X 轴）时，记为 NR2；NR3、NR4 依此类推。

（2）3B 代码编程示例　线切割加工图 12-18 所示样板零件。

1）确定加工起始点为 O，加工路线：$O \rightarrow G \rightarrow B \rightarrow C \rightarrow D \rightarrow E \rightarrow F \rightarrow G \rightarrow O$。

2）计算坐标值，按照坐标系和坐标值的规定，分别计算各程序段的坐标值。

3）填写程序单，按程序标准格式逐段填写。

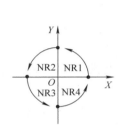

图 12-17　逆圆弧指令的确定

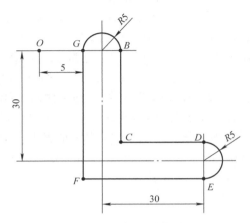

图 12-18　样板零件图

加工程序为：

程序	注释
B5000 B B5000 GX L1	[OG 段]
B5000 B B10000 GYSR2	[GB 弧段]
B B25000 B25000 GYL4	[BC 段]
B 25000 B B25000 GXL1	[CD 段]
B B5000 B10000 GXSR1	[DE 弧段]
B35000 B B35000 GXL3	[EF 段]
B B35000 B35000 GYL2	[FG 段]
B5000 B B5000 GXL3	[GO 段]

2. ISO 代码编制

1）ISO 代码编程使用标准的 G 指令、M 指令。电火花线切割编程常用的指令代码见表 12-4。

表 12-4　电火花线切割编程常用的 G 指令和 M 指令代码

指令代码	功能	指令代码	功能
G00	快速进给	G20	英制输入
G01	直线插补	G21	米制输入
G02	顺时针方向圆弧插补	G22	超程控制建立
G03	逆时针方向圆弧插补	G23	超程控制撤销
G04	暂停	G28	自动返回原点
G17	平面选择（X-Y 平面）	G30	自动返回起始点

（续）

指令代码	功能	指令代码	功能
G40	线径补偿撤销	G91	增量值指令
G41	电极丝左偏移	G92	设置当前点坐标
G42	电极丝右偏移	G94	恒速进给
G48	自动圆弧过渡建立	G95	伺服进给
G49	自动圆弧过渡撤销	M00	程序暂停
G50	锥度功能撤销	M02	程序结束
G51	电极丝左倾斜	T84	水泵开
G52	电极丝右倾斜	T85	水泵关
G60	锥度 R 圆弧撤销	T86	丝筒开
G61	锥度 R 圆弧建立	T87	丝筒关
G90	绝对值指令		

2）ISO 程序格式。

N10 T84 T86 G90 G92 X__Y__；

N20 G01 X__Y__；

N30 G02 X__Y__I__J__；

…

N60 G01 X__Y__；

N70 M00；

N80 T85 T87；

N90 M02

3. 间隙补偿

加工程序描述的是电极丝中心的运动轨迹，因此，实际编程时，还应该考虑电极丝的半径和电极丝与工件间的放电间隙。工件图形轮廓与电极丝中心轨迹在圆弧半径方向和直线的垂直方向的距离称为间隙补偿量，用 f 表示，其计算公式为

$$f = r_{丝} + s$$

式中，$r_{丝}$ 为电极丝半径；s 为单边放电间隙（通常取 0.01mm）。

4. 自动编程

通常零件图都是由直线段和圆弧段组成的，编程时需知道每段的起点、终点、圆心及切点的坐标等。对于手工编程，需要手工计算上述数值。若是图形复杂或具有非圆曲线，不但手工编程工作量大，而且容易出错。采用自动编程，只需按尺寸要求向计算机输入相应的图形，便可由计算机求得各相关点的坐标和编程所需数据，完成自动编程，输出 3B 代码或 ISO 代码切割程序。可以运用 YH 线切割控制系统完成自动编程工作。

12.4　激光加工

12.4.1　激光加工概述

激光是受激辐射得到的加强光。它除了具有一般光（如太阳光、灯光）的共性（如反射、

激光加工

折射等）外，还具有自身的四大特性，即高亮度、高方向性、高单色性和高相干性。

激光原理起源于 1917 年爱因斯坦发表的光的受激发射理论，20 世纪 50 年代初的量子放大器具有通过受激发射放大微波的作用，20 世纪 60 年代美国休斯研究所的梅曼应用红宝石激光首次实现了振荡，取得了光放大的激光，为 20 世纪 70 年代发展激光加工技术奠定了基础。

产生激光束的器件称为激光器，它的种类很多。按工作物质的不同，可分为固体激光器、液体激光器、气体激光器、半导体激光器和化学激光器 5 种。激光束的输出方式有脉冲、连续和巨脉冲 3 种。

1. 激光加工的基本原理

激光加工（Laser Beam Machining，LBM）是一种重要的高能束加工方法，它利用材料在激光聚焦照射下瞬时急剧熔化和汽化，并产生很强的冲击波，使被熔化的物质爆炸式地喷溅来实现材料去除的加工技术。

由于激光经聚焦后，光斑直径仅为几微米，能量密度高达 $10^7 \sim 10^{11} W/cm^2$，能产生 $10^4 ℃$ 以上的高温。因此，激光能在千分之几秒甚至更短的时间内熔化、汽化任何材料。激光加工的机制是：当能量密度极高的激光照射在被加工表面时，光能被加工表面吸收并转换成热能，使照射光斑的局部区域迅速熔化甚至汽化蒸发，并形成小凹坑，同时开始热扩散，使斑点周围的金属熔化。随着激光能量的继续吸收，凹坑中金属蒸气迅速膨胀，压力突然增大，熔融物被爆炸性地高速喷射出来，熔融物高速喷射所产生的反冲击压力又在工件内部形成一个方向性很强的冲击波，使熔化物质爆炸式地喷射去除。这样，工件材料就在高温熔融和冲击波的同时作用下，部分物质被去除。激光加工的物理过程大致可以分为：光能的吸收及能量转化；材料的无损加热；材料熔化、汽化及溅出；作用终止及加工区冷凝等几个连续阶段。其加工原理如图 12-19 所示。

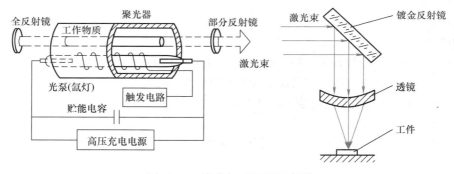

图 12-19　激光加工原理示意图

2. 激光加工的特点

与其他加工方法相比，激光加工具有以下特点：

1）适应性强。激光加工的功率密度高，几乎能加工任何材料，如各种金属、陶瓷、石英、金刚石、橡胶等。

2）加工精度高。激光束可聚焦成微米级的光斑（理论上光斑直径可小于 $1\mu m$），所以能加工小孔、窄缝，适合于精密微细加工。

3）加工质量好。由于能量密度高，热作用时间很短，整个加工区几乎不受热的影响，工件热变形极小，故可以加工对热冲击敏感的材料（如硬质合金、陶瓷等）。激光加工属于非接触加工，无机械加工变形和工具损耗等问题，对精密零件加工非常有利。

4）加工速度快、效率高。一般激光打孔只需 0.01s，激光切割可比常规方法提高效率 8~20 倍，激光焊接可提高效率 30 倍，激光微调薄膜电阻可提高工效 1000 倍，精度提高 1~2 个数量级。

5）容易实现自动化加工。激光束传输方便，易于控制，便于与机器人、自动检测、计算机数字控制等先进技术相结合。

6）通用性强。用同一台激光器改变不同的导光系统，可以处理各种形状和各种尺寸的工件。也可以通过选择适当的加工条件，用同一台装置对工件进行切割、打孔、焊接和表面处理等多种加工。

7）节能和节省材料。激光束的能量利用率为常规热加工工艺的 10~1000 倍，激光切割可节省材料 15%~30%。

8）经济性好，不需要设计和制造专用工具，装置较简单。

9）激光可穿过光学透明介质（如玻璃、空气、惰性气体甚至某些液体）对工件进行加工。

此外，激光加工对具有高热传导率材料的加工比较困难，对表面光泽或透明材料，则需预先进行色化和打毛处理。

3. 激光加工的应用

激光加工在制造业中的应用主要有以下几种：

（1）激光打孔　激光几乎可以在任何材料上加工微型小孔，最典型的应用实例是金刚石拉丝模孔、钟表上宝石轴承孔、化学纤维喷丝头的小喷孔、火箭及柴油发动机的喷油嘴孔等的加工。其最小孔径可达 ϕ0.01mm 以下，深径比为 50∶1。使用激光打孔加工效率高，在金刚石拉丝模上用机械方法打孔需 24h 完成的工作，用激光打孔只需 2s，提高工效 4 万多倍。

（2）激光切割　激光切割加工是热切割方法，其切缝窄（0.1~0.5mm）、热影响区小，除钢铁、船舶、汽车行业中对金属板材进行切割外，还用于非金属材料（木材、塑料、橡胶、纸张、布料、陶瓷、玻璃等）的切割。激光能透过玻璃切割和焊接，这一特性是任何机械加工所不具备的。

（3）激光焊接　它是利用激光束"轰击"焊件所产生的热量进行焊接的一种熔焊方法。焊接所需加热时间（即激光照射时间）极短，约为 1/100s。焊接过程迅速，热影响区小，焊缝质量高，既可焊接同种材料，也可焊接异种材料。用激光进行深熔焊接，其生产率比传统焊接方法（如焊条电弧焊等）提高数十倍。目前在印制电路板的焊接、显像管电子枪焊接、集成电路封装、飞机发动机壳体及机翼隔架等零件的生产中得到成功的应用。

（4）激光表面强化处理　这是一项新的表面处理技术，通过对金属制品表面的强化，可以显著提高材料的硬度、强度、耐磨性、耐蚀性和高温性能等，从而大大提高产品质量和附加值，成倍延长产品寿命，取得巨大的经济效益。目前，该技术已广泛用于汽车、机床、军工等行业中的刀具、模具和零配件的表面强化处理中。

12.4.2　激光加工设备

CLS3500 型高速激光切割机床的外形如图 12-20 所示。激光加工基本设备的构成包括激光器、激光器电源、光学系统和机械系统四大部分。

（1）激光器　激光器是激光加工的核心设备，它能把电能转化成光能，获得方向性好、能量密度高、稳定的激光束。目前多采用固体和气体激光器。CLS3500 型高速激光切割机使用

CO_2 激光器，主要包括放电管、谐振腔、冷却系统和激励电源等部分。它以 CO_2 作为工作物质，封入抽空的玻璃管中，管的两端各装一块反射镜，形成谐振腔，在端部封入电极，通以千伏以上高压，产生气体放电。CO_2 激光器利用分子振动能级跃迁发射激光。激光粒子（工作物质）是 CO_2 分子，工作物质中辅助气体 N_2、He、Xe、H_2 等都起加强激光跃迁的作用。它通过高压电源使电子直接碰撞击发工作物质，实现粒子数反转分布。

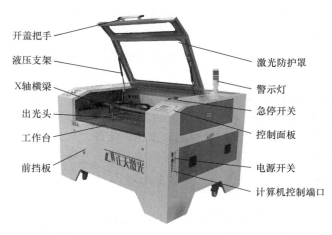

图 12-20   CLS3500 型高速激光切割机床外形

（2）激光器电源   激光器电源根据加工工艺的要求，为激光器提供所需的能量及控制功能。它包括电压控制、时间控制及触发器等。固体激光器电源有连续和脉冲两种；气体激光器电源有直流、射频、微波、电容器放电以及这些方法的综合使用等。

（3）光学系统   光学系统包括激光聚焦系统和观察瞄准系统。聚焦系统的作用在于把激光引向聚焦物镜，并聚焦在工件上；为了使激光束准确地聚焦在加工位置，要有焦点位置调节以及观察瞄准系统。

（4）机械系统   机械系统主要包括床身、工作台和机电控制系统等。由于激光加工不存在明显的机械力，因此强度问题不必过多考虑，但刚度问题不容忽视。为保持工件表面及聚焦物镜的清洁，机床上设有吹气和吸气装置，以便及时排除加工产物。先进的激光加工设备采用数控系统进行自动控制，大大提高了生产率。

12.4.3   激光加工机床控制系统

激光加工机床控制系统多种多样，现就 CLS3500 型高速激光切割机床所配套的 LaserSculpt 软件进行介绍。首先打开软件主界面，具体操作步骤如下。

1. 调入文件
在"文件"菜单中选择"打开"命令，选择需要的文件并打开。

2. 保存文件
在"文件"菜单中选择"另存为"命令，把经过软件编辑过的图形存为 lsc 格式，以便于重复使用。

3. "编辑"菜单及参数设置
机床的参数设置主要集中在"编辑"菜单下。

（1）颜色分区设置　如图 12-21 所示，颜色分区用来设置不同颜色的切割顺序、速度、能量、（能量）自动调节等参数。

"编号"是切割的先后顺序，"0"代表不切割该颜色，"1"为最先切割，顺次"8"为最后；"速度"（v）是切割此颜色时的切割速度，取值范围是 10~24000，v 小于"编辑"菜单下"切割参数"中的切割速度（s）时，v 的值是实际运动速度，当 $v > s$ 时，此颜色的实际运动速度就是 s。

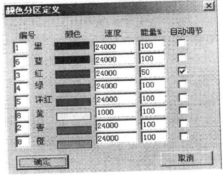

图 12-21　颜色分区

"能量%"（W）是切割此颜色时的能量，为面板能量的百分比，取值是 0~100。例如，控制面板上设置的电流是 18mA，W 值是 60，切此颜色时的电流就是 18 mA×60%=10.8 mA。

"自动调节"的作用是：切割此颜色时激光能量随速度线性变化，高速划线时用此功能。

（2）"复制"功能　该功能是用于复制图形的，当加工多个以阵列方式重复出现的图形时，可以只调入其中一个单元，再通过"复制"命令功能生成所需要的数量。具体地，在"编辑"菜单中选择"复制"命令，在弹出的对话框中输入"间隔"（单位是毫米）和"个数"，"X 方向间隔"是指图形之间沿 X 轴方向的间隔，"Y 方向间隔"是指图形之间沿 Y 轴方向的间隔，"个数"是指 X/Y 方向图形增加的个数，即实际加工数量 = "个数" +1。

（3）"切割参数"用于设置切割时的各种参数

1）"切割速度"是出光切割时，机床光头的运动速度，取值范围是 10~24000。

2）"缩放系数"用于调整图形缩放比，取值范围是 0.001~10000，大于 1 为放大，小于 1 为缩小。

3）"能量"是设置切割时激光的能量，建议使用 100%，然后通过操作面板上的调光钮调整激光能量值。

4）"空程速度"是指机床在线段间不出光空驶运动时的速度。

5）"校正系数"是指当图形在 X 方向尺寸合适、在 Y 方向尺寸不合适时的调节系数，取值范围是 0.5~2，大于 1 为放大，小于 1 为缩小；当 Y 方向尺寸合适，而 X 方向不合适时，先通过"缩放系数"使 X 方向尺寸合适，再通过"校正系数"使图形在 Y 方向尺寸合适。

（4）"节点焊接"与"由内至外切割"　如果文件中断点过多，选中"节点焊接"以减少断点，还可以选中"由内至外切割"使文件图形由内到外顺次切割，不选此项系统默认为"就近寻点"原则。

激光起刀点（即零点）在左上角，利于用户送料。因此，在加工前，一定要将激光头移到材料左上角的位置。

4."切割与雕刻"菜单

1）"启动切割"功能。执行该功能时，机床将按照文件所绘制的图形及"编辑"菜单所设定的加工参数进行加工。也可以通过单击"▶"按钮执行该功能。

2）"移动"功能。"移动"功能可以使光头沿 X 或 Y 轴移动一个精确的距离。单击该菜单命令后，弹出对话框，分别设置相应方向的位移距离即可。其中，X 向正值为向右移动，负值为向左移动；Y 向正值为向前移动，负值为向后移动（方向均为操作者面向机床时为准）。"移动"功能也可以用按键来实现。

5. 机床运动中的暂停

切割过程中，如果需要暂停，按下面板上的"暂停"键，光头将自动回到起点。当需要从刚才的暂停点继续加工时，可单击软件界面上的 C 键，机床将从刚才的暂停位置继续加工。当要放弃刚才的暂停点，将整个文件图形重新加工时，按启动键即可。

遇到紧急情况时，请按下机床上的红色"急停"按钮，此时机床将断电停止运作。待排除险情后，须按以下步骤操作：

1）用计算机上的 RESET 键重新启动计算机，重新启动 LaserSculpt 软件。

2）按照"急停"按钮上所标示的箭头方向转动按钮帽，直至"急停"按钮自动弹起。

3）调入文件，更换材料，重新开始加工。

12.5　增材制造（3D 打印）

12.5.1　增材制造概述

1. 增材制造技术原理

增材制造（Additive Manufacturing，AM）技术，又称快速原型制造技术（RPM）或 3D 打印技术，是通过 CAD 软件建模，采用材料逐层累加的方法制造任意形状实体零件的技术。该技术是 20 世纪 80 年代后期诞生于美国的一项世界制造领域的重大创新，后迅速扩展至欧洲、亚洲等地，于 20 世纪 90 年代初引入我国。增材制造技术借助计算机、新材料、数控技术、激光等新技术手段，先设计出所需零件的计算机三维实体模型，再利用 CAD 软件对三维模型进行离散化处理，接着用 CAM 软件对三维模型进行切片分层，得到一系列厚度为 0.1~0.8mm 的二维薄切片，然后将每层切片的几何信息和生成该切片的最佳扫描路径信息直接存入数控系统的命令文件中。自动生成的数控代码控制着 3D 打印机，通过对材料进行熔结、粘结、焊接、聚合或化学反应等技术手段制造出一系列层片并自动地将它们连接起来，从而快速制造出零件的原型（即实物模型）或零件，如图 12-22 所示。

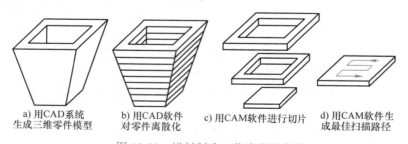

a) 用 CAD 系统生成三维零件模型　　b) 用 CAD 软件对零件离散化　　c) 用 CAM 软件进行切片　　d) 用 CAM 软件生成最佳扫描路径

图 12-22　增材制造工艺流程示意图

这种在短时间内就可以打印（堆积）出三维实体零件的技术，改变了以往零件制造中对零件毛坯做"减法"（切除）的模式，而是以材料逐层叠加的增材方式，使零件实体不断增长。这一技术使设计、制造工作有了革命性的变化，进入一种全新的境界。

2. 增材制造技术特点与应用

（1）增材制造技术的特点

1）高度柔性，适应性强，可以制造任意复杂结构形状的三维实体。

2）CAD 模型直接驱动。将 CAD 模型文件输入 3D 打印机，进行必要的参数设定，打印机便可自动完成零件成形，成形过程无须干预。

3）快速响应性。零件制造从 CAD 设计到零件加工完毕，只需几个到几十个小时，复杂零件的成形速度比传统成形方法要快很多，可以大大缩短新产品开发周期。

4）制造成形自由化，特别适合个性化需求的三维实体制造。

5）技术的高度集成性。增材制造技术是 CAD/CAM 技术、计算机技术、数控技术、激光技术、新材料技术和机械加工等多学科技术的高度集成。

6）使用材料广泛性。可用于增材制造的材料包括金属、树脂、塑料、石蜡、陶瓷、水泥、石膏、纸张等。

（2）增材制造技术的应用　随着增材制造技术的成熟和发展，其工程应用越来越广泛，目前已普遍应用于航空航天、汽车制造、机械、电子、医学、建筑、玩具、文化创意、工艺品和食品制作等领域的产品研发和单件、小批量产品的生产中。

12.5.2　增材制造工艺方法

增材制造成形工艺中具有代表性的有熔融沉积成形工艺、光固化成形工艺（也称立体光刻工艺）、分层实体制造工艺和选择性激光烧结工艺等。

1. 熔融沉积成形（FDM）工艺

（1）工艺原理　熔融沉积成形（Fused Deposition Modeling，FDM）工艺是利用热塑性材料的热熔性、黏结性，在计算机控制下层层堆积成形，如图 12-23 所示。

（2）工艺过程　材料呈丝状，通过送丝机构送入喷头，在喷头内被加热熔化。喷头沿零件截面轮廓和填充轨迹运动的同时将熔化的材料挤出，挤出的材料与周围的材料粘结并迅速固化，层层堆积成形。由于 FDM 工艺简单，材料和设备成本较低，所以该工艺发展迅速，使用广泛。

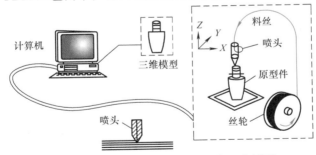

图 12-23　熔融沉积成形（FDM）工艺原理

（3）后处理　成形模型的后处理工作比较简单，只需用钳子剥去支撑即可，还可以打磨后做彩色喷漆处理。

（4）应用　熔融沉积成形工艺加工过程干净，无材料浪费，材料价格相对较低，目前主要用于小型塑料件成形、模具和医疗产品的制造。

2. 光固化成形（SL）工艺

（1）工艺原理　光固化成形（Stereo Lithography，SL）工艺是使用光敏树脂为材料，通过紫外光或其他光源照射凝固成形，逐层固化，最终得到完整的产品，光固化成形工艺原理如图 12-24 所示。该项工艺是最早发展起来的，也是目前研究最深入、技术最成熟、应用最广泛的增材制造技术。

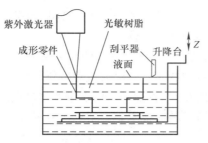

图 12-24　光固化成形工艺原理

（2）工艺过程　由计算机传输来的实体数据经离散化处理软件分层处理后，驱动扫描振镜，控制紫外激光按零件的层片形状进行扫描。液态紫外光敏树脂表层受激光束照射的区域发生聚合反应，由液态变成固态，形成零件的一个薄层。每层扫描完成后，工作台下降一个层厚的距离，在已固化层的表面覆盖另一层液态树脂，然后进行下一层的扫描，新固化的一层牢固地粘结在前一层上，如此层层叠加，直到整个模型制造完成。

（3）后处理　该成形模型后处理工作比较复杂，需要通过烘箱加热去除支撑（蜡），再经过植物油分解和超声清洗以得到最终的实体零件。

（4）应用　光固化成形工艺可以直接制造塑料制品，还可以用光敏树脂制成模样代替蜡模用于熔模铸造。

3. 分层实体制造工艺

（1）工艺原理　分层实体制造（Laminated Object Manufacturing，LOM）工艺是将薄层材料粘结后，激光束（或雕刻刀）按截面轮廓扫描切割，得到零件的一个薄层，这样层层粘结，层层切割，最后去掉多余的部分，获得三维实体，如图 12-25 所示。

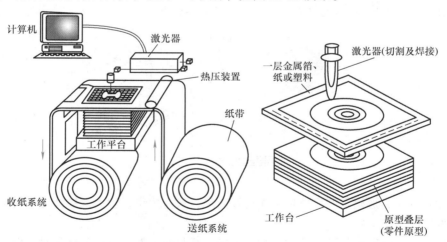

图 12-25　分层实体制造（LOM）工艺原理

（2）工艺过程　薄层材料由送纸系统平整地送至造型平台，胶面朝下，由一个热压辊压过纸的背面，将其粘结在造型平台或前一层纸上。经准确聚焦的激光束开始沿着当前层的轮廓进行切割，使之刚好能切穿一层纸的厚度。其他不需要的部分也进行碎片式切割，以便后处理时去除。当一个薄层完成后，工作平台下降一个层的厚度，薄层材料已切割的四周剩余部分被收纸系统卷起，拉动薄层材料进行下一层的敷覆，如此层层累加，直至完成整个模型。

（3）后处理　这种成形工艺的后处理比较简单，只需用钳子等工具直接剥离非成形实体部分，需要的话还可以进行打磨、喷漆、涂胶等处理，以保证实体美观、防潮、坚固。

（4）应用　适用材料有：纸、涂有黏结剂的塑料薄膜、表面敷有低熔点合金的金属箔、石墨增强复合材料等。其中纸用得最广，如用纸制模型来代替熔模铸造中的蜡模或砂型铸造用的模样等。

4. 选择性激光烧结工艺

（1）工艺原理　选择性激光烧结（Selective Laser Sintering，SLS）工艺是用 CO_2 激光器对粉末材料（如塑料粉、陶瓷与黏合剂的混合粉、金属粉、尼龙粉等）进行选择性烧结，由离散点一层层堆积成三维实体的一种工艺方法，其工艺原理如图 12-26 所示。

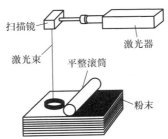

图 12-26　选择性激光烧结（SLS）工艺原理

（2）工艺过程　采用激光束对铺在成形基板上的预热（或不预热）粉末状成形材料进行分层扫描，受到激光束照射的粉末被烧结（熔化后再固化）。当一层被扫描烧结完成后，工作台下降一个层的厚度，敷料装置在上面再敷上一层（一般层厚为 0.02~0.1mm）均匀密实的粉末，再扫描烧结，直至整个造型完成。最后将多余的粉末材料去除。

（3）后处理　这种成形工艺的后处理工作比较复杂，需要一些辅助设备，分几步完成。第一步，将成形零件连同成形基板一起放入热处理炉中进行去应力处理，以防零件取下后由于内应力的存在而损坏；第二步，将成形零件连同成形基板一起装夹到线切割机床上，利用线切割法将成形零件取下；第三步，利用钳子、锉刀等工具去除支撑；第四步，将成形零件放入喷砂机内进行喷砂处理，以提高零件表面质量和保证成形尺寸。

（4）应用　选择性激光烧结工艺的突出优点是能加工出坚硬的原型或零件，目前主要用于制造模具及 EDM 电极等。

12.6　电解加工

12.6.1　电解加工原理

电解加工（Electro-Lytic Machining，ELM）是将接于直流电源正极上的工件电极和接于直流电源负极上的工具电极（按所需形状制成）插入导电溶液（即电解质溶液）中，两电极之间施加 6~24V 的直流电压并保持 0.1~0.8mm 的较小间隙，工件阳极表面的金属产生溶解反应，如图 12-27a 所示，电解产物被以 6~60m/s 高速流动的电解质溶液冲走，使阳极溶解能够不断地进行。因为工件与工具的形状不同、两极距离不等，所以各点的电流密度也不一样。距离近的地方电流密度大，阳极溶解的速度快；距离远的地方电流密度小，阳极溶解的速度慢。当工具不断进给时，工件表面上各点就以不同的速度溶解，工件的型面就逐渐接近于工具的型面，最终工具的形状"复印"到工件上，如图 12-27b 所示。

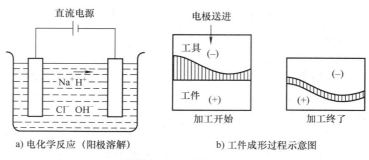

a) 电化学反应（阳极溶解）   b) 工件成形过程示意图

图 12-27   电解加工

12.6.2   电解加工特点与应用

电解加工对工件材料的适应性强，不受材料的强度、硬度、韧性限制，可以加工淬火钢、硬质合金、不锈钢和耐热合金等导电材料；加工过程中无热和机械力作用，加工表面不会产生应力、应变和变质层，也没有飞边、毛刺，表面质量好；工具电极理论上没有损耗，可长期使用，能以简单的进给运动一次完成形状复杂零件表面的加工；加工速度快，为电火花加工的5~10 倍。

电解加工也存在一定的局限性，包括加工间隙不易严格控制，加工精度和加工稳定性较低，难以加工尖角和窄缝。需要进行阴极设计制作和流场设计，生产准备周期长，设备投资较大。电解产物需回收处理。

电解加工常用于穿孔加工、型腔加工、型面加工、切割、套料以及深孔的扩孔和抛光等。例如，在耐热合金涡轮机叶片上加工孔径为 0.8mm、长 150mm 的细长冷却孔，以及在宇宙飞船的发动机集流腔上加工弯曲的长方孔等，都是电解穿孔加工的典型实例。部分应用实例如图 12-28 所示。

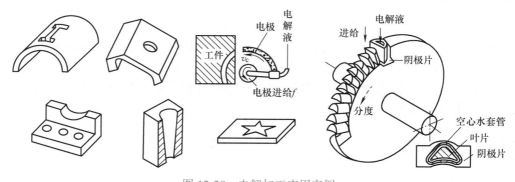

图 12-28   电解加工应用实例

12.7   超声加工

12.7.1   超声加工原理

超声加工（Ultra-Sonic Machining，USM）是将工件置于有磨料的悬浮液中，利用工具端面做超声波振动，通过磨料悬浮液加工硬脆材料的一种成形方法，其工作原理如图 12-29 所示。超声加工时，换能器将超声波发生器产生的超声频（16~30kHz）振荡转换成小振幅（0.005~0.01mm）的机械振动，变幅杆将小振幅放大到 0.01~0.15mm，驱动工具振动而冲击磨料，使工具与工件间悬浮液中的磨粒以很高的速度撞击和抛磨工件表面，使工件被加工处的材料不断破碎成微粒脱落下来，随着工具不断送进，其形状就"复印"到了工件上。

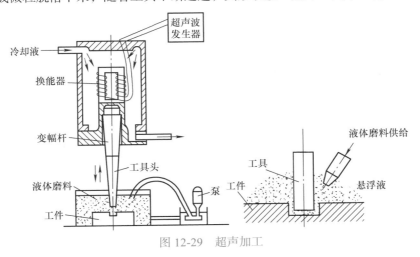

图 12-29　超声加工

12.7.2　超声加工特点与应用

超声加工适于加工各种硬脆材料，尤其适宜加工用电火花和电解法难以加工的不导电材料和半导体材料，如宝石、金刚石、玻璃、陶瓷、半导体锗和硅片等不导电非金属硬脆材料，常用于薄片、薄壁及窄缝类零件，各种形状复杂的型孔、型腔、成形表面的加工以及雕刻、分割和研磨等，超声加工实例如图 12-30 所示。此外，超声加工还常用于焊接和清洗。

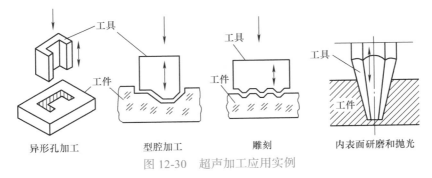

图 12-30　超声加工应用实例

超声加工的生产率较低，但其加工精度和表面粗糙度都比电火花、电解加工好，故生产中加工某些硬脆导电材料的高精度零件时，通常采用超声 - 电火花（或电解）复合加工，即先用电火花或电解加工进行粗、半精加工，再用超声加工进行精加工。

12.8　电子束和离子束加工

12.8.1　电子束加工

1. 电子束加工原理

电子束加工原理示意图如图 12-31 所示。在真空条件下，由电子枪旁热阴极发射的电子，在高电压（80~200kV）作用下被加速到很高的速度（光速的 1/3~1/2），然后通过电子透镜聚焦形成高能量密度（$10^6 \sim 10^7 W/mm^2$）的电子束。电子束冲击到工件时，在极短的时间内使受冲击部位的温度升高到几千摄氏度以上，足以使任何材料瞬间熔化、汽化，从而达到去除材料进行加工的目的。

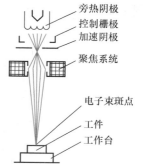

图 12-31　电子束加工原理

2. 电子束加工的特点与应用

电子束加工的特点是能对任何材料进行加工；加工速度快，切割厚度为 1mm 的钢板，速度可达 240mm/min；非接触加工，不存在工具磨耗问题；电子束束径小到 0.01~0.05mm，电子束长度可达束径的几十倍，故能加工微细深孔、窄缝等；加工点上化学纯度高，由于是在真空中加工，可防止氧化而产生杂质，所以适于加工易氧化的金属及合金材料，尤其适于加工要求高纯度的半导体材料；可采用计算机控制，可控性能好。

电子束加工常用于不锈钢、耐热钢、合金钢、陶瓷、玻璃和宝石等材料的打孔或切槽，除了可加工圆孔和通孔，还可加工异形孔、锥孔和不通孔等。需要指出的是，由于使用高电压，会产生较强的 X 射线，必须采取相应的安全防护措施，由此也限制了它的应用，除了特别的需要，一般被激光加工所代替。

12.8.2　离子束加工

1. 离子束加工原理

离子束加工原理示意图如图 12-32 所示。首先将氩（Ar）、氪（Kr）、氙（Xe）等惰性气体注入低真空（约 1Pa）的电离室中，用高频放电、电弧放电或等离子体放电等方法使其电离成等离子体，接着用加速电极将离子呈束状拉出并使之加速，然后离子束进入高真空（约 10^{-4}Pa）的加工室，用静电透镜聚成细束向工件表面冲击，从工件表面打出原子或分子，从而达到溅射去除加工的目的。

离子束加工的机理不同于电子束加工，它是一种无热加工。离子与工件材料原子之间的碰撞接近于弹性碰撞。碰撞过程中，离子所具有的能量传递给材料

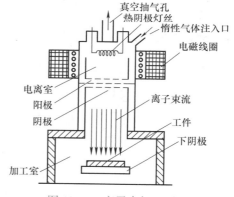

图 12-32　离子束加工原理

的原子、分子，其中一部分能量使材料产生溅射、抛出，其余能量转变为材料晶格的振动能。

2. 离子束加工特点与应用

离子束加工的特点是离子束光斑直径可以聚焦到 1μm 以内，离子束流密度和离子的能量可以精确控制，并可通过离子光学系统进行扫描，故可进行微细加工；离子束加工在真空中进行，可防止氧化而产生杂质；离子撞击工件表面只产生微观的作用力，宏观上作用力很小，适合于易氧化的金属、合金、半导体和高分子材料的加工。

离子束加工可实现纳米级加工，直至分子级、原子级加工，可以将材料的原子一层一层地去除，尺寸精度和表面粗糙度可以达到极限的程度，主要用于精微的穿孔、蚀刻、切割、研磨和抛光等，如集成电路、超导器件、光电器件等微电子器件的图形蚀刻，石英晶体振荡器、压电传感器的减薄，金刚石触针的成形，非球面透镜的加工等。

12.9　特种加工安全操作规程（电火花加工）

1）禁止在电火花加工机床存放的房间内吸烟及点燃明火，机床周围应存放足够的灭火设备。

2）开机使用前，先了解自动灭火器和手动灭火器使用须知，注意灭火器的压力与有效期。

3）禁止未经培训人员操作或维修该机床。

4）禁止使用不适于放电加工的工作液或添加剂。

5）编程完成后，先在计算机上模拟运行，再传输到机床上进行加工。

6）操作线切割机床时，不要碰线电极，以防划伤或碰断电极丝。

7）操作成形机时，双手不可同时触碰工件及电极，以防触电。

8）成形机每次开机后，须进行回原点操作，并观察机床各方向运动是否正常。

9）成形机加工时，加工区应浸没在工作液面下不少于 50mm。

10）禁止操作者在机床工作过程中离开现场。

11）加工结束后，关闭计算机，切断电源，将机床擦拭干净，加润滑油，以防机床锈蚀。

【思考与练习】

12-1　何谓特种加工？试述特种加工的常用方法及特种加工的主要优点。

12-2　简述电火花加工的原理和特点。

12-3　电火花加工时，工具电极材料的选择依据是什么？通常选用何种电极材料？

12-4　线切割加工中的高速走丝型和低速走丝型区别在哪里？

12-5　简述增材制造（3D 打印）的基本原理。

12-6　简述激光加工、电子束加工、离子束加工的基本原理。

12-7　简述电解加工、超声加工的基本原理。

12-8　电火花加工、电解加工、激光加工、超声加工、电子束加工、离子束加工各适用于何种场合？

12-9　电火花加工、电解加工、超声加工的工具都可以用硬度较低的材料制造，有何意义？

第 13 章　智能制造

【教学基本要求】

1）了解智能制造的背景。

2）了解智能制造的内涵。

3）了解我国智能制造发展现状、发展目标及系统构架。

4）了解工业 4.0 体系下的智能制造架构。

【本章内容提要】

本章主要讲解智能制造的内涵、发展现状和发展目标，并详细讲解智能制造系统构架、标准体系结构和标准体系框架，以及智能制造相关名词和工业 4.0 体系下的智能制造架构。

13.1　概述

13.1.1　国外智能制造背景

1. 德国 —— 工业 4.0

在全球德国制造业是最具有竞争力的行业之一，特别是在装配制造领域，拥有专业、创新的工业科技产品、科研开发管理以及复杂工业过程的管理体系。德国在 2013 年 4 月正式推出"工业 4.0"的概念，其目的是提高德国工业竞争力，以在新一轮工业革命中占领先机。工业 4.0 的显著特征是：以建立智能工厂、智能生产体系、智能物流为主题，通过价值链实现横向集成，通过网络化制造系统实现纵向集成，通过信息和物理融合实现工程端到端的集成。

2. 美国 —— 先进制造业国家战略计划

美国依靠其强大的互联网能力，提出以"互联网 +"制造为基础的再工业化之路，2012 年 2 月正式发布《先进制造业国家战略计划》，该计划描述了全球先进制造业的发展趋势及美国制造业面临的挑战。2016 年 2 月，美国又发布《国家制造创新网络计划》，该计划描述了各个制造创新机构的详细情况，并提出提升美国制造的竞争力，促进创新技术向规模化、经济和高绩效的本土制造能力转化，加速先进制造劳动力大发展，支持和帮助制造创新机构稳定、可持续发展的商业模式 4 个战略计划目标。

3. 法国 —— 新工业法国

2013 年 9 月法国推出 10 年中长期的战略规划《新工业法国》，展现了法国工业转型升级的决心，旨在通过创新重造工业实力，使法国工业重新回到世界工业的第一阵营。2015 年 5 月，法国政府对《新工业法国》计划进行了大幅调整。调整后的法国"再工业化"总体布局为"一个核心，九大支点"。一个核心，即"未来工业"，主要内容是实现工业生产向数字制造、智能制造转型，以生产工具的转型升级带动商业模式变革；九大支点包括大数据经济、环保汽车、新资源开发、现代化物流、新型医药、可持续发展城市、物联网、宽带网络与信息安全、智能电网，一方面旨在为"未来工业"提供支撑，另一方面旨在提升人们日常生活的新质量。

4. 英国 —— 英国工业 2050 战略

2013 年 10 月，英国政府科技办公室发布了《英国工业 2050 战略》，制定了到 2050 年的未来制造业发展战略。《英国工业 2050 战略》就是定位于 2050 年英国制造业发展的一项长期战略研究，通过分析制造业面临的问题和挑战，提出英国制造业发展与复苏的政策，并认为未来制造业的主要趋势是个性化、低成本产品的需求增大、生产重新分配和制造价值链的数字化。

13.1.2　中国制造 2025

2015 年 5 月，国务院正式印发《中国制造 2025》，提出坚持"创新驱动、质量为先、绿色发展、结构优化、人才为本"的基本方针，坚持"市场主导、政府引导，立足当前、着眼长远，整体推进、重点突破，自主发展、开放合作"的基本原则，通过"三步走"实现制造强国的战略目标：第一步，到 2025 年迈入制造强国行列；第二步，到 2035 年中国制造业整体达到世界制造强国阵营中等水平，创新能力大幅提升，重点领域发展取得重大突破，整体竞争力明显增强，优势行业形成全球创新引领能力，全面实现工业化；第三步，到中华人民共和国成立 100 年时，综合实力进入世界制造强国前列。制造业主要领域具有创新引领能力和明显竞争优势，建成全球领先的技术体系和产业体系。

《中国制造 2025》提出要大力推进智能制造，以带动各个产业数字化水平和智能化水平，加速培育我国新的经济增长动力，抢占新一轮产业竞争制高点，并明确了五大工程来推动《中国制造 2025》的落地，智能制造工程为五大工程之一。

加快发展智能制造是培育我国经济增长新动能的必由之路，是抢占未来经济和科技发展制高点的战略选择，对于推动我国制造业供给侧结构性改革，打造我国制造业竞争新优势，实现制造强国具有重要战略意义。

推动智能制造，能够有效缩短产品研制周期，提高生产效率和产品质量，降低运营成本和资源能源消耗，并促进基于互联网的众创、众包、众筹等新业态、新模式的孕育发展。智能制造具有以智能工厂为载体，以关键制造环节智能化为核心，以端到端数据流为基础，以网络互联为支撑等特征，这实际上指出了智能制造的核心技术、管理要求、主要功能和经济目标，体现了智能制造对我国工业转型升级和国民经济可持续发展的重要作用。

13.2　智能制造的内涵

智能制造始于 20 世纪 80 年代人工智能在制造业领域中的应用，发展于 20 世纪 90 年代智能制造技术和智能制造系统的提出，成熟于 21 世纪基于信息技术的"Intelligent Manufacturing（智能制造）"的发展。智能制造将智能技术、网络技术和制造技术应用于产品管理和服务的全过程中，并能在产品的制造过程中进行分析、推理、感知等，满足产品的动态需求，并且改变了制造业中的生产方式、人机关系和商业模式，因此，智能制造不是简单的技术突破，也不是简单的传统业改造，而是基于新一代信息通信技术与先进制造技术深度融合，贯穿于设计、生产、管理、服务等制造活动的各个环节，具有自感知、自学习、自决策、自执行、自适应等功能的新型生产方式。

智能制造与传统制造的区别主要体现在产品的设计、加工、制造管理以及产品服务等方面，具体见表 13-1。

表 13-1 智能制造与传统制造的区别

分类	传统制造	智能制造	智能制造的影响
设计	◆ 常规产品 ◆ 面向功能需求设计 ◆ 新产品周期长	◆ 虚实结合的个性化设计 ◆ 面向客户需求设计 ◆ 数值化设计，周期短，可实时动态改变	◆ 设计理念与使用价值观的改变 ◆ 设计方式的改变 ◆ 设计手段的改变 ◆ 产品功能的改变
加工	◆ 加工过程按计划进行 ◆ 半智能化加工与人工检测 ◆ 生产高度集中组织 ◆ 人机分离 ◆ 减材加工成形方式	◆ 加工过程柔性化，可实时调整 ◆ 全过程智能化加工与在线实时监测 ◆ 生产组织方式个性化 ◆ 网络化过程实时跟踪 ◆ 网络化人机交互与智能控制 ◆ 减材、增材多种加工成形方式	◆ 生产方式的变化 ◆ 生产组织方式的变化 ◆ 生产质量监控方式的改变 ◆ 加工方法多样化 ◆ 新材料、新工艺不断出现
制造管理	◆ 人工管理为主 ◆ 企业内管理	◆ 计算机信息管理技术 ◆ 机器与人交互指令管理 ◆ 延伸到上下游企业	◆ 管理对象变化 ◆ 管理方式变化 ◆ 管理手段变化 ◆ 管理范围变化
产品服务	◆ 产品本身	◆ 产品全生命周期	◆ 服务对象范围扩大 ◆ 服务方式变化 ◆ 服务责任增大

13.3 智能制造发展现状

随着新一代信息技术和制造业的深度融合，我国智能制造发展取得明显成效，以高档数控机床、工业机器人、智能仪器仪表为代表的关键技术装备取得积极进展；智能制造装备和先进工艺在重点行业不断普及，离散型行业制造装备的数字化、网络化、智能化步伐加快，流程型行业过程控制和制造执行系统全面普及，关键工艺流程数控化率大大提高；在典型行业不断探索，逐步形成一些可复制推广的智能制造新模式，为深入推进智能制造初步奠定了一定的基础。但目前我国制造业尚处于机械化、电气化、自动化、数字化并存，不同地区、不同行业、不同企业发展不平衡的阶段，发展智能制造面临关键共性技术和核心装备受制于人，智能制造标准、软件、网络、信息安全基础薄弱，智能制造新模式成熟度不高，系统整体解决方案供给能力不足，缺乏国际性的行业巨头企业和跨界融合的智能制造人才等突出问题。相对工业发达国家，推动我国制造业智能转型，环境更为复杂，形势更为严峻，任务更加艰巨。必须遵循客观规律，立足国情，着眼长远，加强统筹谋划，积极应对挑战，抓住全球制造业分工调整和我国智能制造快速发展的战略机遇期，引导企业在智能制造方面走出一条具有中国特色的发展道路。

13.4 智能制造发展目标

《"十四五"智能制造发展规划》明确了智能制造的发展目标。第一步，到 2025 年，规模以上制造企业大部分实现数字化网络化，重点行业骨干企业初步应用智能化；第二步，到 2035 年，规模以上制造企业全面普及数字化网络化，重点骨干企业基本实现智能化。2025 年的具体目标如下：

1）转型升级成效显著。70% 的规模以上制造业企业基本实现数字化网络化，建成 500 个以上引领行业发展的智能制造示范工厂。制造业企业生产效率、产品良品率、能源资源利用率等显著提升，智能制造能力成熟度水平明显提升。

2）供给能力明显增强。智能制造装备和工业软件技术水平和市场竞争力显著提升，市场满足率分别超过 70% 和 50%。培育 150 家以上专业水平高、服务能力强的智能制造系统解决方案供应商。

3）基础支撑更加坚实。建设一批智能制造创新载体和公共服务平台。构建适应智能制造发展的标准体系和网络基础设施，完成 200 项以上国家、行业标准的制修订，建成 120 个以上具有行业和区域影响力的工业互联网平台。

13.5　智能制造系统架构

智能制造系统架构通过生命周期、系统层级和智能功能 3 个维度构建完成，主要解决智能制造标准体系结构和框架的建模研究，如图 13-1 所示。

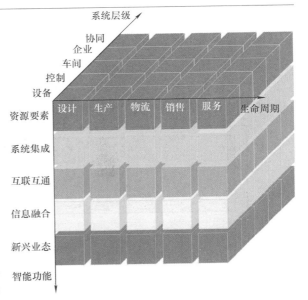

图 13-1　智能制造系统架构

13.5.1　生命周期

生命周期是由设计、生产、物流、销售、服务等一系列相互联系的价值创造活动组成的链式集合。生命周期中各项活动相互关联、相互影响。不同行业的生命周期构成不尽相同。

13.5.2　系统层级

系统层级自下而上共 5 层，分别为设备层、控制层、车间层、企业层和协同层。智能制造的系统层级体现了装备的智能化和互联网协议（IP）化，以及网络的扁平化趋势，具体包括：

1）设备层级包括传感器、仪器仪表、条码、射频识别、机器、机械和装置等，是企业进行生产活动的物质技术基础。

2）控制层级包括可编程序控制器（PLC）、数据采集与监视控制系统（SCADA）、分布式控制系统（DCS）和现场总线控制系统（FCS）等。

3）车间层级实现面向工厂 / 车间的生产管理，包括制造执行系统（MES）等。

4）企业层级实现面向企业的经营管理，包括企业资源计划系统（ERP）、产品生命周期管理（PLM）、供应链管理系统（SCM）和客户关系管理系统（CRM）等。

5）协同层级由产业链上不同企业通过互联网络共享信息实现协同研发、智能生产、精准物流和智能服务等。

13.5.3　智能功能

智能功能包括资源要素、系统集成、互联互通、信息融合和新兴业态，即：

1）资源要素包括设计施工图样、产品工艺文件、原材料、制造设备、生产车间和工厂等物理实体，也包括电力、燃气等能源。此外，人员也可视为资源的一个组成部分。

2）系统集成是指通过二维码、射频识别、软件等信息技术集成原材料、零部件、能源、设备等各种制造资源，由小到大地实现从智能装备到智能生产单元、智能生产线、数字化车间、智能工厂乃至智能制造系统的集成。

3）互联互通是指通过有线、无线等通信技术实现机器之间、机器与控制系统之间、企业之间的互联互通。

4）信息融合是指在系统集成和通信的基础上，利用云计算、大数据等新一代信息技术，在保障信息安全的前提下实现信息协同共享。

5）新兴业态包括个性化定制、远程运维和工业云等服务型制造模式。

13.6 智能制造标准体系结构

智能制造标准体系结构包括"A 基础共性""B 关键技术"（"BA 智能装备""BB 智能工厂""BC 智能服务""BD 工业软件和大数据""BE 工业互联网"）"C 重点行业"三部分，主要反映标准体系各部分的组成关系。智能制造标准体系结构框图如图 13-2 所示。

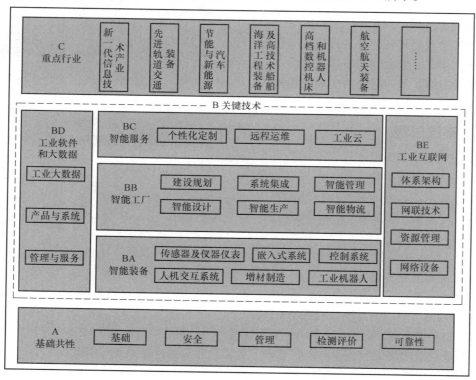

图 13-2　智能制造标准体系结构框图

具体而言，A 基础共性标准包括基础、安全、管理、检测评价和可靠性五大类，位于智能制造标准体系结构的最底层，其研制的基础共性标准支撑着标准体系结构图上层虚线框内 B 关键技术标准和 C 重点行业标准；BA 智能装备标准位于智能制造标准体系结构的 B 关键技术标准的最底层，与智能制造实际生产联系最为紧密；在 BA 智能装备标准之上是 BB 智能工厂标准，是对智能制造装备、软件、数据的综合集成，该标准在智能制造标准体系结构图中起承上启下的作用；BC 智能服务标准位于 B 关键技术标准的顶层，涉及对智能制造新模式和新业态的标准研究；BD 工业软件和大数据标准与 BE 工业互联网标准分别位于智能制造标准体系结构的 B 关键技术标准的最左侧和最右侧，贯穿 B 关键技术标准的其他 3 个领域（BA、BB、BC），打通物理世界和信息世界，推动生产型制造向服务型制造转型；C 重点行业标准位于智能制造标准体系结构的最顶层，面向行业具体需求，对 A 基础共性标准和 B 关键技术标准进行细化和落地，指导各行业推进智能制造。

13.7　智能制造标准体系框架

智能制造标准体系框架由智能制造标准体系结构向下映射而成，是形成智能制造标准体系的基本组成单元。智能制造标准体系框架包括"A 基础共性""B 关键技术""C 重点行业"三部分。智能制造标准体系框架如图 13-3 所示。

13.8　智能制造相关名词术语和缩略语

4G：第四代移动通信技术（The 4th Generation Mobile Communication Technology）。

5G：第五代移动通信技术（The 5th Generation Mobile Communication Technology）。

CAD：计算机辅助设计（Computer Aided Design）。

CAM：计算机辅助制造（Computer Aided Manufacturing）。

CRM：客户关系管理（Customer Relationship Management）。

DCS：分布式控制系统（Distributed Control System）。

EDDL：电子设备描述语言（Electronic Device Description Language）。

EPA：工厂自动化用以太网（Ethernet in Plant Automation）。

ERP：企业资源计划（Enterprise Resource Planning）。

FCS：现场总线控制系统（Fieldbus Control System）。

FDI：现场设备集成（Field Device Integration）。

FDT：现场设备工具（Field Device Tool）。

IEC：国际电工技术委员会（International Electrotechnical Committee）。

IP：互联网协议（Internet Protocol）。

IPv6：互联网协议第六版（Internet Protocol Version 6）。

ISO：国际标准化组织（International Organization for Standardization）。

LTE-M：长期演进技术——机器对机器（LTE-Machine to Machine）。

MBD：基于模型定义（Model Based Definition）。

MES：制造执行系统（Manufacturing Execution System）。

OPC UA：OPC 统一架构（OPC Unified Architecture）。

PLC：可编程序控制器（Programmable Logic Controller）。

PLM：产品生命周期管理（Product Lifecycle Management）。

SCADA：监控与数据采集系统（Supervisory Control and Data Acquisition）。

SCM：供应链管理（Supply Chain Management）。

WNIA：工业自动化用无线网络（Wireless Networks for Industrial Automation）。

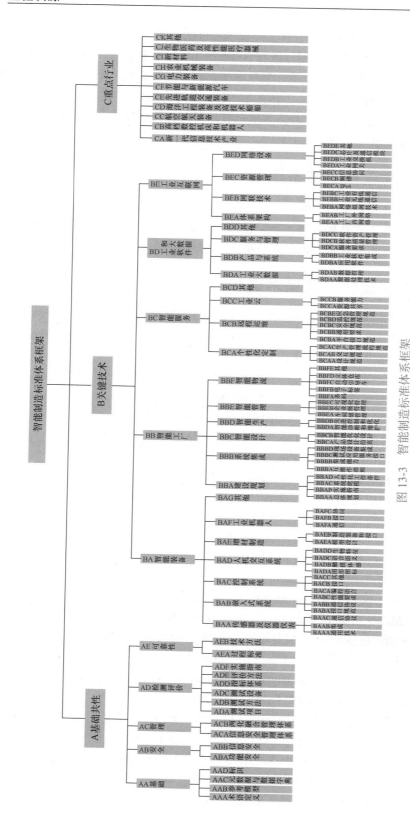

图 13-3 智能制造标准体系框架

13.9　工业 4.0 体系下的智能制造构架

13.9.1　智能工厂拓扑结构

图 13-4 所示为智能工厂拓扑结构。

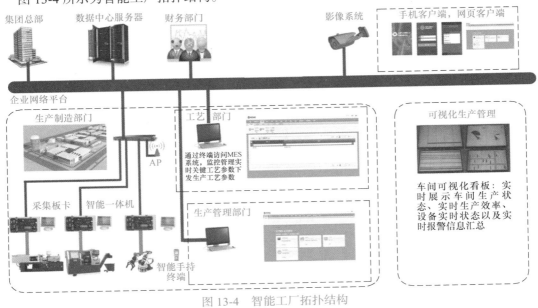

图 13-4　智能工厂拓扑结构

13.9.2　智能工厂架构

图 13-5 所示为智能工厂架构。

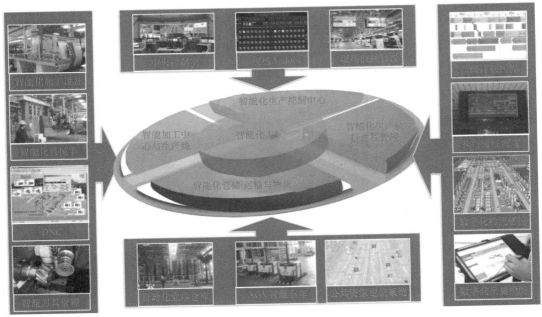

图 13-5　智能工厂架构

【思考与练习】

13-1　智能制造的含义是什么？

13-2　传统制造与智能制造的区别是什么？

13-3　智能制造的系统构架由哪些部分组成？

第5篇

综合训练与创新

第 14 章　机械加工质量与检测

【教学基本要求】
1）了解机械尺寸精度。
2）了解机械几何精度。
3）了解机械加工表面质量。
4）了解机械加工质量检测。
5）掌握常用测量器具的使用和维护。
6）掌握三坐标测量机的操作方法。
7）掌握三坐标测量技能训练操作规范。
【本章内容提要】
本章主要讲解机械加工精度、机械加工表面质量及检测，常用测量器具的使用、维护及示例，以及三坐标测量技能训练操作规范。

14.1　概述

机械零件的加工质量，包括机械加工精度和表面质量两个方面的要求。通常设计人员会根据零件的具体使用要求来规定零部件的加工精度，并采取适当的工艺方法来对误差范围加以控制。通过精度的控制，一方面可以提高生产效率，另一方面也可以降低加工成本，提高工件使用寿命。

近年来，随着几何量检测技术的不断发展，在传统的检测手段和常规量具、量仪得到广泛应用的同时，新的检测方法和检测装置也不断被开发出来，使得检测精度不断提高。例如，随着加工中心的普及应用以及信息技术的发展，人们开发了三坐标测量机来检测复杂的型腔和曲面，开发了刀具检测单元来便利地检测刀库中的备用刀具，开发了基于传感技术、光学技术、热电技术等的生产在线检测系统。

14.2　机械加工精度

加工精度是指零件加工后的实际几何参数（尺寸、形状和位置）与理想几何参数相符合的程度。它们之间的差异称为加工误差，加工误差的大小反映了加工精度的高低。加工误差越大精度越低，加工误差越小精度越高。任何加工方法所得到的实际参数都不会绝对准确，从零件的功能看，只要加工误差控制在零件图要求的公差范围之内，就认为保证了零件的加工精度。加工精度包括尺寸精度和几何精度。

（1）尺寸精度　尺寸精度指加工后零件的实际尺寸与零件尺寸公差带中心的相符程度，主要用于严格限制加工表面与基准尺寸的误差。在机械加工中通常通过设置尺寸精度，把实际值与理想值之间的误差控制在一定范围之内。尺寸精度是加工精度中的重要内容。

（2）几何精度 几何精度包括形状精度和位置精度。

1）形状精度是指加工后零件表面的实际几何形状与理想几何形状的相符程度，主要是指在对零件进行加工时，通过几何形状精度来控制零件表面形状误差的指标。在机械加工中常用到的几何形状精度主要是直线度、平面度、圆度和圆柱度。

2）位置精度是指加工后零件有关表面之间的实际位置与理想位置的相符程度，主要是指限制加工表面与基准的相互位置误差的指标。在机械加工中，通常用到的相互位置精度主要是平行度、垂直度、倾斜度、同轴度、对称度和位置度。

尺寸精度和几何精度构成了完整的机械加工精度。在机械加工中，由于多种因素的限制，误差是永远存在的，机械加工中的误差只能控制而不能消除。因此，进行精度控制在机械加工中就显得非常重要。

14.3　机械加工表面质量

机械加工表面质量是指机械加工后零件表面层的微观几何结构及表层金属材料性质发生变化的情况，它是零件加工后表面层状态完整性的表征。加工表面质量包括加工表面的几何特征、表面层金属的力学物理性能和化学性能。机械加工表面质量主要指标是表面粗糙度。

14.3.1　加工表面的几何特征

加工表面的几何特征包括：

1）表面粗糙度，指加工表面的微观几何形状误差，其波长与波高比值一般小于50。
2）表面波纹度，指加工表面不平度中波长与波高的比值等于50~1000的几何形状误差。
3）纹理方向，指表面刀纹的方向，它取决于表面形成过程中所采用的机械加工方法。
4）伤痕，指在加工表面一些个别位置上出现的缺陷，如砂眼、气孔、裂痕等。

14.3.2　表面层金属的力学物理性能和化学性能

由于机械加工过程中力因素和热因素的综合作用，加工表面层金属的力学物理性能和化学性能将发生一定的变化，主要反映在以下3个方面：

（1）表面层金属的冷作硬化 表面层金属硬度的变化用硬化程度和深度两个指标来衡量。机械加工过程中，工件表面层金属都会有一定程度的冷作硬化，使表面层金属的显微硬度有所提高。

（2）表面层金属的金相组织 机械加工过程中，切削热的作用会引起表面层金属的金相组织发生变化。例如，磨削淬火钢时，磨削热的影响会引起淬火钢中马氏体的分解，或出现回火组织等。

（3）表面层金属的残余应力 由于切削力和切削热的综合作用，表面层金属晶格会发生不同程度的塑性变形或产生金相组织的变化，使表层金属产生残余应力。

14.4　机械加工质量检测

检测技术就是利用各种物理、化学效应，选择合适的方法和装置，将生产、科研、生活中的有关信息通过检查与测量的方法赋予定性或定量结果的过程。检测是检验和测量的统称。一般来说，测量是将被测量与作为计量单位的标准量进行比较，以确定被测量具体数值的过程，测量的结果能够获得具体的数值，如用游标卡尺测量工件。几何测量的检验是指确定零件的几何参数是否在规定的极限范围内，并做出合格性判断，而不必要得出测量的具体数值，如用卡规检验工件。

（1）测量　测量是一种定量检测，它通过被测量与作为计量单位的标准量进行比较，来确定被测量是标准量的几倍或者几分之几。若被测量为 L，标准量为 E，那么测量的结果是一个带有测量单位的确切数值，即 $q = L/E$。

（2）检验　检验是一种定性检测，它通过被测量和专用量具进行比较来判断被测量是否合格。检验的结果不是具体的数值而是一个结论，即合格或不合格。

14.4.1　测量的基本要素

每次完整的测量过程均需包含测量对象、计量单位、测量方法和测量准确度四要素。

（1）测量对象　计量学中，测量对象就是被测量。

（2）计量单位　计量单位就是测量过程中采用的标准量，我国规定采用以国际单位制（SI）为基础的"法定计量单位制"。其中，长度的计量单位是国际标准计量单位"米"（m），机械制造业中常用的长度单位是"毫米"（mm），在几何量精密测量中采用的长度单位是"微米"（μm）。

（3）测量方法　测量方法是指获得测量结果的所有方式方法，包括测量过程中所依据的测量原理、采用的计量器具和实际测量条件等。通常应根据被测对象的特征、对测量精度的要求等先确定测量方案，再选择恰当的测量器具，设计合理的测量步骤，然后由具备相应资质的测量人员按操作规范进行测量。

（4）测量准确度　测量准确度指测量结果与真值的吻合程度，它直接反映测量结论的权威性。

14.4.2　测量方法的分类

测量方法可以按照不同的特征进行分类。

1. 直接测量和间接测量

1）直接测量是指被测量的量值直接由计量器具读出，其结果一目了然。

2）间接测量是指被测量的量值由测得量的量值按确定的函数关系计算得出。该方法适用于不宜采用直接测量的场合，其中每个测得量的误差都将影响被测量的最终结果。

2. 绝对测量和相对测量

1）绝对测量是指计量器具的读数装置上可直接读出被测量的最终量值。其方法简单，但测量精度一般，如用游标卡尺测量轴径就属于绝对测量。

2）相对测量是指测量时先用标准器调整计量器具的零位，再由刻度尺读出被测量相对于标准器的偏差，最后将标准器的值和偏差求代数和，得到被测量的最终量值。该方法在配备光学标尺的量仪或测量精度较高的量仪中经常采用。

3. 接触测量和非接触测量

1）接触测量是指测量时计量器的测量头和被测件的待测表面直接接触。这时测头和待测表面间有机械测量力的直接作用，可能产生压陷效应，这会对一些高精度表面或软表面造成损坏，所以应严格控制测量力的大小。

2）非接触测量是指测量时计量器具的测量装置和被测件的待测表面不发生接触，因此测量装置和待测表面间没有力的作用。

4. 被动测量和主动测量

1）被动测量是指对加工完毕的工件进行测量。该方法容易实施，但只能发现并剔除废品，存在一定消极性，故又称为消极测量。

2）主动测量是指在零件加工过程中进行的测量。该方法对量仪的要求较高，但便于对工件的加工过程实施监控干预，在当前的生产中越来越体现其价值。

5. 单项测量和综合测量

1）单项测量是指分别、彼此独立地依次测量被测零件的若干几何量，此时被测件上的若干待测参数是分别测得的。

2）综合测量是指在一次测量过程中，同时测量被测零件上若干相互之间有确定联系的参数之间的综合效应，从而判断零件合格与否。

6. 静态测量和动态测量

1）静态测量是指被测量不随时间变化的测量。静态测量中，被测零件不一定是静止不动的，但被测量必须是不随时间变化的，其对应的测量方法比较简单。

2）动态测量是指被测量随着时间变化的测量。动态测量中，被测零件必须处于运动的状态，这样才能获得随时间变化的瞬时量值。

7. 等精度测量和不等精度测量

1）等精度测量是指在所用的测量方法、计量器具、测量条件和测量人员都不变的情况下，对某一被测量进行多次重复测量。等精度测量便于用概率统计的方法对测量结果进行处理。

2）不等精度测量是指相对于等精度测量，在多次重复测量的过程中，上述条件可能部分或全部存在变动。不等精度测量和等精度测量性质不同，其测量数据的处理过程也较为复杂，当科研试验中需要进行高精度测量对比试验时常采用这种测量方法。

14.5 常用测量器具的使用、维护及示例

14.5.1 游标卡尺

1. 游标卡尺的结构

分度值为 0.02mm 的游标卡尺，由尺身、制成刀口形的内外测量爪、尺框、游标尺和深度尺组成。它的测量范围为 0~125mm，如图 14-1 所示。

2. 刻线原理

尺身上每小格为 1mm，当两测量爪并拢时，尺身上的 49mm 刻度线正好对准游标上的第 50 格的刻度线，如图 14-2 所示，则游标尺上每格长度 =49mm÷50=0.98mm；尺身与游标尺每格长度相差 =1mm–0.98mm=0.02mm。

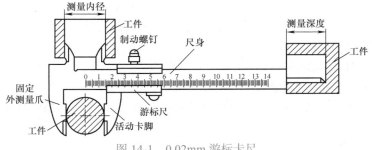

图 14-1 0.02mm 游标卡尺

图 14-2 0.02mm 游标卡尺刻线原理

3. 使用方法

1）测量前应将游标卡尺擦干净，测量爪贴合后游标尺的零线应和尺身的零线对齐。

2）测量时，所用的测力应使两测量爪刚好接触零件表面。

3）测量时，防止卡尺歪斜。

4）在游标尺上读数时，避免视线误差。

下面以 0.02mm 游标卡尺的尺寸读法为例，说明在游标卡尺上读尺寸时的 3 个步骤，如图 14-3 所示。

第一步：读整数，即读出游标零线左面尺身上的整毫米数。

第二步：读小数，即读出游标尺与尺身对齐刻线处的小数毫米数。

第三步：把两次读数加起来。

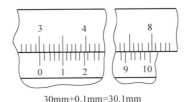 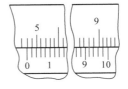

30mm+0.1mm=30.1mm　　　　　47mm+0.92mm=47.92mm

图 14-3　0.02mm 游标卡尺的尺寸读法

用游标卡尺测量工件时，应使测量爪逐渐靠近工件并轻微地接触，同时注意不要歪斜，以防读数产生误差。

4. 卡尺的维护

1）不要将卡尺放置在强磁场附近（如磨床的磁性工作台）。

2）卡尺要平放，尤其是大尺寸的卡尺；否则易弯曲变形。

3）使用后，应擦拭清洁，并在测量面涂敷防锈油。

4）存放时，两测量面保持 1mm 距离，并安放在专用盒内。

14.5.2　千分尺

千分尺是一种精密量具。生产中常用千分尺的测量精度为 0.01mm。它的精度比游标卡尺高，并且比较灵敏，因此，对于加工精度要求较高的零件尺寸，要用千分尺来测量。

千分尺的种类很多，有外径千分尺、内径千分尺和深度千分尺等，其中以外径千分尺最为普遍。

1. 千分尺的刻线原理及读数方法

测量范围为 0~25mm 的外径千分尺，如图 14-4 所示。弓架左端有固定砧座，右端的固定套筒为主尺，在轴线方向上刻有一条中线（基准线），上、下两排刻线互相错开 0.5mm。活动套筒为副尺，左端圆周上刻有 50 等分的刻线。活动套筒转动一圈，带动螺杆一同沿轴向移动 0.5mm。因此，活动套筒每转过 1 格，螺杆沿轴向移动的距离为 0.5mm/50 = 0.01mm。

其读数方法为：被测工件的尺寸 = 副尺所指的主尺上整数（应为 0.5mm 的整倍数）+ 主尺中线所指副尺的格数 ×0.01。

读取测量数值时，要防止读错 0.5mm，即要防止在主尺上多读半格或少读半格（0.5mm）。千分尺的几种读数示例如图 14-5 所示。

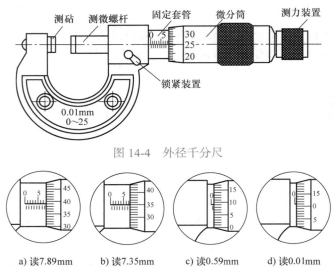

图 14-4　外径千分尺

a) 读7.89mm　　b) 读7.35mm　　c) 读0.59mm　　d) 读0.01mm

图 14-5　千分尺的几种读数示例

2. 千分尺的使用注意事项

1）千分尺应保持清洁。使用前应先校准尺寸，检查活动套管上的零线是否与微分筒上的基准线对齐，如果没有对齐，必须进行调整。

2）测量时，最好双手紧握千分尺，左手握住尺架，用右手旋转活动套管，如图 14-6 所示，当测微螺杆即将接触工件时，改为旋转测力装置，直到测力装置发出"咔咔"声。

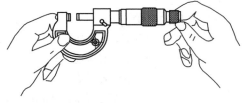

3）从千分尺上读取尺寸时，可在工件未取下前进行，读完后松开千分尺，再取下工件；也可将千分尺用锁紧装置锁紧后，把工件取下后读数。

4）千分尺只适用于测量精确度较高的尺寸，不能测量毛坯面，更不能在工件转动时测量。

图 14-6　千分尺的使用

3. 千分尺的维护

1）当切削液浸入千分尺后，应立即用溶剂（汽油或航空汽油）清洗，并在螺纹轴套内注入高级润滑油，如汽轮机油。

2）使用后，应将千分尺测量面、测微螺杆圆柱部分以及校对用量杆测量面擦拭清洁，涂敷防锈油后置入专用盒内。专用盒内不允许放置其他物品，如钻头等。

14.5.3　百分表及杠杆百分表

1. 百分表结构与传动原理

百分表的传动系统由齿轮、齿条等组成，如图 14-7 所示。测量时，带有齿条的测杆上升，带动小齿轮 Z_2 转动，与 Z_2 同轴的大齿轮 Z_3 及转数指针也跟着转动，而 Z_3 又带动小齿轮 Z_1 及其轴上的指针偏转。游丝的作用是迫使所有齿轮单向啮合，以消除由于齿侧间隙而引起的测量误差。弹簧是控制测量力的。

2. 百分表刻线原理

测杆移动 1mm 时，大指针正好回转一圈。而在百分表的度盘上沿圆周刻有 100 等分格，则其刻度值为 1mm/100=0.01mm。测量时当指针转过 1 格刻度时，表示零件尺寸变化 0.01mm。

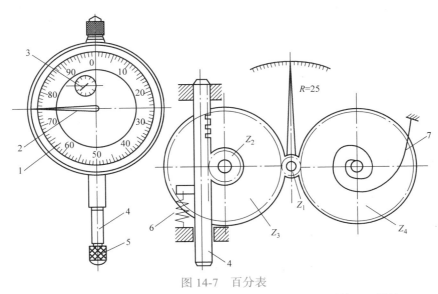

图 14-7 百分表

1—度盘 2—指针 3—转数指针 4—测杆 5—测头 6—弹簧 7—游丝

3.百分表使用方法

1）测量前，检查度盘和指针有无松动，检查指针的平稳性和稳定性。

2）测量时，测杆应垂直于零件表面。如果测圆柱，测杆还应对准圆柱轴中心。测头与被测表面接触时，测杆应预先有 0.3~1mm 的压缩量，保持一定的初始测力，以免由于存在负偏差而测不出值。

4.杠杆百分表的结构

杠杆百分表主要由杠杆测头 1、表体 7、换向器 8、夹持柄 6、指示部分（3、4、5）和表体内的传动系统组成，如图 14-8 所示。

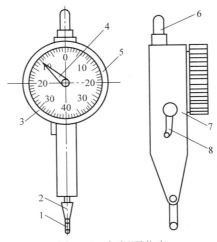

图 14-8 杠杆百分表

1—杠杆测头 2—测杆 3—度盘 4—指针 5—表圈 6—夹持柄 7—表体 8—换向器

杠杆百分表度盘上的刻线是对称的，分度值为 0.01mm。由于它的测量范围小于 1mm，所以没有转数指示装置，可通过转动表圈调整指针与度盘的相对位置。夹持柄用于装夹杠杆百分表。有的杠杆百分表的度盘安装在表体的侧面或顶面，分别称为侧面式杠杆百分表和端面式杠杆百分表。

5. 杠杆百分表的使用及注意事项

杠杆百分表在使用前应对外观、各部分的相互作用进行检查，不应有影响使用的缺陷，并注意球面测头是否磨损，防止测杆配合间隙大而产生示值误差。可用手轻轻上下、左右晃动测杆，观察指针变化，左右变化量不应超过分度值的一半。

测量时，测杆的轴线应垂直于被测表面的法线方向；否则会产生测量误差。

根据测量需要可扳动测杆来改变测量位置，还可扳动换向器改变测量方向。

14.5.4　内径指示表

1. 内径指示表的结构

内径指示表主要由指示表、推杆、表体、转向装置（直角杠杆）和活动测头等组成，如图 14-9 所示。

指示表 5 应符合零级精度。表体 2 与直管 3 连接成一体，指示表装在直管内并与传动推杆 7 接触，用紧固螺母 4 固定。表体左端带有可换测头 1，右端带有活动测头 10 和定位护桥 9，定位护桥的作用是使测量轴线通过被测孔直径。等臂直角杠杆 8 一端与活动测头接触，另一端与推杆接触。当活动测头沿其轴向移动时，通过等臂直角杠杆推动推杆，使指示表的指针转动。弹簧 6 能使活动测头产生测力。

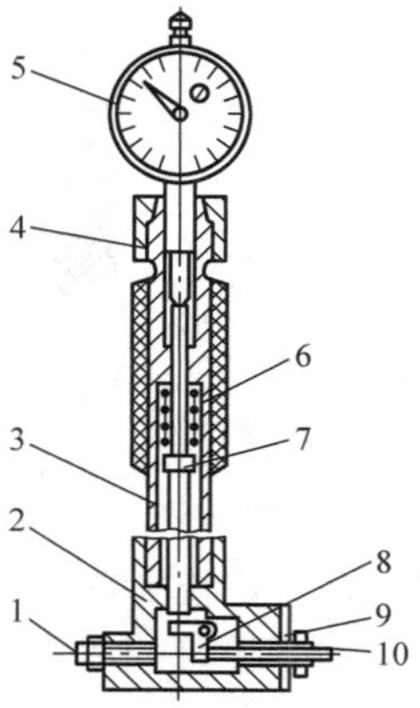

图 14-9　内径指示表

1—可换测头　2—表体　3—直管
4—紧固螺母　5—指示表　6—弹簧　7—传动推杆
8—等臂直角杠杆　9—定位护桥　10—活动测头

2. 内径指示表的使用及注意事项

1）使用内径指示表之前，应根据被测尺寸选好测头，将经过外观、各部分相互作用和示值稳定性检查合格的指示表装在弹簧夹头内，使指示表至少压下 1mm，再紧固弹簧夹头。夹紧力不要过大，防止将内径指示表测杆夹死。

2）测量前，应按被测工件的公称尺寸用千分尺、环规或量块及量块组合体来调整尺寸（又称校对零值）。

3）测量或校对零值时，应使活动测头先与被测工件接触。对于孔径，应在径向找最大值，轴向找最小值。带定位护桥的内径指示表只在轴向找到最小值，即为孔的直径。对于两平行平面间的距离，应在上下、左右方向上都找最小值。最大（小）值反映在指示表上为左（右）拐点。找拐点的办法是摆动或转动直杆使测头摆动。

4）被测尺寸的读数值，应等于调整尺寸与指示表示值的代数和。值得注意的是，内径指示表的指针顺时针方向转动为"负"，逆时针方向转动为"正"，与指示表的读数相反。这一点要特别注意，切勿读错。

5）内径指示表不能测量薄壁件，因为内径指示表的定位护桥压力与活动测头的测力都比较大，会引起工件变形，造成测量结果不准确。

3. 内径指示表的维护

1）卸下指示表时，要先松开保护罩的紧固螺钉或弹簧卡头的螺母，防止损坏。

2）不要使灰尘、油污和切削液等进入传动系统中。

3）使用后把指示表及其可换测头取下、擦净，并在测头上涂敷防锈油后放入专用盒内。

14.5.5　三坐标测量机

　　三坐标测量机是 20 世纪 60 年代后期发展起来的一种高效精密测量仪器。它的出现，一方面是由于生产发展的需要，即高效加工机床的出现，产品质量进一步提高，复杂立体形状加工技术的发展等都要求有快速、可靠的测量设备与之配合；另一方面由于电子技术、计算机技术及精密加工技术的发展，为三坐标测量机的出现提供了技术基础。

　　三坐标测量机是用计算机采集、处理数据的新型高精度自动测量仪器，它可以准确、快速地测量标准几何元素（如线、平面、圆、圆柱等）及确定中心和几何尺寸的相对位置。在一些应用软件的帮助下，还可以测量、评定已知或未知的二维或三维开放式、封闭式曲线。三坐标测量机特别适用于测量箱体类零件的孔距和面距，以及模具、精密铸件、电路板、汽车外壳、发动机零件、凸轮及飞机形体等带有空间曲面的工件。因此，它与数控"加工中心"相配合，已具有"测量中心"的称号。

　　目前，三坐标测量机产品种类繁多。各厂家为满足用户需要、赢得良好信誉，不断推出精度高、性能好、使用方便、易于操作，又可满足用于一些特殊检测任务的测量机。尤其是软件开发越来越快，测量机自动化程度越来越高，测量越来越便捷，精度越来越高。

　　（1）三坐标测量机的结构　三坐标测量机主要包括主机、探测系统、控制系统、软件系统，如图 14-10 所示。

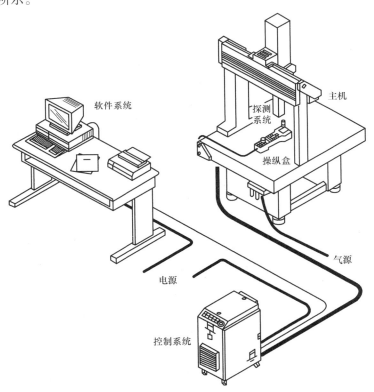

图 14-10　三坐标测量机结构构成

　　（2）三坐标测量机的基本原理　将被测零件放入它允许的测量空间，精确测出被测零件表面的点在空间 3 个坐标位置的数值，将这些点的坐标数值经过计算机数据处理，拟合形成测量元素，如圆、球、圆柱、圆锥、曲面等，如图 14-11 所示，再经过数学计算的方法得出其形状、位置公差及其他几何量数据。

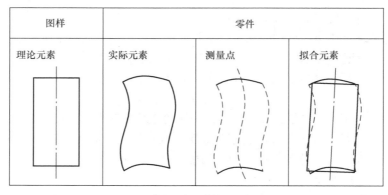

图样	零件		
理论元素	实际元素	测量点	拟合元素

图 14-11　计算过程

14.6　三坐标测量案例

14.6.1　测量准备工作

目的：三坐标测量机的准备。

1）测量机导轨清洁和开关机。　　2）新建零件程序。　　3）操纵盒的使用。

4）校验测头。　　5）手动测量球。

1. 测量机导轨清洁和开关机

1）开机顺序。①打开气源，要求气压高于 0.5MPa；打开控制柜电源和计算机电源；②当控制柜自检完成，操纵盒灯亮后，按"Machine Start"按钮通电（必须松开急停键）；③打开 PC-DMIS 软件，回机器零点。

2）用无纺布蘸酒精顺着一个方向擦拭机器的 3 个导轨和工作台。

3）关机顺序。①将测头移动到机器左上前方，角度为 A90B180（接近机器零点）；②保存程序，关闭软件，关闭控制柜和计算机；③关闭气源（球阀）（下班时关闭）。

2. 新建零件程序

1）选择"文件"→"新建"菜单命令。

2）设置"零件名"为"lab_1"，输入"修订号"和"版本号"。

3）选择单位为"毫米"，确认"接口"为"机器 1"，单击"确定"按钮。

4）在工具栏空白处"右击"，调出常用的工具栏，保存一个窗口布局。

5）选择"文件"→"保存"菜单命令，保存零件程序；选择"文件"→"退出"菜单命令，退出零件程序。

6）选择"文件"→"打开"菜单命令，将名为"lab_1"的文件打开。

3. 校验测头

1）新建一个测头文件，在"测头工具"窗口中"测头文件"处输入你的"姓名"。

2）定义测头组件，添加 A90B180 角度。

3）测量，定义校验参数，测量点数和层数，定义标准球。

4）校验测头，检查校验结果。

4. 标定检查

1）分别使用 A0B0 和 A90B180 测量标准球，从状态窗口查看标准球的直径和位置坐标。

2）使用测头工具框标定检查功能，检查测头校验结果。

14.6.2　3 个面基准测量案例

目的：熟悉 PC-DMIS 以下功能。

1）手动坐标系、自动坐标系、操作者注释。

2）测量几何特征（平面、直线、点、圆、圆柱、圆锥）。

3）位置尺寸评价和报告输出。

4）执行全部程序。

1. 分析图样

1）通过分析图样，找到测量基准和要评价的尺寸。

2）将图样上的尺寸转换为测量相应几何特征：3-2-1 坐标系，圆、圆柱、圆锥。

3）根据要测量的几何特征选择合适的装夹和摆放方式，选择合适的测针配置和测头角度，即 A0B0、A90B180。

2. 测量过程

1）新建零件程序、加载测头。

2）手动坐标系（面线点）。

3）插入操作者注释，切换 DCC，自动坐标系（面线线或面面面），注意移动点。

4）测量上平面的几何特征，工作平面：Z+，注意移动点。

5）测量前平面的几何特征，工作平面：$Y-$，旋转角度，注意移动点。

6）尺寸评价。①从"尺寸"工具栏里选择"位置"图标 ⊞，评价小圆的直径；②在左边特征里，选中特征，在"坐标轴"框中，选择"X\Y\ 直径"；③其他参数保持默认，单击"创建"按钮，然后单击"关闭"按钮。④在"报告窗口"里查看评价结果。

7）程序执行。①从工具栏上选择"清除标记特征"图标 ✗，再选择"标记所有特征"图标 ✔。②屏幕弹出"需要标记手动建立坐标系的特征吗？"如果工件没有动，单击"否"按钮，如果工件已经移动，单击"是"按钮。③从"视图"菜单中选择"其他窗口"→"状态窗口"，屏幕右下角会弹出一个名为"状态窗口"的窗口。当程序执行时它会实时显示各个特征元素的尺寸信息。④单击"执行"图标 ▶ 或按 Ctrl+Q 组合键。⑤当执行手动坐标系时，软件会提示去取点。屏幕上会弹出"执行模式选项"窗口，"机器命令"行里会提示你去操作。首先会提示"为平面 1 取点，共 4 点"等信息，请根据提示在平面 1 上测 4 点，然后单击"继续"按钮，或按操纵盒上"DONE"键，继续执行软件给的其他提示，完成手动程序部分，当完成手动测量部分时，机器将开始自动运行。确保程序低速、安全运行。

8）输出测量报告。

① 检查打印设置，如果已经设置好，程序执行完后会自动提示保存测量报告，如果没有设置，应按照下面的步骤进行设置。

② 从"文件"菜单选择"打印"→"报告窗口打印设置"。

③ 勾选"将报告输出到"处的"文件"复选框，然后单击"浏览"按钮 …，选择"D：/report"

位置。

④ 选择"提示"输出方式，勾选"PDF"复选框，在"输出选项"选项组中的"打印背景色"处打钩，单击"确定"按钮。

14.7 三坐标测量技能训练操作规程

下面以 Bridge-Globle-Silver Performance-09.12.08 为例，介绍三坐标测量机操作规程及注意事项。

1. 开机检查

1）每天开机前首先要检查供气压力达到要求后才能开控制柜。三联体处压力：0.4~0.45MPa。气源的供气压力：≥0.6MPa。

2）当三联体滤杯表面有明显油渍或水渍时，需要检查过滤器或冷干机是否有效工作，滤芯需要定期更换，最少每年一次，前置滤芯也要定期更换，最少每年一次。

3）每天开机前要用高织纱纯棉布和无水乙醇清洁三轴导轨面，待导轨面干燥后才能运行机器。严禁用酒精清洁仪器喷漆面。

4）开机顺序为：先开计算机，再开控制柜，进入测量软件后，再按操纵盒上的伺服通电按钮。

5）每次开机后必须回机器零点。回零点前，先将测头手动移至安全位置，保证测头复位旋转和 Z 轴向上运行时无障碍，不会发生碰撞。

6）控制柜开启后，首先要检查 Z 轴是否有缓慢上下滑动现象，如有此现象，应立即按"急停"按钮，并与服务工程师联系。

2. 操作注意事项

1）程序第一运行时要将速度降低至 10%~30%，并注意运行轨迹是否符合要求。

2）搬放工件时，先将测头移至安全位置，要注意工件尽量避免磕碰工作台面，特别是机器的导轨面。

3）在上下工件过程中，必要时需考虑按"紧急急停"按钮。

4）长时间不用的钢制标准球，擦拭干净后需油封防锈。

5）使用花岗石工作台上的镶嵌固定工件时，力矩不得超过 20N·m，如需频繁固定，建议配备力矩扳手。

3. 操作环境

1）生产型测量机房的温度保持在 20℃±2℃；温度梯度要求 1℃/m；环境温度变化（1~2）℃/24h；相对湿度为 25%~75%。

2）稳定电源的输出电压为交流 220V±22V。

3）气源的出口温度为 20℃±4℃。

4）空调应 24h 开机，空调的检修时间放在秋天进行，从而保证测量机精度稳定性及避免结露。若条件允许尽量配备除湿机。

4. 测头使用注意事项

1）装拆测头、测杆时，为保护免受人为损坏，要使用随机提供的专用限力工具，更换后所使用的测头需要标定。

2）手操杆手动方式下移动设备时，要切换到快速模式；接近采点位置时，要切换到慢速模式，特别是 TP200 和其他高精度测头。

3）旋转测头、校验测头、自动更换测头、运行程序等操作时，要保证测头运行路线上无障碍，避免碰撞。碰撞所导致的损坏超出厂家保修范围。

4）如果被测工件周围有磁场（如工件带有磁性、夹具带有磁性等），在使用 TP20 或某些测头时，可能会导致测头或者测针的触发失效，建议将 TP20 测头升级为防磁型号，或者对夹具、工件进行消磁。

5. 安全注意事项

1）操作过程中严禁操作人员将头部置于 Z 轴下方。

2）禁止手扶或者依靠主腿或副腿。

3）禁止在工作台导轨面上放置任何物品，不要用手直接接触导轨工作面。

4）禁止自行打开外罩或调试机器，测量机不使用时自动旋转测座转至 90°。

5）测量机运行过程中，注意身体的任何部位都不能处于测量机的导轨区或运行范围内。

6. 其他注意事项

1）如果发现异常情况，应首先记录提示的错误信息，并立即联系服务工程师，未经指导和允许请勿擅自进行检查维修。

2）计算机内不要安装任何与三坐标测量机无关的软件，以保证系统的可靠运行。

3）如要使用 U 盘、移动存储器，需先找可靠的计算机杀毒后使用。

【思考与练习】

14-1　一个完整的测量过程应该包括哪几个组成部分？

14-2　试举例说明直接测量和间接测量、绝对测量和相对测量、接触测量和非接触测量。

14-3　三坐标测量机的结构组成主要包括哪几部分？

14-4　用外径千分尺测量图 14-12 所示零件的所有外径尺寸。

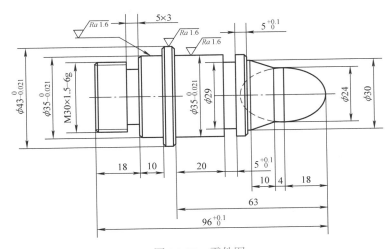

图 14-12　零件图

14-5　用内径指示表测量图 14-13 所示零件的所有内径尺寸。

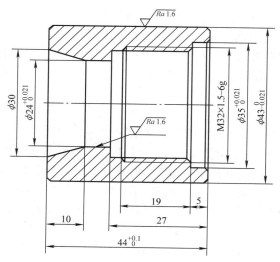

图 14-13　零件尺寸

第 15 章 机械装配与拆卸

【教学基本要求】

1）了解机械装配与拆卸的基本方法和工作流程。

2）熟悉典型连接件的装配工艺特点和方法。

3）熟悉滑动轴承、滚动轴承和齿轮的装配工艺特点和方法。

4）通过装配实例了解装配的具体细节和技巧。

5）了解自动装配的原理和应用。

【本章内容提要】

本章主要讲述装配与拆卸的概念、工艺特点及基本要求，重点介绍螺纹连接、键连接、销连接、轴承、齿轮等典型件的装配与拆卸的相关工艺知识，并结合组件、部件的装配实例介绍典型件装拆工艺知识的具体应用。

15.1　概述

一台机器通常由多个零件组成。将零件按装配工艺要求组装起来，并经调整、试验使之成为合格产品的过程，称为装配。

装配是产品制造过程中的最后一个环节。产品质量的优劣，不仅取决于零件的加工质量，而且取决于装配质量。因装配工艺不正确而导致装配质量差的机器，运行精度低，性能差，寿命短，会造成很大的浪费。装配是一项重要而细致的工作，必须引起足够的重视。

15.1.1　装配要求、方法和配合性质

1. 装配基本要求

1）认真阅读装配图和相关工艺文件，明确装配顺序、装配方法和配合性质等。

2）装配时，应检查零件与装配有关的形状和尺寸精度是否合格，检查有无变形、损坏等，并应注意零件上的各种标记，防止错装。

3）固定连接的零部件，不允许有间隙。活动的零件，能在正常的间隙下，灵活、均匀地按规定方向运动，不应有跳动。

4）各运动部件（或零件）的接触表面，必须保证有足够的润滑，若有油路，必须畅通。

5）各种管道和密封部位，装配后不得有渗漏现象。

6）试机前，应检查各部件连接的可靠性和运动的灵活性，各操纵手柄是否灵活和手柄位置是否在合适的位置；试机时，从低速到高速逐步进行。

2. 装配方法和配合性质

（1）装配方法　常用的装配方法有完全互换法、选配法、修配法和调整法等。

1）完全互换法。所用零件或部件必须具有互换性。所谓互换性是指在同一规格的一批零件或部件中任取一个，不需任何附加修配就能装在基础零件上，并能达到规定的技术要求。完全互换法的装配精度由零件的加工精度来保证，适合产品的成批生产和流水线作业，如汽车、自行车、轴承及一些家电产品的装配。

2）选配法。装配前按实际尺寸将一批零件分成若干组，然后按对应的分组配合件进行装配的方法，称为选配法，也称为分组装配。选配法的装配精度取决于零件的分组数，组数分得越多，装配精度越高。与完全互换法相比，使用选配法时可适当加大零件的尺寸公差值，从而降低生产成本。选配法适用于成批生产中组成零件数量较少、加工精度要求不是很高但装配精度要求比较高的场合，如柱塞泵的柱塞和柱塞孔的配合。

3）修配法。在装配时需要修去某一配合表面的预留量来达到装配精度要求的装配方法。例如，车床装配时前后顶尖中心高的差值 ΔA，需通过精磨或修刮尾座底座以达到要求，如图 15-1 所示。修配法对零件的加工精度要求不高，利于降低生产成本，但却造成装配工序增多、时间加长等问题，故只适用于装配精度要求高的单件、小批量生产中。

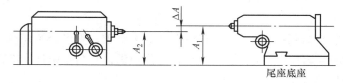

图 15-1　修配法

4）调整法。通过调整一个或几个零件的位置或尺寸，消除相关零件在装配过程中形成的累积误差，从而达到装配精度的方法称为调整法。在成批量或单件生产中均可采用，尤其适用于因磨损引起配合间隙变化而需要恢复精度的地方。

（2）配合性质　零件表面间的配合情况对机械产品的性能有决定性的影响，如轴与孔的配合、键与键槽的配合。零件表面间的配合性质有间隙配合、过盈配合和过渡配合。

1）间隙配合。孔的直径大于轴的直径，两者之间的差值称为间隙量，如图 15-2a 所示。间隙配合主要用于轴和孔之间的活动连接。间隙的作用在于储藏润滑油，补偿温度变化引起的热变形，补偿弹性变形及制造与安装误差等。

2）过盈配合。孔的直径小于轴的直径，两者之间的差值称为过盈量，如图 15-2b 所示。过盈配合用于轴和孔之间的紧固连接，不允许两者之间有相对运动。过盈配合无需另加紧固件，依靠轴和孔的表面在装配时的变形即可实现紧固连接，可承受一定的轴向推力和圆周方向的转矩。

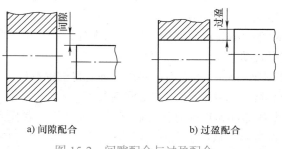

a) 间隙配合　　　　　　　b) 过盈配合

图 15-2　间隙配合与过盈配合

3）过渡配合。孔的直径可能大于也可能小于轴的直径，既可能是间隙配合也可能是过盈配合，只是间隙量或过盈量都较小。过渡配合主要用于轴和孔之间的定位连接，可以保证接合零件有很好的对中性和同轴度，便于装配和拆卸。

15.1.2　装配流程

产品的装配流程一般分为 4 个阶段，即：①准备工作；②装配；③调整、检验和试机；④喷漆、涂油和装箱。

1. 准备工作

充分的准备工作助于缩短装配时间，避免装配时出错，提高装配质量，因此应予以足够的重视。具体包括以下内容：

1）熟悉装配图、工艺文件和技术要求，了解产品的结构、零部件的功用及相互关系。

2）确定装配方法和装配顺序，准备好装配所需的设备、工具和量具等。

3）对零件进行清理和清洗，清理干净零件上的毛刺、锈蚀物、切屑、油污等。

4）根据需要对零件进行动静平衡试验、气密性试验或渗漏试验等。

2. 装配

根据产品结构的复杂程度不同，装配的组合形式大体分为合件装配、组件装配、部件装配和总装配。

（1）合件装配　将几个零件通过焊接、铆接或胶接等工艺永久性地连接在一起构成一个合件。如自行车的车架就是将几个钢管零件焊接在一起而成的合件。

（2）组件装配　将若干个零件（合件）安装在一个基础零件上而构成组件。例如，减速箱传动轴组件（图 15-3）的装配传动轴连同轴上的轴承、齿轮和键等零件构成一个组件。组件可作为基本单元进入装配。

（3）部件装配　将若干个零件（合件）、组件安装在另一个基础零件上而构成部件。部件是装配中相对独立的部分，如车床的床头箱、进给箱、尾座的装配等。

（4）总装配　将若干个零件（合件）、组件、部件安装在产品的基础零件上而构成完整的产品，如车床是将若干零件、组件、箱体部件安装在基础床腿上而成的完整产品。

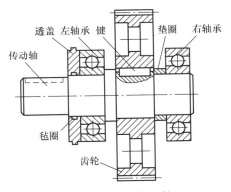

图 15-3　传动轴组件

3. 调整、检验和试机

（1）调整　调整零部件之间的相互位置、配合间隙等，使机器各部分工作协调，如轴承间隙的调整。

（2）检验　包括几何精度和工作精度的检验。以车床装配为例，需要检验主轴中心线与床身导轨的平行度以及前后顶尖是否等高之类的几何精度，还需检验车削外圆或轴向圆跳动误差等工作精度。

（3）试机　让机器工作，检验机器的转速、振动、噪声、温升、灵活性等各方面性能是否符合要求。

4. 喷漆、涂油和装箱

机器装配、调试、检验合格后，为了美观、防锈和便于运输，要对机器进行喷漆、涂（防锈）油、装箱等工作。

15.2　几种典型装配工作

15.2.1　常用连接件的装配

1. 螺栓、螺母的装配

（1）螺纹连接件的装配工艺　螺纹连接是一种可拆卸的固定连接。在装配工作中会碰到大量的螺栓、螺母、螺柱的装配，装配时要注意以下事项：

1）内外螺纹的配合应做到能用手自由旋入，既不能过紧也不能过松。

2）螺栓、螺母端面应与螺纹轴线垂直，被连接件与螺栓、螺母的贴合面应平整、光洁。为了提高贴合质量和在一定程度上防松，一般应加垫圈。

3）装配一组螺栓、螺母时，应按一定顺序拧紧，以保证被连接件贴合面受力均匀、贴合可靠，如图 15-4 所示。不要一次完全拧紧，而要按顺序分 2~3 次逐步拧紧。

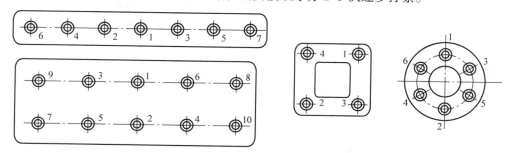

图 15-4　成组螺钉的拧紧顺序

4）对螺纹连接预紧力有要求的场合，需要控制拧紧力矩，力矩过大会使螺栓伸长过大甚至断裂，被连接件出现变形；力矩太小则不能保证连接的可靠性。常采用控制力矩法、控制螺栓伸长法和控制扭角法来保证预紧力。

控制力矩法是利用指示式扭力扳手（图 15-5）或定力矩扳手来控制拧紧力矩的大小，间接控制预紧力。控制螺栓伸长法又称液压拉伸法，是采用液压拉伸器使螺栓达到规定的伸长量，精确控制预紧力。如图 15-6 所示，L_s 为螺母拧紧前螺栓的原始长度，L_m 为按预紧力拧紧螺母后螺栓的长度，通过测量 L_s 和 L_m 便可知道拧紧力矩是否达到要求。控制扭角法则是使用定扭角扳手控制螺栓或螺母的拧紧角度，从而控制预紧力。

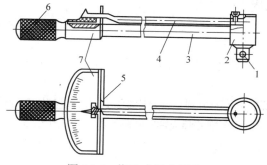

图 15-5　指示式扭力扳手

1—钢球　2—柱体　3—扳手柄
4—长指针　5—指针尖　6—手柄　7—刻度盘

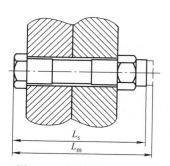

图 15-6　螺栓伸长量测量

5）螺纹连接一般具有自锁性，但在受振动、冲击或交变载荷时，或者工作温度变化很大时，会出现螺母回转松动现象，故要有防松措施。常用的防松措施有双螺母、弹簧垫圈、开口销、止动垫圈、锁片和串联钢丝等，如图 15-7 所示。

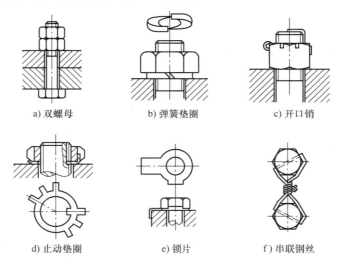

a) 双螺母　　　　　b) 弹簧垫圈　　　　　c) 开口销

d) 止动垫圈　　　　　e) 锁片　　　　　f) 串联钢丝

图 15-7　螺纹连接防松

（2）螺纹连接件的装配工具　螺纹连接装配常用的工具有活扳手（又称通用扳手）、呆扳手、套筒扳手、钩形扳手、内六角扳手、棘轮扳手、一字槽螺丝刀和十字槽螺丝刀等，如图 15-8 所示。

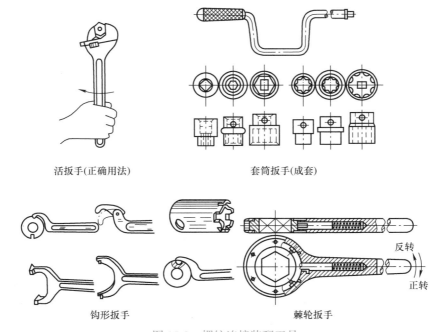

活扳手(正确用法)　　　　　套筒扳手(成套)

反转

正转

钩形扳手　　　　　棘轮扳手

图 15-8　螺纹连接装配工具

2. 键、销钉的装配

（1）键连接的装配　键是用来连接轴与传动轮（如齿轮、带轮、蜗轮等）的一种标准零件。按结构和用途的不同，键有普通平键、半圆键、普通楔键、钩头型楔键、矩形花键和渐开线花键等几种类型，其中又以普通平键连接最为常用，如图 15-9 所示。普通平键与轴槽、轴与轮孔多采用过渡配合，普通平键与轮槽常采用间隙配合。在单件小批量生产中，普通平键常用手工锉配，其装配要点如下：

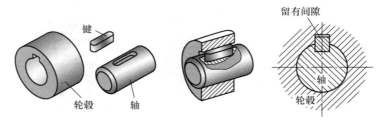

图 15-9　普通平键连接结构

1）清理干净键和键槽上的飞边、毛刺。

2）装配前检查键的直线度、键槽对轴线的对称度和平行度等。

3）用键的头部与轴槽试配，使键能较紧地嵌入轴槽中。

4）锉配键长，使键与轴槽在轴向有 0.1mm 左右的间隙。

5）在配合处加润滑油，用铜棒或台虎钳（钳口应加软钳口）将键压入轴槽中，并与槽底贴紧。

6）试配并安装传动轮，注意键与轮槽底部应留有间隙。

（2）销连接的装配　销连接在机器中多用于定位、连接和作为安全装置中的过载保护元件，常用的有圆柱销和圆锥销，如图 15-10 所示。

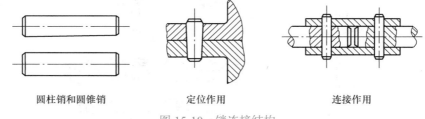

图 15-10　销连接结构

1）圆柱销一般依靠过盈配合固定在孔中，因此对销孔尺寸精度、形状精度和表面粗糙度 Ra 值均有一定的要求。圆柱销的装配要点如下：

① 被连接件的两孔应一起配钻、配铰，以保证两销孔的中心重合，且孔壁的表面粗糙度 Ra 值不大于 1.6μm。

② 装配时，销的表面可涂润滑油，用铜棒轻轻敲入，也可用 C 形夹头将销子压入孔内，如图 15-11 所示。压入法装配的销不会变形，被连接件间不会错位移动。

③ 圆柱销不宜多次装拆，否则会降低定位精度和连接的可靠性。

2）圆锥销有 1：50 的锥度，比圆柱销定位精度高，装拆方便，常用于需经常装拆的场合。圆锥销的装配要点如下：

① 被连接件的两孔也应一起配钻、配铰，圆锥销的规格用小头直径和长度表示，钻孔时按圆锥销小头直径选用钻头，铰刀选用 1：50 的锥度铰刀。

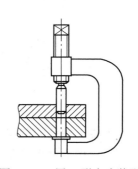

图 15-11　用 C 形夹头装配

② 铰孔时用试装法控制孔径，以圆锥销能自由插入 80%～85% 为宜。

③ 用锤子敲入，销的大头可稍微露出，或与被连接件表面平齐。

15.2.2　滑动轴承、滚动轴承的装配

轴承用于旋转件（如传动轴）和静支撑件（如支架、箱体）之间的连接。轴承的种类较多，常用的有滑动轴承和滚动轴承。下面介绍这两类轴承的装配工艺特点。

1. 滑动轴承的装配

滑动轴承装配要求是轴颈与轴承配合应有一定的间隙，有良好的接触和充分的润滑，保证轴在轴承中平稳运转。装配流程是首先将轴套压入轴承座，然后固定轴套，最后检验及修整轴承孔。装配要点如下：

1）先将轴套和轴承座孔擦洗干净，在轴套外表面或轴承座孔内涂上润滑油。

2）压入轴套。当轴套与轴承座孔之间的配合过盈量较小时，可以用锤子加垫板法将轴套敲入轴承座孔；当过盈量较大时，则可以用压力机压入或用拉紧夹具将轴套压入轴承座孔，如图 15-12 所示。

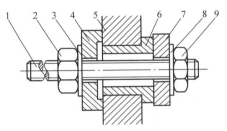

图 15-12　轴套安装用拉紧夹具

1—螺杆　2、9—螺母　3、8—垫圈　4、7—挡圈　5—机体　6—轴套

3）轴套定位。轴套压入轴承座孔后，一般需用紧定螺钉固定，以防轴套随轴转动如图 15-13 所示。

径向紧定螺钉定位　　　沉头螺钉定位　　　骑缝螺钉定位

图 15-13　轴套定位方式

4）检验及修整轴承孔。壁薄的轴套在压装后容易变形，如内孔缩小或呈椭圆状。可以利用内径指示表沿轴承孔长度方向取 2～3 处检测孔尺寸及圆度误差，若超差，可用铰削或刮削等方法进行修整，直到获得所需要的间隙。

2. 滚动轴承的装配

滚动轴承一般由外圈、内圈、滚动体和保持架组成，如图 15-14 所示。在内、外圈上有光滑的凹形滚道，滚动体可沿滚道滚动。滚动体的形状有球形、短圆柱形、圆锥形等。保持架的作用是使滚动体沿滚道

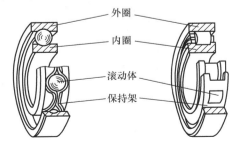

外圈

内圈

滚动体

保持架

图 15-14　滚动轴承的构成

均匀分布，并将相邻的滚动体隔开。

一般情况下，滚动轴承内圈随轴转动，外圈固定不动，因此内圈与轴的配合比外圈与轴承座孔的配合要紧些。滚动轴承的装配视配合过盈量的大小需要采用不同的安装工具和方法。常用的装配方法有以下 3 种：

（1）冷压法　常用铜锤或压力机压装。为了使轴承圈受力均匀，需垫套之后加压。轴承压到轴颈上时，通过垫套施力于内圈端面，如图 15-15a 所示；轴承压到轴承座孔时，施力于外圈端面，如图 15-15b 所示；若同时压到轴颈和轴承座孔内，则应同时施力于内、外圈端面，如图 15-15c 所示。

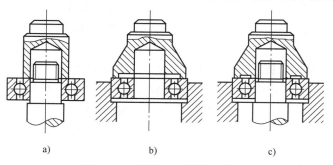

a)　　　　　　　　b)　　　　　　　　c)

图 15-15　用垫套压装滚动轴承

（2）热压法　当轴承与轴颈间采用较大过盈量的配合，用冷压法难以安装，或需要大吨位压力机才能进行冷压安装时，可采用油浴法加热轴承，将轴承置于 80~90℃ 的油中加热，使其内孔尺寸膨胀，如图 15-16 所示，然后趁热将轴承迅速地压到轴颈上，故此法又叫热套。

（3）冷缩法　将轴放在干冰（固态 CO_2）或液氮中冷却，使其尺寸缩小后迅速装入轴承中的方法，又称冷配。

显然，热压法和冷缩法都是利用温差原理来改变装配零件的尺寸，从而实现装配的。

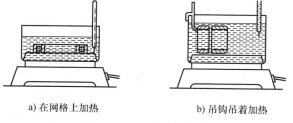

a) 在网格上加热　　　b) 吊钩吊着加热

图 15-16　轴承油浴加热

15.2.3　齿轮的装配

齿轮传动是机械传动中应用最广泛、最重要的一种传动形式，用于传递运动和转矩，改变转速的大小和方向，与齿条配合时能将转动变为移动。

齿轮传动的主要优点：传动准确可靠，瞬时传动比为定值；传递功率和速度范围大；效率高，寿命长，结构紧凑；可实现平行轴和相交轴之间的传动。主要缺点：制造精度和装配精度要求高，成本高；精度降低时噪声大；不适于轴间距离大的传动。

1. 齿轮传动的装配要求

1）齿轮孔与轴的配合要适当，满足使用要求。对于固定连接齿轮，不得有偏心或歪斜；对于滑移齿轮，不得有咬死或阻滞；空套齿轮在轴上不得有晃动现象。

2）齿轮间的中心距要准确，齿侧间隙要适当，齿侧间隙用于储油，起润滑和散热作用，若间隙过小，会导致齿轮传动不灵活，加剧齿轮齿面的磨损；若间隙过大，会使换向时空行程过大，产生冲击和振动。

3）相互啮合的两齿应有正确的接触部位，并有一定的接触面积，保证齿面接触精度。

4）对于高速大齿轮，装配到轴上以后要进行平衡试验检查，避免工作时产生过大的振动。

2. 齿轮传动的装配

现以圆柱齿轮为例介绍齿轮传动的装配，通常包括三部分：一是先将齿轮与轴进行装配；二是将齿轮与轴部件装入箱体；三是磨合。

（1）齿轮与轴进行装配　齿轮与轴的连接方式有固定连接、空套连接和滑移连接，如图 15-17 所示。对于空套连接和滑移连接齿轮，齿轮孔和轴是间隙配合，装配精度主要取决于零件本身的加工精度；而对于固定连接的齿轮，齿轮孔和轴是过渡配合，装配时需施加一定的外力；当过盈量较小时，可用铜棒或木锤等手工工具敲击安装；当过盈量较大时，需使用压力机进行压装；对于精度要求较高的齿轮传动，压装后还需要检验固定连接齿轮的径向圆跳动和轴向圆跳动。

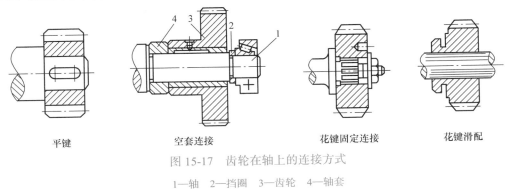

平键　　　　　空套连接　　　　　花键固定连接　　　　花键滑配

图 15-17　齿轮在轴上的连接方式

1—轴　2—挡圈　3—齿轮　4—轴套

对于定心精度要求较高的齿轮，齿轮孔和轴的配合面宜采用锥面，可用涂色法检查内外锥面的贴合情况。

（2）齿轮与轴部件装入箱体　将齿轮轴部件装入箱体需要注意安装顺序，如将车床齿轮轴部件装入箱体时，应按照由下而上的顺序，从最后一根从动轴装起，逐级向前向上进行装配，装配时保证齿轮轴向位置准确。相互啮合的齿轮副安装一对检查一对。以中平面为基准对中，当齿轮轮缘宽度小于 20mm 时，轴向错位不得大于 1mm；当轮缘宽度大于 20mm 时，错位量不得大于轮缘宽度的 5%，且最多不得大于 5mm。往轴上安装轴承内圈需要敲击时，用力不能过大，以免主轴移动。

（3）磨合　齿轮装配后，为保证有较高的接触精度和小的噪声，可进行磨合试验。可以采用加载磨合，即在齿轮副的输出轴上加一负载，使齿轮接触表面互相磨合（必要时可加磨料），可以增大接触面积，改善齿轮啮合质量；也可以采用电火花磨合，即在接触区内通过脉冲放电，把先接触部分的金属蚀除，扩大接触面积。电火花磨合比加载磨合省时。

齿轮副在磨合后需要对整个齿轮箱进行彻底清洗，防止落料、铁屑等杂质残留在箱体内影响正常工作。

15.2.4　装配自动化

单件和中小批量生产中的装配主要采用手工或手工辅以机械的方法来进行，大批量生产中的装配越来越多地采用流水线作业。其优点是生产率高、质量稳定、人工参与少、劳动强度低、工作环境好，但要求产品零部件具有良好的装配工艺性，能互换，易于实现自动定向，便于抓取、装夹和传送。随着计算机技术（数控技术、网络技术、工业机器人技术等）、自动控制技术

（光控技术、电控技术等）以及自动检测技术的应用，极少有人直接参与的对产品的变更具有快速适应能力且自动化程度很高的先进装配流水线，已在汽车装配、家用电器、电动机装配等领域获得了广泛应用。

15.3 装配示例

1.组件装配

减速器锥齿轮轴组件装配顺序图如图 15-18 所示，下面来说明其装配过程。

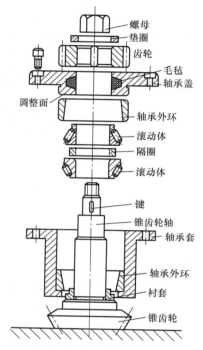

螺母
垫圈
齿轮
毛毡
轴承盖
调整面
轴承外环
滚动体
隔圈
滚动体
键
锥齿轮轴
轴承套
轴承外环
衬套
锥齿轮

图 15-18　减速器锥齿轮轴组件装配顺序图

（1）制定装配工艺系统图　装配工艺系统图能简明、直观地反映产品的装配顺序，也便于组织和指导装配工作。其制定方法如下：

1）先划一条竖线，竖线下端画一个长方格，代表基准零件。长方格中注明零件（组件或部件）的名称、编号和数量。

2）竖线的上端画一个代表装配成品的长方格。

3）竖线从下到上表示装配顺序。直接进入装配的零件的长方格画在竖线的左面，代表组件、部件的长方格画在竖线的右面。

图 15-19 所示为其装配工艺系统图。

（2）装配方法　按装配工艺系统图，先将衬垫装在锥齿轮轴（基准件）上；将下端轴承外环压入轴承套（轴承套分组件），装到锥齿轮轴上；压入下端轴承内圈（包括滚动体、保持架等，实际是组件）；放上隔圈；压入上端轴承内圈；压入外圈；将毛毡放入轴承盖内（轴承盖分组件），装到锥齿轮轴上；用螺钉将轴承盖与轴承套连接好；将键配好，轻敲装到轴上；压装齿轮，放上垫圈，拧紧螺母。

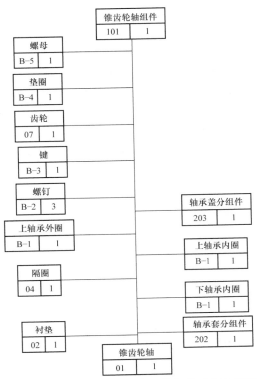

图 15-19　减速器锥齿轮轴组件装配工艺系统图

2. 部件装配

减速器部件装配图（局部）如图 15-20 所示。其装配过程大致分为四部分：

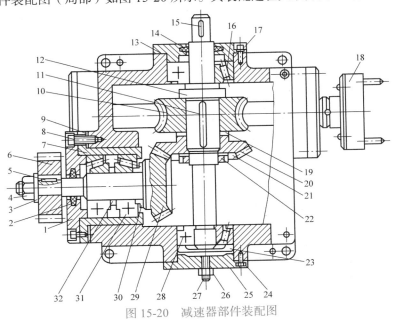

图 15-20　减速器部件装配图

　　1、13、25—轴承盖　2、14—毡圈　3—垫圈　4、26—螺母　5、11、15—键　6—齿轮
7—轴承套　8、17、24、27—螺钉　9、19—调整垫　10—蜗轮　12—蜗轮轴　16、28、31—轴承
18—联轴器　20、29—锥齿轮　21—锁紧垫片　22—锁紧螺母　23—压盖　30—垫片　32—隔套

1）组装蜗杆轴组件。

2）组装蜗轮轴组件。蜗轮和蜗杆的装配顺序可根据具体情况而定，一般先装蜗轮后装蜗杆、也可以先装蜗杆后装蜗轮。本例为先装蜗杆，后装蜗轮。蜗杆轴的位置由箱体孔决定，要求蜗杆轴线位于蜗轮轮齿的中间对称平面内，一般通过改变调整垫片厚度的方法来调整蜗轮的轴向位置。同时要求蜗杆与蜗轮之间的中心距准确，以保证有适当的齿侧间隙和正确的接触斑点，这一点主要通过加工精度予以保证。综上，蜗轮轴组件装配顺序是，先将蜗轮 10、调整垫 19、锁紧垫片 21、锁紧螺母 22 以及锥齿轮 20 放入箱体；将键 11 轻敲装到蜗轮轴 12 上，使蜗轮轴穿过蜗轮等先前放入箱体的零件；压装蜗轮轴两端轴承内圈；压入两端轴承外圈；将毡圈 14 放入轴承盖 13 内（轴承盖分组件），装到蜗轮轴上；用螺钉 17 将轴承盖与箱体连接好；安装压盖 23。

3）组装锥齿轮轴组件，见上述组件装配示例。

4）安装其他零件，包括轴承盖 25、螺钉 24 和 27、螺母 26、联轴器 18。

15.4 机械的拆卸

机器使用一段时间后，要进行检查和修理。这时需要对机器进行拆卸。拆卸工作的一般要求如下：

1）机器拆卸前要先熟悉图样，了解机器零部件的结构，确定拆卸方法和拆卸程序。

2）拆卸就是解除零部件相互间的约束和连接，拆卸顺序一般与装配相反，后装的先拆。

3）拆卸配合紧密的零部件时，要使用专用工具（图 15-21），以免损伤零部件。不难发现，拆卸工具与装配工具有的相同，但也有不同。

4）拆卸螺纹连接或锥度配合的零件时，必须辨别清楚拆卸方向。紧固件上的防松装置（如开口销等）在拆卸后一般要更换，避免再次使用时折断而造成事故。

5）有些零部件拆卸时要做好位置标记（如成套加工的或不能互换的零件），防止再次组装时装错。零件拆下后要按次序摆放整齐，严防丢失，尽可能按原来结构套在一起。如轴上的零件拆下后，最好按原次序临时装回轴上或用钢丝串联放置。对于细小件如销子、紧定螺钉等，卸下后立即拧上或插入孔中。对丝杠、长轴零件，拆下后应立即清洗、涂油，用布包好垂直悬吊存放，以防弯曲变形或碰伤。

此外，拆卸工作与装配工作的共同之处是都有一定的灵活性和技巧性，比如同是拆卸滚动轴承，可以用拉拔的方法，也可以用顶压法，还可以用温差法（图 15-22）。此处的温差法是将绳子绕在轴承内圈上，反复快速拉动绳子，摩擦生热使轴承内圈胀大，可以比较容易地从轴上拆卸下来。

15.5 机械拆装安全操作规程

1）进入现场必须听从指导教师的安排，穿好工作服，认真听讲，仔细观摩。

2）在掌握相关设备和工具的正确使用方法后才能进行操作，遇到问题立即向教师询问，禁止在不熟悉的情况下进行尝试性操作。

3）工具和量具按要求摆放整齐，不得同零件混放在一起。

4）量具使用完毕或暂时不用时应擦拭干净，放在量具盒里。如果长时间不用，则应涂油防锈。

5）装配与拆卸均应按照工艺规程操作，所用扳手、螺丝刀的装拆工具要符合要求，手和扳手上的油污要擦拭干净，用力不能过猛，以防打滑造成伤害。

6）训练结束时，要将零件、组件、部件和机器摆放整齐，工具和量具根据要求整齐地放入工具箱内，整理现场卫生。

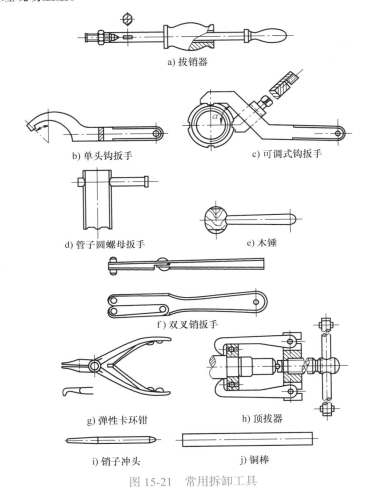

a) 拔销器
b) 单头钩扳手
c) 可调式钩扳手
d) 管子圆螺母扳手
e) 木锤
f) 双叉销扳手
g) 弹性卡环钳
h) 顶拔器
i) 销子冲头
j) 铜棒

图 15-21　常用拆卸工具

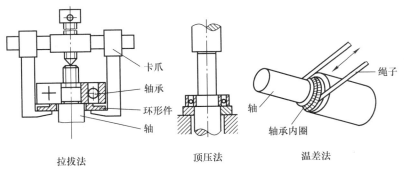

拉拔法　　顶压法　　温差法

卡爪　轴承　环形件　轴　轴　轴承内圈　绳子

图 15-22　滚动轴承拆卸方法

【思考与练习】

15-1 用螺钉连接两个连接件时，一个连接件上为螺纹孔，另一个上为光孔，试问两连接件上都为螺纹孔可以吗？为什么？

15-2 键的作用是什么？试列举键的几种结构形式。

15-3 销连接常用的是哪几种结构类型？用在哪些场合？

15-4 滑动轴承轴套压装时通常采用什么方法防止其歪斜？

15-5 滑动轴承轴套定位的方式有哪几种？作用分别是什么？

15-6 滚动轴承一般由哪几部分组成？

15-7 滚动轴承若与配合件的过盈量比较大，应该采用什么方法安装？

15-8 齿轮与轴的连接方式有哪几种？多数情况下属于什么配合性质？

15-9 拆卸顺序与装配顺序的关系怎样？简述温差法拆卸轴承内圈的原理及操作方法。

第16章

典型零件加工工艺

【教学基本要求】

1）了解机械加工工艺过程和机械加工工艺规程的相关概念。

2）掌握工序、工步、工位和进给等概念。

3）了解机械加工工艺规程的设计原则和编制程序。

4）掌握常见表面的加工方案及选择依据。

5）掌握基准、设计基准、工艺基准和定位基准的概念。

6）掌握典型机械零件毛坯的选用方法。

7）掌握粗、精基准选择的基本原则，安排加工顺序应遵循的原则。

8）掌握单件小批量生产中轴类、盘套类零件加工工艺规程的编制方法。

【本章内容提要】

本章主要讲述机械加工工艺规程相关的概念、典型表面的加工方法、零件毛坯选用方法、基准选择原则、安排加工顺序遵循的原则以及拟订工艺路线的方法与步骤等，并以轴类、盘套类和支架箱体类典型零件的加工工艺分析为例，介绍工艺知识的具体运用方法。

16.1　概述

长期以来，人们认为工艺是手艺，是一些具体的加工方法，对它的认识未能上升到理论高度。直到20世纪初，德国和苏联学者开始重视机械制造工艺学和机械制造工艺原理的研究，将制造工艺作为一门学问来研究。此后，在20世纪70年代，形成了机械制造系统和机械制造工艺系统，使得工艺成为一门科学。

产品从设计变为现实必须通过加工制造来实现，工艺是设计和加工制造的桥梁，设计的可行性往往受到工艺的制约。例如，在用金刚石车刀进行精密切削时，其刃口钝圆半径的大小与切削性能关系密切，它影响极薄切削的切屑厚度，反映一个国家在精密切削技术方面的水平。通常，刃口是在专用的金刚石研磨机上研磨出来的，国外加工出的刃口钝圆半径可达2nm，我国目前还达不到这个水平。这个例子说明，有些制造技术问题的关键不在设计上，而在工艺上。

加工技术的发展往往是从工艺突破的。随着电加工方法的发明，加上后来的激光、超声波用于加工而形成的特种加工技术，使得原来的设计禁忌变成现在的可行设计了。例如，利用电火花磨削可以加工直径在0.1mm以下的探针；利用电子束、离子束和激光束可以加工直径为0.1mm以下的微孔，而纳米加工技术更是扩大了设计的广度与深度。

世界上制造工艺比较发达的国家如德国、美国、日本、英国等，其产品质量上乘，受到普遍欢迎。产品质量是一个综合性问题，与设计、工艺、管理和人员素质等多种因素有关，但与工艺技术的关系最为密切。

　　对于一个具体零件，由于其结构、形状、尺寸、材料、生产类型和技术要求等不同，往往需要在不同的机床上，用几种加工方法，经过一定的工艺过程才能完成加工。针对同一个零件，可以采用不同的工艺方案进行加工，但从生产效率和经济效益来看，可能其中只有一种方案比较合理，因此，要根据零件的具体要求和现有加工条件，拟订比较合理的工艺路线。

16.2　工艺过程与生产类型

1. 生产过程和工艺过程

　　由原材料开始到成品出厂的全过程称为生产过程，其中包括原材料的运输、保管、毛坯的制造、零件的加工和热处理、装配、检验与测试、涂装与包装、成品的贮存和运输等。

　　在生产过程中，直接改变原材料（或毛坯）的形状、尺寸或性能，使之成为成品的过程，称为工艺过程。例如，毛坯的铸造、锻造和焊接，改变材料性能的热处理工艺，零件的切削加工或特种加工等，都属于工艺过程。工艺过程由若干个工序组成。每一个工序又可依次细分为安装、工位、工步和进给。

　　工艺过程中的工序是指一个（或一组）工人在一个工作地点对一个（或同时对几个）工件所连续完成的那一部分工艺过程。只要工人、工作地点、工件之一发生变化或不是连续完成，则应视为另一个工序。例如，图 16-1 所示的零件，其工艺过程可以分为两个工序：

　　工序Ⅰ：在车床上车小端面，对小端面钻中心孔；粗车小端外圆，小端倒角；车大端面，对大端面钻中心孔；粗车大端外圆，大端倒角；精车外圆。

　　工序Ⅱ：在铣床上铣键槽，手工去毛刺。

　　如果零件的批量较大，也可以分为以下 4 个工序：

　　工序Ⅰ：在车床上车小端面，对小端面钻中心孔；粗车小端外圆，小端倒角。

　　工序Ⅱ：在车床上车大端面，对大端面钻中心孔；粗车大端外圆，大端倒角。

　　工序Ⅲ：在车床上精车外圆。

　　工序Ⅳ：在铣床上铣键槽，手工去毛刺。

　　工件分成 4 个工序完成时，精度和生产率均较高。可见，零件的工序安排与其生产类型和现有工艺条件密切相关。

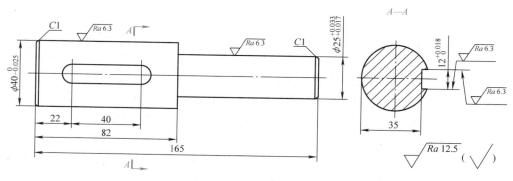

图 16-1　阶梯轴零件

2. 生产类型

企业根据市场需求和自身的生产能力决定生产计划。企业一年生产的产品数量称为生产纲领（即年产量）。生产纲领是划分生产类型的依据，对企业的生产过程和管理有着决定性的影响。目前，按产品的年产量划分生产类型尚无严格的标准，表 16-1 可供参考。

表 16-1 生产类型的划分

生产类型		同一零件的年产量 / 件		
		重型零件 （质量大于 2000kg）	中型零件 （质量为 100~2000kg）	轻型零件 （质量小于 100kg）
单件生产		≤ 5	≤ 10	≤ 100
成批量生产	小批量生产 中批量生产 大批量生产	>5~100 >100~300 >300~1000	>10~200 >200~500 >500~5000	>100~500 >500~5000 >5000~50000
大量生产		>1000	>5000	>50000

根据产品零件的大小和生产纲领，一般可以分为单件生产、成批量生产和大量生产 3 种不同的生产类型。其中，成批量生产又可分为小批量生产、中批量生产和大批量生产。

从工艺特点上看，单件生产和小批量生产的工艺特点比较相似，大批量生产和大量生产的工艺特点比较相似，因此生产上常按单件小批量生产、中批量生产和大批大量生产来划分生产类型。

拟订零件的工艺过程时，由于生产类型不同，所采用的加工方法、机床设备、工夹量具、毛坯以及对工人的技术要求等都有很大不同，各种生产类型的工艺特点见表 16-2。

表 16-2 各种生产类型的工艺特点

生产类型	单件小批量生产	中批量生产	大批大量生产
机床设备	通用（万能）设备	通用设备和部分专用设备	广泛采用专用设备
夹具	通用夹具或组合夹具	广泛采用专用夹具	广泛采用高效率专用夹具
刀具和量具	通用刀具和量具	部分采用通用刀具和量具，部分采用专用刀具和量具	高效率专用刀具和量具
毛坯及加工余量	木模铸造和自由锻。毛坯精度低，加工余量大	部分采用金属型铸造和模锻。毛坯精度中等，加工余量中等	金属型机器造型、压铸、精铸、模锻。毛坯精度高，加工余量小
对操作工人的技术要求	高	一般	低
生产率	低	一般	高
成本	高	一般	低
工艺文件	只要求有工艺过程卡片	要求有工艺卡片，关键工序有工序卡片	要求有详细完善的工艺文件，如工序卡片、调整卡片等

16.3 机械加工工艺规程

为了保证产品质量、提高生产效率和经济效益，把根据具体生产条件拟订的工艺过程用图表或文字的形式写成的文件，称为工艺规程。根据生产过程中工艺性质的不同，工艺规程可以分为毛坯制造、机械加工、热处理及装配等。

机械加工工艺规程是规定产品零件机械加工工艺过程和操作方法等的工艺文件。它一般包括零件的加工基准、加工工艺路线、各工序的具体加工内容与精度、切削用量、时间定额以及所用设备和工艺装备等。

1. 机械加工工艺规程的作用

机械加工工艺规程对于企业的生产管理、产品质量保证、提高效率和降低成本等起着重要作用，具体体现在以下几方面：

1）机械加工工艺规程是生产准备和技术准备的依据。技术关键的分析与研究，刀具、夹具和量具的设计、制造或采购，设备改装与新设备的购置等，都要根据机械加工工艺规程展开。

2）机械加工工艺规程是生产计划、调度、工人操作及质量检查等的依据。

3）机械加工工艺规程也是新建和扩建工厂或车间的原始依据。机床的种类和数量，机床的布置和动力配置，生产面积和工人的数量等都要根据机械加工工艺规程确定。

4）机械加工工艺规程还是进行技术交流的重要手段。

2. 机械加工工艺规程的设计原则

1）保证零件图上所有技术要求的实现。

2）满足生产纲领的要求。

3）在满足技术要求和生产纲领要求的前提下，一般要求工艺成本最低。

4）确保生产安全并尽量减轻工人的劳动强度。

3. 机械加工工艺规程的制订步骤

具体步骤如图 16-2 所示。

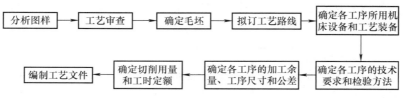

图 16-2　机械加工工艺规程制订步骤

1）分析图样（零件图和装配图）。了解产品的用途、性能和工作条件，熟悉零件在产品中的地位和作用；分析零件的主要技术要求，初步形成工艺规程的总体构思。

2）工艺审查。审查图样上的视图、尺寸和技术要求是否完整、正确和统一，分析关键的技术问题，审查零件的结构工艺性。所谓零件的结构工艺性是指在满足使用要求的前提下，制造该零件的可行性和经济性。

3）确定毛坯。确定毛坯的主要依据是零件在产品中的作用、生产纲领以及零件本身的结构。常用毛坯的种类有铸件、锻件、型材、焊接件和冲压件等。要综合考虑毛坯的种类和质量与机械加工的关系，保证零件质量，降低制造成本。

4）拟订工艺路线。把加工工件所需的各个工序按顺序合理地排列出来，是制订机械加工工艺规程的核心。其主要内容有确定加工方法、选择定位基准、划分加工阶段、安排加工顺序等。工艺路线的最终确定，一般要通过一定范围的论证，即通过对几条工艺路线的技术和经济分析与比较，从中选出一条适合本厂条件，确保加工质量、高效和低成本的最佳工艺路线。

5）确定各工序所用机床设备和工艺装备，包括刀具、夹具、量具和辅具等。

6）确定各工序的技术要求和检验方法。

7）确定各工序的加工余量、工序尺寸和公差。毛坯尺寸与零件设计尺寸之差称为加工总余量（毛坯余量）。每一工序所切除的金属层厚度称为工序余量。加工总余量等于各工序余量之和。加工余量不应过大或过小。过大，则费料、费工、增加工具的消耗；过小，则不能纠正上一道工序的加工误差，造成局部加工不到的情况，甚至造成废品。

工序余量应在保证加工质量的前提下尽可能地小，一般来说，越是精加工，工序余量越小。目前，确定工序余量的方法有 3 种，即计算法、查表法和经验法。

① 计算法就是对于重要零件或大批大量生产的零件，为了更精确地确定各工序的余量，需要分析影响余量的因素，列出公式，计算出工序余量。

② 查表法是指根据工艺手册中的相关表格，结合具体的加工要求和条件，确定各工序的加工余量。由于手册中的数据是大量生产实践和试验研究积累的经验和总结，所以，此法方便、可靠、应用广泛。

③ 经验法是指由有经验的工程技术人员或工人根据经验确定加工余量的大小。由于主观上怕出废品，经验法确定的加工余量往往偏大，仅适用于单件小批量生产。例如，中小型零件工序余量（回转表面为半径方向余量，平面为单边余量）估值参考，粗加工余量为 1~1.5mm，半精加工余量为 0.5~1mm，高速精车余量为 0.4~0.5mm，低速精车余量为 0.1~0.3mm，磨削余量为 0.15~0.25mm，研磨余量为 0.005~0.02mm。

工序尺寸和公差的确定步骤如下：

① 确定各加工工序的加工余量。

② 从终加工工序（设计尺寸）开始，到第一道加工工序，逐次加上每道加工工序余量，分别得到各工序公称尺寸（包括毛坯尺寸）。

③ 除终加工工序以外的其他各工序按照各自所采用加工方法的加工经济精度确定工序尺寸公差（终加工工序的公差按设计要求）。

④ 填写和标注工序尺寸及公差。

8）确定切削用量和工时定额。在大批大量生产中，切削用量和工时定额一般都有明文规定。而在单件小批量生产中，切削用量由加工者根据经验自行确定，工时定额则由工艺员确定。

9）编制工艺文件。工艺路线确定之后，要以图表或文字的形式写成工艺文件。目前工艺文件的种类和形式多种多样，尚无统一格式，视生产类型的不同，其繁简程度也有很大的不同。格式和填写要求可参阅原机械工业部指导性技术文件《工艺规程格式及填写规则》。常用的有机械加工工艺过程卡片（用于单件小批量生产，格式见表 16-3）、机械加工工序卡片（用于大批大量生产）两种，此外还有机械加工工艺（综合）卡片（格式介于前两种卡片之间，主要用于成批量生产）和检验工序卡片等。

表 16-3　机械加工工艺过程卡片

（单位名称）	机械加工工艺过程卡片	产品型号		零件图号				
		产品名称		零件名称			共　页	第　页
材料牌号	毛坯种类	毛坯外形尺寸	每毛坯件数	每台件数			备注	
工序号	工序名称	工序内容	设备编号	工装编号	工夹量刃具名称规格及编号		工时定额（分）	
							准终	单件
				设计/日期	校对/日期	审核/日期	标准化/日期	会签/日期
标记	处数	更改文件号	签字	日期				

16.4 典型表面的加工方法

尽管零件的结构形状多种多样，但均由一些如外圆面、内圆面（孔）、锥面、平面、螺纹、齿形等常见表面组成。加工零件的过程，实际上就是加工这些表面的过程。因此，合理选择这些表面的加工方法，是正确制订零件加工工艺的基础。选择加工方法时，需要综合考虑零件加工表面类型、零件材料、加工精度要求、生产率的要求、工厂（车间）现有工艺条件、加工经济精度（在正常加工条件下，即在采用符合质量标准的设备、工艺装备和标准技术等级的工人，不延长加工时间的情况下，所能保证的加工精度和表面粗糙度）。

外圆、内圆和平面加工量大而面广，常把零件上的这些表面称为典型表面。根据这些表面的精度要求选择一种最终的加工方法，然后辅以先导工序的预加工方法，就组成了一条加工路线。熟悉这些经过实践考验比较成熟的加工路线，对编制工艺规程具有指导作用。

16.4.1 外圆面的加工方法

外圆面是组成轴类和盘套类零件的主要表面。外圆面加工的主要方法是车削和磨削，精度要求高、表面粗糙度值小时，往往还要进行研磨、超级光磨等加工。对于精度要求不高，仅要求光亮的表面，可通过抛光来获得，但在抛光前要达到较小的表面粗糙度值。对于塑性较大的非铁金属（如铜、铝合金等）零件，其精加工不宜采用磨削，而常采用精细车削。难加工材料的外圆加工，可以采用旋转电火花和超声波套料等。图 16-3 所示为外圆面主要采用的几条加工路线。

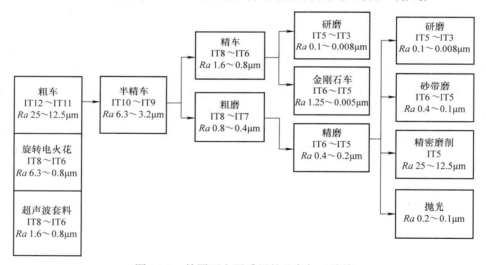

图 16-3 外圆面主要采用的几条加工路线

（1）粗车→半精车→精车　这是应用最广的一条加工路线。只要工件材料可以切削加工，公差等级 ≤ IT7，表面粗糙度值 $Ra \geq 0.8\mu m$ 的外圆面都可以采用这条加工路线加工。如果加工精度要求较低，可以只粗车；也可以采取粗车→半精车。

（2）粗车→半精车→粗磨→精磨　对于钢铁金属材料，特别是有淬火要求，公差等级 ≤ IT6，表面粗糙度值 $Ra \geq 0.16\mu m$ 的外圆面，可以采用这条加工路线。

（3）粗车→半精车→精车→金刚石车　这条加工路线主要适用于工件材料为非铁金属（如铜、铝），不宜采用磨削加工方法加工的外圆面。

（4）粗车→半精车→粗磨→精磨→研磨、砂带磨、精密磨削、抛光　这条加工路线以减小表面粗糙度值、提高尺寸和形状精度为主要目的。其中的砂带磨和抛光以减小表面粗糙度值为主。

（5）旋转电火花和超声波套料　属于特种加工方法，用于加工各种特殊的难加工材料上的外圆。其中，旋转电火花主要加工高硬度的导电材料（如淬硬钢、硬质合金和人造聚晶金刚石等），超声波套料则主要加工又硬又脆的非金属材料（如玻璃、陶瓷和金刚石）。

16.4.2　内圆面的加工方法

内圆面（孔）是组成盘套类和支架箱体类零件的重要表面。与外圆面加工相比，孔的加工难度较大。这是因为加工孔的刀具受孔径限制，刚度差，切削时易产生变形和振动，不能采用大的切削用量；又因为孔加工时近似半封闭式切削，散热和排屑条件差，刀具磨损快，孔壁易被切屑划伤，加工质量不易保证。

孔的切削加工方法有钻孔、扩孔、铰孔、车孔、镗孔、拉孔、磨孔以及金刚镗、珩磨和研磨等；特种加工方法有电火花穿孔、超声波穿孔和激光打孔等。图 16-4 所示为内圆面主要采用的几条加工路线。

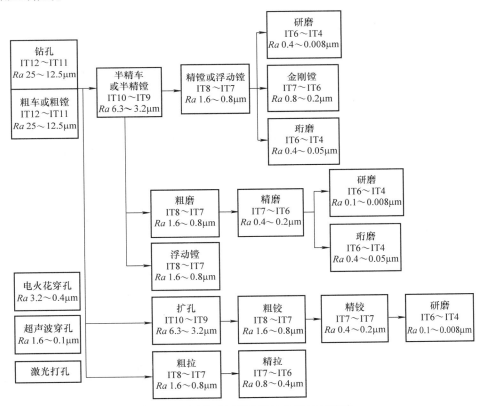

图 16-4　内圆面主要采用的几条加工路线

（1）钻（粗车或粗镗）→半精车或半精镗→精镗或浮动镗→研磨、金刚镗、珩磨　用于加工除淬硬钢件以外的孔径大于 8mm（常用孔径大于 15mm）的各种金属件上的孔。当工件毛坯上已有毛坯孔时，第一道工序安排粗车或粗镗，无毛坯孔时则第一道工序安排钻孔。后面的工序视工件的精度要求，可安排半精镗，也可安排半精镗→精镗或浮动镗，对少数精密零件的精密加工则进一步安排珩磨、研磨，对于材料为非铁金属的零件，采用金刚镗来保证其精度要求。

（2）钻（粗车或粗镗）→半精车或半精镗→粗磨→精磨→研磨、珩磨　这条加工路线主要用于加工除非铁金属件以外的淬硬和不淬硬钢件上的高精度孔。

（3）钻（粗车或粗镗）→扩孔→粗铰→精铰→研磨　这是应用最广的一种孔加工路线，在各种生产类型中都有应用，主要用于不淬硬的中、小孔和细长孔加工。

（4）钻（粗车或粗镗）→粗拉→精拉　这条加工路线多用于大批大量生产，除淬硬钢件以外的结构，适宜拉削加工的孔，尤其适用于深径比≤5，孔径为$\phi8\sim\phi100mm$的孔加工。

（5）电火花穿孔、超声波穿孔和激光打孔属于特种加工方法，用于加工各种特殊的难加工材料上的孔。其中，电火花穿孔主要加工高硬导电材料（如淬硬钢、硬质合金和人造聚晶金刚石）上的型孔、小孔和深孔；超声波穿孔则主要加工又硬又脆的非金属材料（如玻璃、陶瓷和金刚石）上的型孔、小孔和深孔；激光打孔可加工各种材料，尤其是难加工材料上的小孔和微孔。

16.4.3　平面的加工方法

平面是组成平板、箱体、工作台以及各种六面体零件的主要表面之一。根据加工时所处位置，平面又可分为水平面、垂直面和斜面等。

平面常用的切削加工方法有**车削**、**铣削**、**刨削**、**刮削**、**宽刀细刨**、**普通磨削**、**导轨磨削**、**精密磨削**、**砂带磨削**、**研磨**和**抛光**等；特种加工方法有**电解磨削平面**和**电火花线切割平面**等。

平面主要采用的加工路线如图16-5所示。需要指出的是，平面本身没有尺寸精度，图16-5中的公差等级是指两平行平面之间距离尺寸的公差等级。

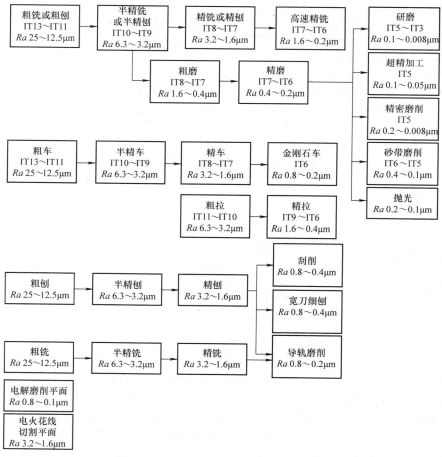

图 16-5　平面主要采用的几条加工路线

（1）粗铣或粗刨→半精铣或半精刨→精铣或精刨→高速精铣　用于加工除淬硬件以外的各种零件上的平面。平面加工中，铣削加工用得最多，主要因为铣削生产率较高。视被加工面的精度和表面粗糙度要求，可以只安排粗铣，或进一步的半精加工和精加工。

（2）粗铣或粗刨→半精铣或半精刨→粗磨→精磨→研磨、超精加工、精密磨削、砂带磨削、抛光　用于加工除非铁金属件以外的淬硬和不淬硬零件上精度较高、表面粗糙度 Ra 值较小的平面。

（3）粗车→半精车→精车→金刚石车　用于加工轴、盘、套等零件上的端面和台阶平面。金刚石车主要用于加工高精度的非铁金属件平面。

（4）粗拉→精拉　这条加工路线多用于大批大量生产中，除淬硬钢件以外的，结构适宜拉削加工的平面，生产效率高。

（5）粗刨或粗铣→半精刨或半精铣→精刨或精铣→刮削、宽刀细刨、导轨磨削　这条加工路线主要用于加工平板、导轨平面。

（6）电解磨削平面、电火花线切割平面　属于特种加工方法，主要用于加工高强度、高硬度导电材料上的平面。

16.5　拟订工艺路线

拟订工艺路线，就是将加工工件的各个工序按顺序合理地排列出来。

16.5.1　确定加工方案

根据工件各个加工表面特别是主要表面的技术要求，参照"典型表面的加工方法"，选择合理的加工方案或方法。

确定加工方案或方法时，除了表面的技术要求外，还要考虑零件的生产类型、材料性能以及现有的加工条件等。

16.5.2　选择定位基准

在零件的设计和制造过程中，要确定一些点、线或面的位置，必须以一些指定的点、线或面作为依据，这些作为依据的点、线或面称为基准。按照作用的不同，常把基准分为设计基准和工艺基准两类。

1. 设计基准

设计基准是指在零件图上用于确定其他点、线、面位置的基准，如齿轮内孔和外圆的设计基准是齿轮的轴线。

2. 工艺基准

工艺基准是指在制造零件和装配机器过程中所使用的基准。工艺基准又分为定位基准、测量基准和装配基准。本处仅介绍定位基准，如车削齿轮轮坯的外圆和端面时，用已加工过的内孔将工件安装在心轴上，则孔的轴线就是外圆和端面的定位基准。

需要指出的是，工件上作为定位基准的点或线，总是由具体表面来体现的，这个表面称为定位基准面。如齿轮孔的轴线，并不具体存在，而是由内孔表面来体现的，所以确切地说，齿轮的内孔是加工外圆和端面的定位基准面。

定位的作用主要是保证加工表面的位置精度。合理选择定位基准，对保证加工精度、安排加工顺序和提高生产率有着重要的影响。定位基准选择的总原则是从有位置精度要求的表面进行选择，力求与设计基准重合。

定位基准分为粗基准和精基准两类。毛坯开始机械加工时，第一道工序只能以毛坯表面定位，这种基准面称为粗基准（或毛基准）。第一道工序完成后，应以加工过的表面为定位基准，这种定位基准称为精基准（或光基准）。

1）粗基准的选择。粗基准的选择应保证所有加工表面都具有足够的加工余量，并且各加工表面对不加工表面具有一定的位置精度。具体选择原则如下：

① 选取不加工的表面作为粗基准。以不加工的外圆表面作为粗基准，既可在一次安装中把绝大部分要加工的表面加工出来，又能保证外圆面与内孔同轴，端面与孔轴线垂直，不加工表面作为粗基准如图 16-6 所示。如果零件上有几个不加工的表面，则应选择与加工表面相互位置精度要求高的表面作为粗基准。

② 选取要求加工余量均匀的表面作为粗基准。这样可以保证作为粗基准的表面加工时，余量均匀。例如，在车床床身加工中，希望导轨面加工时只切去较小而均匀的一层余量，使其表层保留均匀一致的金相组织和较高的耐磨性。此时应以导轨面为粗基准，先加工床腿的底平面（图 16-7a），然后再以床腿的底平面为精基准加工导轨面（图 16-7b）。这样就可以保证导轨面的加工余量均匀。

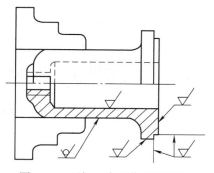

图 16-6　不加工表面作为粗基准

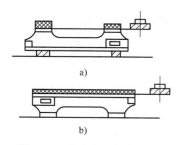

图 16-7　床身加工的粗基准

③ 对于所有表面都要加工的零件，应选取余量和公差最小的表面作为粗基准，以避免余量不足而造成废品。

④ 选取平整、光洁、尺寸足够大、装夹稳定可靠的表面为粗基准。

⑤ 粗基准一般不得重复使用，这是因为粗基准表面粗糙，两次装夹中重复使用同一粗基准，会造成相当大的定位误差（有时可达几毫米）。

2）精基准的选择。精基准的选择应考虑如何保证工件的尺寸精度和位置精度，并使装夹方便可靠。具体选择原则如下：

① 基准重合原则。尽可能选用设计基准作为定位基准，这样可以避免定位基准与设计基准不重合而引起的定位误差。如齿轮加工选用内孔作为定位基准，实现了定位基准与设计基准的重合。

② 统一基准原则。当工件以某一精基准定位，可以较方便地加工其他各表面时，应尽可能在多数工序中采用此基准定位。例如，加工轴时，各个外圆面、沟槽、螺纹的定位基准尽量都统一到两顶尖孔上。

③ 互为基准原则。对于工件上相互位置精度要求较高的两个表面，常互相作为定位基准反复加工的方法来保证精度要求。

④ 自为基准原则。某些要求加工余量小而均匀的精加工工序，常以加工面本身作为定位基准。拉孔、铰孔、珩磨内孔、浮动镗孔等都是自为基准加工的典型例子。

⑤ 便于装夹原则。所选择的精基准，应保证定位准确、可靠，夹紧机构简单，操作方便。

16.5.3　划分加工阶段

对于加工精度要求较高、结构和形状复杂、刚性较差的零件，其切削加工过程一般应划分为以下几个阶段：

1）粗加工。主要任务是切除大部分加工余量，着重考虑生产效率。

2）半精加工。用来完成次要表面的加工，同时为主要表面的精加工做好准备。

3）精加工。使主要表面达到图样规定的技术要求。

4）光整加工。对尺寸精度和表面粗糙度要求高的表面可安排光整加工。

16.5.4　安排加工顺序

合理安排切削加工工序、热处理工序、检验工序和其他辅助工序的先后次序，以保证零件的加工质量，降低生产成本。

1. 切削加工工序的安排

除了"粗、精加工分开，先粗后精"的原则外，还应遵循以下几项原则：

1）基准面先加工。精基准面应安排在起始工序进行加工，后续工序加工其他表面时可以用它定位。

2）主要表面先加工。主要表面一般是指零件上的工作表面、装配基面等，它们的技术要求较高，加工工作量较大，应先安排加工。其他次要表面，如非工作面、键槽、紧固用的螺纹孔等，一般可穿插在主要表面加工工序之间，或稍后进行加工，但应安排在主要表面最后精加工或精整加工之前。

3）先面后孔。对于箱体、支架类零件，应先加工平面后加工孔。因为平面轮廓平整，安装和定位比较稳固、可靠，先加工好平面，再以平面定位加工孔，可以保证平面和孔的位置精度。

2. 热处理工序的安排

机械零件常采用的热处理工艺有退火、正火、调质、时效、淬火、回火、渗碳及渗氮等。根据热处理目的的不同，一般可将热处理工艺大致分为预备热处理、时效处理和最终热处理三大类。

（1）预备热处理　这类热处理的目的是改善金属的切削加工性能，消除内应力并为最终热处理做准备，常安排在粗加工前后，包括退火、正火、调质等。退火、正火安排在粗加工之前，调质则一般安排在粗加工之后、半精加工之前，以保证调质层的厚度。

（2）时效处理　其目的是消除毛坯制造和切削加工过程中残留在工件内的内应力对加工精度的影响。对于精度要求不高的零件，一般在毛坯进入机械加工之前安排一次时效处理；对于床身、立柱等结构复杂的零件，应在粗加工前后各安排一次时效处理；对于一些刚性较差的精密零件（如精密丝杠），在粗加工、半精加工和精加工过程中要安排多次人工时效处理。

（3）最终热处理　最终热处理包括淬火、回火、渗碳和渗氮等。其目的是提高零件的表层硬度和耐磨性，常安排在精加工前后。淬火、渗碳安排在切削加工之后、磨削加工之前；渗氮处理则安排在粗磨和精磨之间，注意在渗氮之前要进行调质处理；表面装饰性镀层、发蓝处理应安排在机械加工完毕后进行。

3. 其他辅助工序的安排

检验工序是主要的辅助工序。为了保证产品的质量，除了加工过程中各工序操作者自检外，下列情况下还应安排检验工序，即关键工序前后、特种检验（如磁力探伤、密封性试验、动平衡试验等）之前、从一个车间转到另一车间加工之前、全部加工结束之后。

零件的表面处理，如电镀、发蓝处理、涂装等，一般均安排在工艺过程的最后。但有些大型铸件的内腔不加工面，常在加工之前涂防锈漆。

其他辅助工序，如去毛刺、倒钝锐边、去磁、清洗及涂防锈油等，可适当穿插在工艺过程中进行，若忽视此类工序将会影响装配工作，进而影响机器的正常运行。

16.6 典型零件的加工工艺

零件因其功用、形状、尺寸和精度等因素的不同而千变万化，但其结构一般可分为五大类，即轴类（图16-8）、盘套类（图16-9）、支架箱体类（图16-10）、机身机座类（图16-11）、其他特殊类零件（图16-12）。其中轴类零件、盘套类零件和支架箱体类零件是常见的三类零件。每类零件因为结构类似，加工工艺便有许多相同之处，因此选取常见典型零件进行加工工艺分析有利于学习和掌握各类零件（包括结构复杂零件）的加工工艺特点。

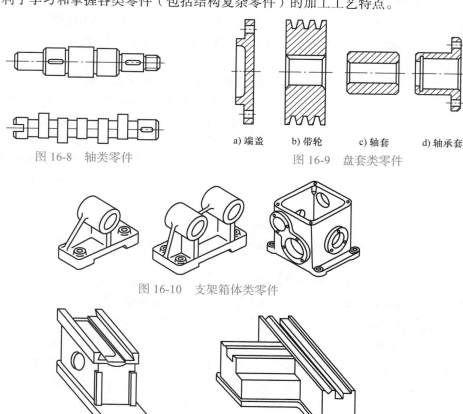

图 16-8　轴类零件

a) 端盖　　b) 带轮　　c) 轴套　　d) 轴承套

图 16-9　盘套类零件

图 16-10　支架箱体类零件

图 16-11　机身机座类零件

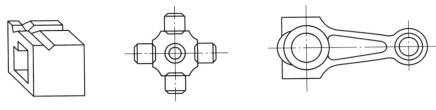

图 16-12　其他特殊类零件

16.6.1　典型轴类零件的加工工艺

传动轴的零件图如图 16-13 所示。下面介绍该零件的加工工艺。

1. 图样分析

1）在 $\phi 30_{-0.014}^{0}$ mm 和 $\phi 20_{-0.014}^{0}$ mm 的轴段上安装齿轮，开有键槽；$\phi 24_{-0.04}^{-0.02}$ mm 和 $\phi 22_{-0.04}^{-0.02}$ mm 两段轴颈安装轴承。这几处的表面粗糙度值均为 Ra 0.8μm。

2）各圆柱配合表面对轴线的径向圆跳动公差为 0.02mm。

3）工件材料为 45 钢，调质处理为 240~264HBW。

2. 工艺分析

该零件的几个配合表面的尺寸精度要求为 IT7，表面粗糙度值要求为 Ra 0.8μm，此外还有对轴线的径向圆跳动要求。参考前面介绍的典型表面的加工方法，可采用以下加工方案：

1）粗车→调质处理→半精车→粗磨→精磨。

2）砂轮越程槽和倒角在半精车时加工到规定尺寸。

3）轴上的键槽可以用键槽铣刀在立式铣床上铣出。

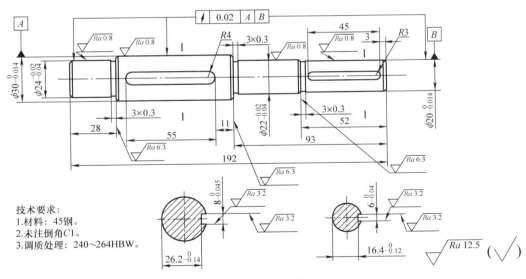

图 16-13　传动轴

3. 基准选择

为了保证各配合表面的位置精度，用轴两端的中心孔作为粗、精加工的定位基准。这样，符合基准统一和基准重合的原则。热处理后，为消除变形和氧化皮，保证定位基准的精度，需要修研中心孔。

4. 工艺文件的编制

毛坯选用 45 圆钢，规格 ϕ35mm，单件小批量生产，可按表 16-4 安排工艺过程。

表 16-4　传动轴加工工艺过程卡片

工序号	工序名称	工序内容	工序简图	设备与刀具
1	下料	圆钢 45，ϕ35mm×197mm 自定心卡盘夹外圆		锯床
2	车	1）车一端面，钻中心孔 2）车台阶面，直径、长度留余量 2mm		卧式车床，外圆车刀，中心钻
		调头，自定心卡盘夹外圆 1）车另一端面至长 192mm，钻中心孔 2）用尾座顶尖顶住，一夹一顶，车 3 个台阶面，留余量 2mm		
3	热	调质处理 240~264HBW		箱式炉
4	钳	修研两端中心孔		钻床
5	车	双顶尖装夹 1）半精车外圆 ϕ24mm、ϕ30mm，留磨量 0.2~0.4mm 2）车槽 3mm×0.3mm，倒两个角 C1 调头，双顶尖装夹 1）半精车外圆 ϕ20mm、ϕ22mm，留磨量 0.2~0.4mm 2）车两槽 3mm×0.3mm，倒 3 个角 C1	 	卧式车床，外圆车刀，切槽刀
6	铣	双顶尖装夹 粗、精铣键槽分别至 $8_{-0.045}^{\ 0}$mm×$26.2_{-0.14}^{\ 0}$mm×55mm，$6_{-0.04}^{\ 0}$mm×$16.4_{-0.12}^{\ 0}$mm×45mm		立式铣床，键槽铣刀
7	磨	双顶尖装夹 1）粗、精磨一端外圆分别至 $\phi$$30_{-0.014}^{\ 0}$mm，$\phi$$24_{-0.04}^{-0.02}$mm 2）粗、精磨另一端外圆分别至 $\phi$$22_{-0.04}^{-0.02}$mm，$\phi$$20_{-0.014}^{\ 0}$mm		外圆磨床，砂轮
8	检	按图样要求检验		

16.6.2　典型盘套类零件的加工工艺

接盘的零件图如图 16-14 所示。该零件的加工工艺介绍如下。

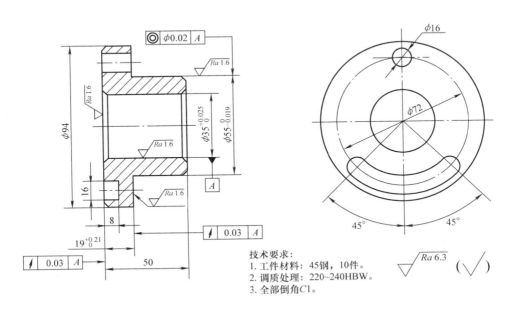

图 16-14　接盘

1. 图样分析

1）接盘内孔 $\phi 35^{+0.025}_{0}$ mm，表面粗糙度 Ra 值 1.6μm，既是设计基准，又是加工时的定位基准。接盘的两个端面对内孔轴线有 0.03mm 的轴向圆跳动要求，一个外圆对内孔轴线有 $\phi 0.02$mm 的同轴度要求。

2）工件材料为 45 钢，锻造毛坯，调质处理 220~240HBW。

2. 工艺分析

1）接盘内孔的尺寸精度等级为 IT7，表面粗糙度值 Ra 1.6μm；有同轴度要求的外圆的尺寸精度等级为 IT6，表面粗糙度值 Ra 1.6μm。参考前面介绍的典型表面的加工方法，接盘内孔可采用加工方案：粗车→半精车→精车。外圆的加工方案：粗车→半精车→精车。

圆弧槽、$\phi 16$mm 孔和倒角在内孔和外圆加工完成后加工。

2）毛坯锻造，内孔和外圆粗加工后进行调质处理。

3）为保证外圆和端面对内孔轴线的位置度要求，加工时要体现粗精加工分开和"一刀活"的原则。两端的端面相对孔的轴线都有位置精度要求，所以应以孔定位，上心轴精车另一端端面。

4）发蓝处理。

3. 工艺文件的编制

单件小批量生产，可按表 16-5 安排工艺过程。

表 16-5　接盘加工工艺过程卡片

工序号	工序名称	工序内容	工序简图	设备与刀具
1		锻造毛坯		
2	车	自定心卡盘夹小端，粗车大端面见平，粗车大外圆至 $\phi 96$mm		车床
		调头，自定心卡盘夹大端 1）粗车小端面保证总长 52mm 2）粗车小外圆至 $\phi 57$mm，长 31mm 3）粗车孔至 $\phi 33$mm，直径留余量 2mm		车床
3	热	调质处理 220~240HBW		
4	车	自定心卡盘夹大端 1）精车小端面保证总长 50.5mm 2）精车孔至 $\phi 35^{+0.025}_{0}$mm 3）精车小外圆至 $\phi 55^{0}_{-0.019}$mm，精车台阶端面保证小外圆长 31mm 4）内、外倒角 $C1$		车床
5	车	顶尖、心轴装夹 1）精车大外圆至 $\phi 94$mm 2）精车大端面保证 $\phi 94$mm 外圆长 $19^{+0.21}_{0}$mm 3）倒角 $C1$		车床

（续）

工序号	工序名称	工序内容	工序简图	设备与刀具
6	钳	划圆弧槽线，划 ϕ16mm 孔中心线		
7	铣	圆工作台－自定心卡盘装夹 1）钻 ϕ16mm 通孔 2）铣宽 16mm 深 8mm 的圆弧槽		立铣
8	检	按图样要求检验		

16.6.3　典型支架箱体类零件的加工工艺

一般箱体的结构比较复杂，箱壁上会有互相平行或垂直的孔系，这些孔大多是安装轴承的支承孔。箱体的底平面大多既是加工时的定位基准，也是装配基准。支架的结构相对简单，上面一般也有安装轴承的支承孔，底面通常作为定位基准和装配基准。

图 16-15 所示为支架的零件图。下面介绍该零件的加工工艺。

1. 图样分析

支架以底面为基准（图 16-15），支承孔和底面以及端面有位置度要求，支承孔的尺寸精度等级为 IT7，表面粗糙度值 Ra 1.6μm。材料是 HT200，生产纲领属于单件小批量生产。

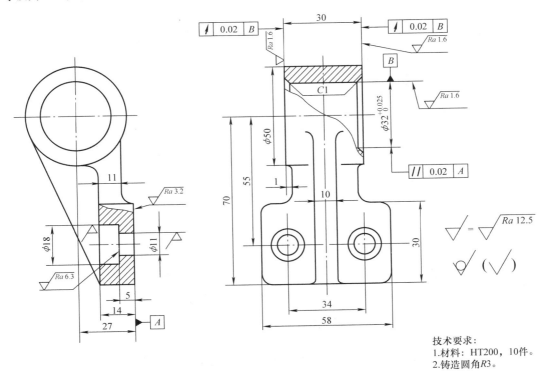

技术要求：
1. 材料：HT200，10件。
2. 铸造圆角 $R3$。

图 16-15　支架

2. 工艺分析

1）铸件毛坯在加工之前做退火处理。

2）支架箱体类零件加工一般遵循"先面后孔"和"粗、精分开"的原则。"先面后孔"就是先加工主要平面，后加工支承孔，这样可以为孔的加工提供稳定、可靠的定位基准面，并可使定位基准与装配基准重合，消除因基准不重合而引起的误差。"粗、精分开"主要是指刚性较差、要求较高的支架箱体类零件减少加工变形。

3）该支架的主要工艺过程为：铸造毛坯→铸件退火→划线→粗加工主要平面→粗加工支承孔→精加工主要平面→精加工支承孔，通孔和台阶孔的加工放在最后进行。

3. 工艺文件的编制

毛坯选用铸件，材料为 HT200，单件小批量生产，可按表 16-6 安排工艺过程。

表 16-6　支架加工工艺过程卡片

工序号	工序名称	工序内容	工序简图	设备与刀具
1	铸	铸造毛坯		
2	热	退火		
3	钳	划 $\phi32^{+0.025}_{0}$mm 支承孔的十字线及孔线，划底面 A 及两个 $\phi11$mm 通孔和两个 $\phi18$mm 台阶孔加工线		
4	刨	机用虎钳装夹工件粗刨、精刨底平面 A，保证 Ra 3.2μm		牛头刨床
5	车	花盘 - 弯板装夹工件 参照孔十字线车右端面，Ra 3.2μm；钻、车 $\phi32^{+0.025}_{0}$mm 支承孔，Ra 1.6μm，孔右内倒角 $C1$；端面刮刀刮左端面保证总长 30mm，Ra 3.2μm，孔左端内倒角 $C1$		车床
6	钻	机用虎钳装夹工件 钻两个 $\phi11$mm 通孔；锪两个 $\phi18$mm 台阶孔		钻床
7	检	按图样要求检验		

【思考与练习】

16-1　什么是零件的加工工艺？它包括哪些内容？简述制订零件加工工艺的一般步骤。

16-2　什么是生产过程、工艺过程、工序？

16-3　什么是工序余量、总余量？它们之间是什么关系？

16-4　下列几种情况下，零件加工的总余量分别应取较大值还是较小值？为什么？

　　①大批大量生产。

　　②零件的结构和形状比较复杂。

　　③零件的精度要求较高，表面粗糙度值小。

16-5　什么是基准？根据作用的不同，基准分为哪几种？

16-6　什么是粗基准？其选择原则是什么？

16-7　什么是精基准？其选择原则是什么？

16-8　加工轴类零件时，常以什么作为统一的精基准？为什么？

16-9　如何保证套类零件外圆面、内孔及端面的位置精度？

16-10　拟订箱体类零件的加工工艺时，为什么一般要遵循"先面后孔"的原则？

参考文献

［1］严绍华.金属工艺学实习［M］.北京：清华大学出版社，2017.

［2］刘胜青，陈金水.工程训练［M］.北京：高等教育出版社，2005.

［3］邓文英，宋力宏.金属工艺学［M］.北京：高等教育出版社，2008.

［4］朱华炳，田杰.制造技术工程训练［M］.2版.北京：机械工业出版社，2018.

［5］王先逵.机械制造工艺学［M］.北京：机械工业出版社，2013.

［6］刘元义.工程训练练习册［M］.北京：科学出版社，2015.

［7］梁延德.工程训练教程：机械大类实训分册［M］.大连：大连理工大学出版社，2012.

［8］孙康宁，林建平.工程材料与机械制造基础课程知识体系和能力要求［M］.北京:清华大学出版社，2017.